嵌入式微控制器開發
—— ARM Cortex-M4F 架構及實作演練

郭宗勝、謝瑛之、曲建仲　編著

全華圖書股份有限公司　總經銷

序

　　台積電張忠謀董事長在 2014 年 TSIA 年會中點名物聯網將會是下一個產業藍海後，物聯網已然成為目前產業界最熱門的議題。而市調機構IDC更直言2015 年就是物聯網年，未來的五年將吸引五千億美元的資金投入，創造出高達四兆五千億美元的市場商機。

　　物聯網的應用可涵蓋工業、醫療、家庭、汽車及教育等不同領域，藉由物聯網技術打造更聰明及更人性化的服務，其中微控制器扮演了關鍵角色，它是讓每一個「物」具有智慧及聯網功能的關鍵。根據 Gartner 預測，到 2020 年物聯網裝置的數量將會成長至 250 億個，如此勢必大幅提升嵌入式軟體開發的人才需求，打造各種差異化的物聯網應用服務。台灣的電子產業向來以硬體製造取勝，而物聯網應用是一個高度著重軟硬體整合建構應用服務的產業型態，期望本書的出版能為台灣產業在物聯網藍海商機中奉獻一份心力。

　　本書以物聯網開發實務需求為出發點，以嵌入式系統理論搭配實作演練，讓學生可快速上手，建立實務開發能力。內容除了適合電子、電機、資工、機械相關科系實驗課程使用外，對物聯網開發有興趣的業界人士亦可使用本書範例程式為基礎，進行各種應用服務的開發。本書撰寫的兩年期間，雖已力求完善，但不免有疏漏之處，尚祈讀者、先進不吝指正。

　　感謝過程中幫助過我們的每個人，特別感謝恩師許超雲教授一路的栽培與教導，在我遭遇挫折時他總能適時指引。最後，謹以此書獻給我的父母，謝謝您們。

郭宗勝 謹誌

目　錄

Chapter 5

CCS(Code Composer Studio) v5 整合開發環境

Chapter 6

開發環境下載及安裝

Chapter 7

時脈(Clock)與通用輸出入(GPIO)控制實

Chapter 8

中斷與計時器控制實作(Interrupt and Timer)

Chapter 9

ADC控制實作

Chapter 10

冬眠模組(Hibernation module)

嵌入式微控制器開發—ARM Cortex-M4F架構及實作演練

Chapter 11
UART通訊實作

Chapter 12
PWM控制實作

Chapter 13

浮點運算單元(FPU)實作

Chapter 14

圖形顯示(Graphic)實作

Chapter 1

嵌入式系統硬體架構

 本章重點

1-1 嵌入式系統概述

　　嵌入式系統是目前最熱門的計算機系統，它的存在已經無聲無息的佈滿在每個人的週遭，包含手機、汽車、電視等等，而且隨著物聯網(Internet of Things, IoT)的發展，嵌入式系統將會伴隨著智慧城市、智慧家庭、智慧交通、智慧電網、甚至智慧工廠而融入到每個人的生活，當然伴隨而來的也是龐大的商機。

　　簡單說嵌入式系統就是將一個計算機系統嵌入至一個物體中，以符合特定應用需求。為了瞭解嵌入式系統本質，我們先來看一下電腦系統的發展。1946年，人類發明的第一部電腦問世，稱為ENIAC(Electronic Numerical Integrator And Computer)，這部電腦總共使用了 18,000 個真空管，長15公尺，寬9公尺，重30噸，因此它必須被安置在特殊的機房當中。如圖1-1所示。

　　一直到1970年代微處理器的出現，電腦的發展出現了歷史性的變化，1971年英特爾(Intel)公司將電腦中負責處理運算及控制部分的電子元件，設計到一片VLSI晶片上，發展出「微處理器(Microprocessor)」，新一代電腦也開始使用

圖 1-1 人類的第一部電腦ENIAC。

微處理器做為電腦的中央處理單元(CPU)。1974年羅伯茲發明了世界上第一台個人電腦(Personal Computer, PC)，命名為Altair(牛郎星)，如圖1-2所示，採用英特爾公司的8080微處理器。以微處理器為核心的電腦具有小型、低價、高穩定度的特點，迅速地走出機房進入家庭與公司。此時，開始有人思考將電腦系統帶入其它控制領城的可能性，試著將微處理器嵌入到一個實際的產品中，提高產品的智慧化控制，如加進大型船艦中，配合特定週邊控制即可成為自動駕駛系統，如此一來電腦系統便失去原有的形態與通用功能的特性。這樣的電腦系統即成為我們所謂的「嵌入式系統(Embedded system)」。

　　常見嵌入式系統(Embedded system)的定義為一種「嵌入到物件體系中，為特定應用而設計的專用電腦系統」。因此嵌入性、專用性與電腦系統可說是嵌入式系統的三個基本要素。與個人電腦這樣的通用電腦系統不同，嵌入式系統通常執行的是帶有特定要求的任務，也因為嵌入式系統只針對特殊的任務，設計人員能夠對它進行最佳化，減小尺寸降低成本。

　　從嵌入式系統開發的角度來看，我們可以把它分成三個部份，包含硬體

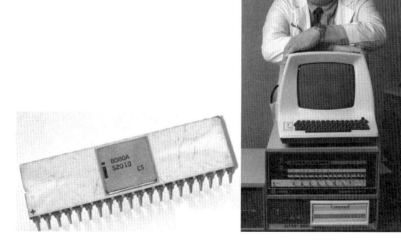

圖1-2　8080微處理器與Altair個人電腦。

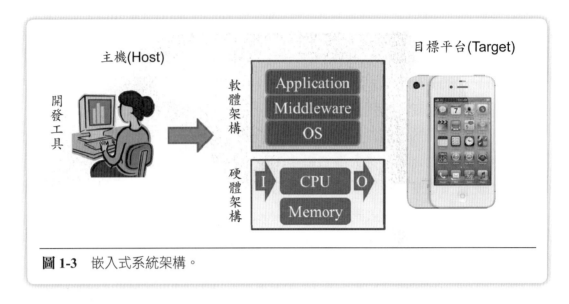

圖1-3　嵌入式系統架構。

系統、軟體系統以及開發工具。如圖1-3所示，常見的硬體系統包含處理器、記憶體、輸出／輸入。而軟體系統可以細分成應用程式(Application)、中介程式(Middleware)以及作業系統(Operating System, OS)。而開發工具負責針對特定硬體系統，讓程式開發人員進行各種軟體開發的工具，主要包含編譯器(Compiler)、組譯器(Assembler)以及鏈結器(Linker)，將撰寫的程式碼轉換成硬體系統的機械碼。

　　本章將以嵌入式系統的硬體系統介紹為主，包含硬體架構、處理器架構以及指令集設計差異，並以美商德州儀器公司的各種嵌入式處理器產品為例說明目前處理器的功能演進。關於軟體架構和開發工具將會留至第二章介紹。

1-2　嵌入式系統硬體組成

　　1944年，范紐曼(von Neuman)加入ENIAC團隊，針對ENIAC電腦架構提出了一些建議，其中最重要的就是加入程式儲存的概念，讓電腦可以自動執行程式，為了實現這樣的構想，范紐曼定義EDVAC架構主要分五部份，如圖1-4所示，包含運算單元(ALU unit)、控制單元(Control unit)、記憶單元(Memory

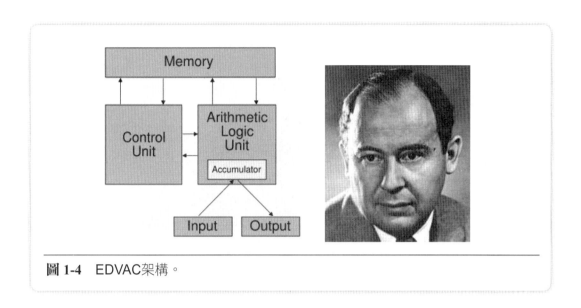

圖 1-4 EDVAC架構。

unit)、輸入單元(Input unit)、輸出單元 (Output unit)，這樣的架構也成了現代電腦的基本組成。其中運算單元(ALU unit)與控制單元(Control unit)即為處理器的主要角色，它決定電腦系統的運算效能。

1-2-1 處理器硬體模型

電腦的工作是藉由一行一行的指令組合而成，而處理器的工作就是負責這些指令的執行，亦即負責執行使用者開發的軟體。

想完成一件運算工作除了採用處理器的架構外，使用數位電路的方式也可以實現，例如E=A+B+C×D的工作可由圖1-5的電路設計來實現。這樣的實現方

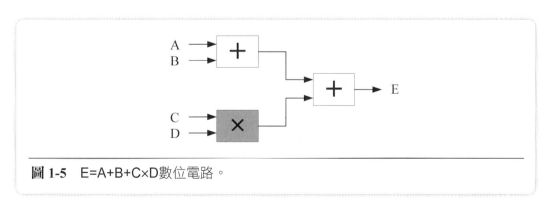

圖 1-5 E=A+B+C×D數位電路。

式雖然簡單，但是當使用者需要執行其它運算工作時，例如E=(A+B)×(C+D)則必需設計圖1-6的電路來完成。那麼採用處理器的硬體架構有什麼好處呢？

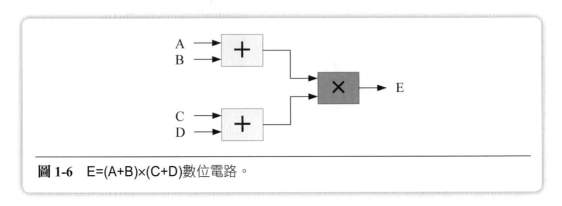

圖1-6 E=(A+B)×(C+D)數位電路。

圖1-7為處理器運算的基本架構，圖1-5與圖1-6的數位電路都可以使用這樣的基本運算架構表示，其中A、B、C、D為輸入資料，即「運算元(Operand)」，而E為輸出資料，而加法和乘法為「運算子(Operator)」。

圖1-7中的運算子包含常用的基本運算如加法、減法、乘法、除法，在處理器的架構中，由算術邏輯單元(Arithmetic Logic Unit, ALU)來負責這些運算工作。此外，為了記錄這些輸入及輸出資料，在處理器的架構中必須有記憶體負責資料儲存。接下來就需要一個控制器(Control unit)從記憶體中讀取輸入資料進運算器(ALU)中，選擇運算子進行處理工作，然後再將處理後的輸出結果儲存回記憶體中。圖1-8就是一個處理器常用的運算架構，稱為「范紐曼架構(von Neuman architecture)」，在這樣的架構下控制器要抓取哪些資料以及要進行哪些運算工作就由使用者撰寫的指令(Instruction)來告訴控制器，每一條指令中都會指定負責的運算以及輸入／輸出資料，而程式開發者撰寫的軟體由一組指令序列組合而成，用以指導處理器如何完成交付的工作。

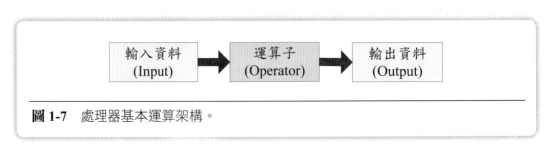

圖1-7 處理器基本運算架構。

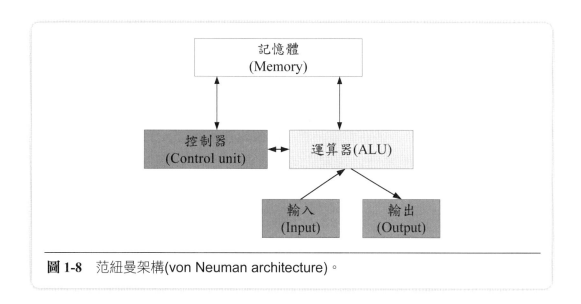

圖 1-8 范紐曼架構(von Neuman architecture)。

除了圖1-8所示的范紐曼架構(von Neuman architecture)，另一種常見的處理器架構稱為「哈佛架構(Harvard architecture)」。如圖1-9所示，哈佛結構為資料和程式提供了各自獨立的記憶體，程式指令儲存和資料儲存分開，資料和指令的儲存可以同時進行，提高運算效能。

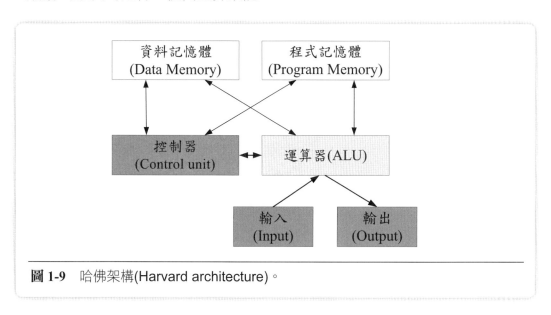

圖 1-9 哈佛架構(Harvard architecture)。

1-2-2 處理器指令集架構

前面章節中介紹處理器的運算架構,與專用數位電路最大的不同在於採用相同的硬體電路卻可依軟體指令的要求進行不同的運算工作。相對的,若沒有使用者撰寫的軟體指令,則硬體電路無法進行運算處理。

早期的軟體指令都是針對特定的硬體平台,亦即開發的軟體指令只是在特定的處理器上才能執行,不能移植到不同處理器上。為了解決這樣的問題,IBM在1964年推出System/360電腦時,首度採用了指令集架構(Instruction Set Architecture, ISA)的概念。如圖1-10所示,採用指令集架構就是希望軟體開發者可以使用指令集進行程式開發,而不需要擔心處理器硬體架構的問題,完成的程式可以移植到採用相同指令集的處理器上。

指令集架構(ISA)包含一套指令集和一些暫存器的使用,軟體開發者只要依照指令集架構(ISA)的規則撰寫程式,即可移植到相同指令集架構的處理器上。例如,個人電腦上Intel和AMD的處理器都是採用X86的指令集,因此程式相容性高。但iPhone手機上處理器是採用ARM v7的指令集,因此無法直接使用電腦上的軟體。一般處理器的種類依指令集的複雜度可分為二大類:

⊕ 處理器的指令集

處理器可以認得的所有硬體指令稱為「指令集(Instruction set)」,處理器依

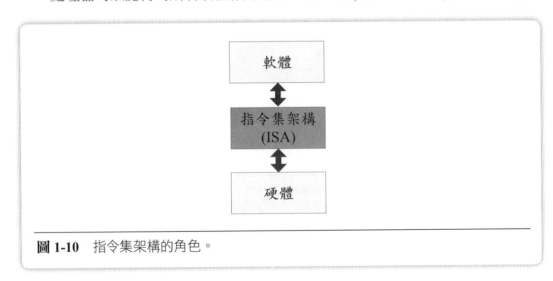

圖 1-10 指令集架構的角色。

照不同的指令特性與運算特性，大約可以分為下列兩大類：

◑複雜指令集處理器(CISC：Complex Instruction Set Computer)

複雜指令集處理器(CISC)所具有的指令比較多，功能較複雜，可以使用較少的指令來完成複雜的運算工作，雖然CISC的指令功能較多，但是指令較複雜，相關的電路設計也較為困難，使用到的電晶體(CMOS)數目較多，成本較高。這種處理器大多由電腦產業的廠商使用，又以Intel公司所設計與製造的80X86、Pentium處理器為代表，CISC最大的缺點是許多指令可能很少使用，換句話說，處理器支援很少使用到的某些指令，浪費了許多空間，如同傳統的雜貨店，雖然提供很多的商品，但是許多商品可能很少使用，一直放在店裡只是浪費空間而已。

◑精簡指令集處理器(RISC：Reduced Instruction Set Computer)

精簡指令集處理器(RISC)所具有的指令比較少，功能較精簡，必須使用較多的指令來完成複雜的運算工作。雖然RISC的指令功能較少，但是指令較簡單，相關的電路設計也較為容易，使用到的電晶體(CMOS)數目較少，成本較低。這種處理器大多由資訊家電產業的廠商使用，又以ARM公司與MIPS公司所設計的處理器為代表，RISC最大的優點是只提供較常使用的指令，換句話說，處理器只支援較常使用的某些指令，節省了許多空間，如同新興的便利商店，雖然提供較少的商品，但是這些商品常常使用，因此可以節省空間。

【觀念】CISC與RISC的比較

◑ CISC就好像是工程用計算機，具有許多工程運算的功能，可以很容易計算出開根號、三角函數等複雜的運算，但是製作工程用計算機比較困難，成本較高；相反的，使用者不需要很強的數學知識就能完成高難度的數學運算。

◑ RISC就好像是一般的計算機，只具有加、減、乘、除這些簡單而基本的四則運算，如果要計算出開根號、三角函數等運算，就必須運用許多次的四則運算來完成，使用者也必須具備很強的數學知識才行。

◑ CISC和RISC那一種比較好，長久以來是大家爭論的話題，雖然曾經有預言RISC會主導市場，但是CISC還是有存在的價值，目前市場上存在的處理器已經沒有純粹CISC或RISC的設計了，大部分都是兩種設計混合使用。

1-2-3 處理器的種類

一般人聽到處理器，會立刻聯想到個人電腦所使用的中央處理器(CPU)，其實除了個人電腦，所有電子產品都有處理器，使用軟體完成各種運算工作，負責管理整個電子產品的系統，就好像我們的大腦一樣，大到汽車、飛機、火車，小到智慧型手機、平板電腦、數位相機、電視機、電風扇、電鬍刀都不例外，但是許多人卻分不出個人電腦的中央處理器(CPU)與其他電子產品所使用的處理器(例如：MPU、DSP、MCU)有什麼差別？

⊕ 中央處理器(CPU：Central Processing Unit)

中央處理器(CPU)屬於「複雜指令集處理器(CISC)」，是利用「加法」為主來進行所有的運算工作，可以在一個時脈週期內進行一次加法運算，而乘法則必須使用「數個加法運算」才能達成。舉例來說：假設一個乘法運算，需要花費10個加法運算才能完成，當CPU的工作頻率為1GHz(1G＝10億)，則使用這種CPU每秒鐘可以完成10億次「加法運算」，但是每秒鐘只能完成1億次「乘法運算」，因為要花費10個加法運算才能完成1個乘法運算。CPU的代表廠商包括：英特爾(Intel)、超微半導體(AMD)等。

CPU的特色包括：工作頻率高、運算功能強、CMOS數目多、晶片面積大、成本高、耗電量大，目前大多應用在個人電腦、筆記型電腦、工作站、伺服器等較高階的產品上，這些產品另外還有一個共同的特色，由於CPU耗電量大產生廢熱，因此大部分必須使用風扇來散熱，針對這個問題近年來由於製程技術的進步已經有顯著的改善。

⊕ 微處理器(MPU：Micro Processing Unit)

微處理器(MPU)屬於「精簡指令集處理器(RISC)」，基本上也是利用「加法」為主來進行所有的運算工作，可以在一個時脈週期內進行一次加法運算，而乘法則必須使用「數個加法運算」才能達成。MPU的代表廠商包括：安謀國際(ARM)或MIPS公司等，這兩家公司本身不賣處理器，只授權處理器的設計圖給生產處理器的廠商使用。

MPU的特色包括：工作頻率較低、運算功能較差、晶片面積小、CMOS數目少、成本低、耗電量小，比較適合用來作為「嵌入式處理器(EP)」，因此ARM處理器被廣泛的應用在手機(Cell phone)、個人數位助理(PDA)、數位相機(DSC)、數位錄影機(DVC)、數位多媒體播放器(PMP)、個人導航裝置(PND)、DVD播放機、數位相框(DPF)、電子書(E-book)等產品上；MIPS處理器則比較常被應用在網路相關的產品，例如：ADSL數據機、纜線數據機(Cable modem)等產品上，這些產品共同的特色就是不能使用風扇，而且對成本的控管比較嚴格，精簡指令集處理器恰好滿足這個要求。

由於半導體製程的進步，目前微處理器(MPU)的工作頻率也愈來愈高，和中央處理器(CPU)已經很接近，而智慧型手機、平板電腦的功能也愈來愈接進個人電腦，甚至已經威脅到個人電腦的市場了，在可以預見的未來，MPU的市場仍然持續成長，但是CPU的市場則很難成長，甚至已經衰退了。

【名詞解釋】嵌入式系統與嵌入式處理器

◑ 嵌入式系統(Embedded system)：完全嵌入在系統內部，專為特定應用而設計的電子產品，根據英國電器工程師協會(UK Institution of Electrical Engineer)的定義，嵌入式系統是控制、監視或輔助設備、機器或用於工廠運作的裝置。上述嵌入式系統的電子產品所使用的處理器我們泛稱為「嵌入式處理器(Embedded Processor, EP)」。

簡單的說，個人電腦是屬於通用的電腦系統，每一台個人電腦都是安裝Windows或Linux作業系統，因此可以安裝不同的應用程式而進行不同的功能；嵌入式系統通常使用特別的作業系統，而且只能執行預先設定的工作，例如：銀行的自動櫃員機、航空電子、汽車電子、手機、電信交換機、網路裝置、印表機、影印機、傳真機、計算機、家用電器、醫療裝置等。

◉ 數位訊號處理器(DSP：Digital Signal Processor)

數位訊號處理器(DSP)屬於「精簡指令集處理器(RISC)」，它的核心為「乘加器(MAC：Multiple Add Calculator)」，可以在一個時脈週期內進行一次「乘法與加法」運算。舉例來說：假設DSP的工作頻率為1GHz(1G＝10億)，代表每

秒鐘可以同時完成10億次「乘法與加法運算」。DSP的代表廠商包括：德州儀器(TI)、亞德諾(ADI)、恩智浦半導體(NXP)、飛思卡爾(Freescale)等。

　　DSP的特色包括：工作頻率高、運算功能強、晶片面積大、CMOS數目多、成本高、耗電量大，一般來說DSP由於一個時脈週期內可以進行一次乘法與加法運算，因此工作頻率不需要像CPU那麼高，例如：Intel的CPU工作頻率可以高達4GHz，但是TI的DSP工作頻率最高也只有2GHz而已，雖然看起來DSP好像比CPU或MPU功能強大，但是使用到的CMOS數目更多，所以理論上價格並不便宜。

　　DSP適合用來進行各種乘加運算(SOP：Sum of Products)，例如：有限脈衝響應濾波運算(FIR：Finite Impulse Response)、無限脈衝響應濾波運算(IIR：Infinite Impulse Response)、離散傅利葉轉換(DFT：Discrete Fourier Transform)、離散餘弦轉換(DCT：Discrete Cosine Transform)、點積運算(Dot product)、卷積運算(Convolution)，以及矩陣多項式的求值運算等，大家可能會好奇，這些運算都用在那些地方呢？基本上多媒體的影音壓縮技術(MP3、JPEG、MPEG等)、語音辨識(Voice recognition)、噪音去除(Noise reduction)、影像辨識、通訊系統等訊號處理演算法大部分都是乘加運算(SOP)，因此使用DSP比較合適，如果我們使用CPU或MPU來進行這些運算，假設要花費10個加法運算才能完成1個乘法運算，則CPU或MPU只有DSP十分之一的效能而已。

【注意】

◑ 上面的分類只是為了讓大家容易了解各種處理器的特色，但是別忘了，每一種軟體都同時含有加法與乘法運算，只是多少的問題而已；同樣的道理，CPU或MPU雖然是利用「加法」為主來進行所有的運算工作，但是Intel或ARM也一直努力地將支援乘法與除法運算相關的指令集放入處理器內，只是效能和DSP還有一段差距而已。

◉ 圖形處理器(GPU：Graphic Processing Unit)

圖形處理器(GPU)是專門用來處理個人電腦、伺服器、遊戲機甚至智慧型手機上的影像運算工作，主要就是把3D的物件表現在平面的顯示器上，可以分擔中央處理器(CPU)或微處理器(MPU)的影像處理工作。GPU的代表廠商包括：輝達(Nvidia)、英特爾(Intel)、超微半導體(AMD/ATI)等，由於嵌入式系統的發展，許多處理器廠商開始將GPU內建在處理器內變成系統單晶片(SoC)，例如：安謀國際(ARM)將GPU內建在其微處理器(MPU)中，型號為Mali-300/400/450/T604/T642等。

因為電腦不會畫曲線，所以電腦會先在曲線上每隔一定的距離取出一個端點整數坐標，再將這些端點連接起來，取出的端點愈多則曲線愈平滑；同理，電腦不會畫曲面，所以會將曲面分割為許多三角形或多邊形，多邊形愈多則曲面愈平滑，愈接近真實的物體，當物體運動時，就等於是多邊形的頂點在運動。

GPU的特色包括：工作頻率高、運算功能強、CMOS數目多、晶片面積大、成本高、耗電量大，目前大多應用在個人電腦、遊戲機、平板電腦、智慧型手機的影像處理工作，此外，在電影阿凡達中栩栩如生的外星人與外星動物，電影鋼鐵人、星際大戰、變形金鋼裡看起來維妙維肖的人物與場景，讓人分不清是真是假，都是GPU運算的結果。其實影像處理需要大量的數學運算，所以GPU甚至比CPU運算功能更強，CMOS數目更多，工作時耗電量也很大，因此有時也必須使用風扇來散熱。

◉ 微控制器(MCU：Micro Control Unit)

微控制器(MCU)屬於「精簡指令集處理器(RISC)」，一般用來稱呼最低階的處理器，基本上也是利用「加法」為主來進行所有的運算工作，可以在一個時脈週期內進行一次加法運算，而乘法則必須使用「數個加法運算」才能達成。MCU的代表廠商眾多包括：德州儀器(TI)、瑞薩(Renesas)、飛思卡爾(Freescale)、Atmel公司、Microchop公司、英飛凌(Infineon)、富士通(Fujitsu)、恩智浦(NXP)、意法半導體(STM)、三星(Samsung)等。

MCU的特色包括：工作頻率低、運算功能差、晶片面積小、CMOS數目少、成本很低、耗電量很小，應用範圍很廣，例如：電子產品的按鍵控制、鍵

盤滑鼠、電子錶、電動牙刷、搖控器、血糖計、血壓計、電錶、煙霧偵測器、馬達控制、車用電子等，幾乎所有的電子產品內都有微控制器。

【觀念】處理器的運算效能

❶ 中央處理器(CPU)、微處理器(MPU)、微控制器(MCU)的運算效能是依照每秒鐘可以執行多少次指令來定義的，單位為「MIPS(Million Instructions per Second)」。

❶ 數位訊號處理器(DSP)的運算效能是依照每秒鐘可以執行多少次乘加運算(MAC)來定義的，單位為「MMACS(Million Multiply Accumulate Cycles per Second)」。

❶ 圖形處理器(GPU)的運算效能是依照每秒鐘可以執行多少次多邊形(Polygon)運算來定義的，單位為「MPPS(Million Polygons per Second)」。

1-3　嵌入式處理器

在嵌入式電子產品中，使用的處理器必須滿足省電、成本低等特性，我們稱為「嵌入式處理器(Embedded Processor, EP)」，德州儀器公司所生產的各種嵌入式處理器與重要的產品型號圖1-11所示，包括：超低功耗微(Ultra Low Power)、即時控制(Real Time Control)、安全控制(Safety Control)、ARM處理器(ARM Processor)、ARM與DSP處理器(ARM+DSP Processor)、DSP處理器(DSP Processor)等六大類，本節將由嵌入式處理器的種類與特性開始說明，再進一步針對德州儀器公司所生產的各種嵌入式處理器做簡單的分類與介紹。

♡1-3-1　超低功耗微控制器(Ultra Low Power MCU)

MSP430是目前業界最省電的微控制器，可以經由銅片與鋅片連接在蘋果上的「蘋果電池」供電，由於銅與鋅的電位不同會產生電位差，而蘋果的汁就是電解液可以產生微小的電流，就可以讓MSP430工作超過兩週以上。

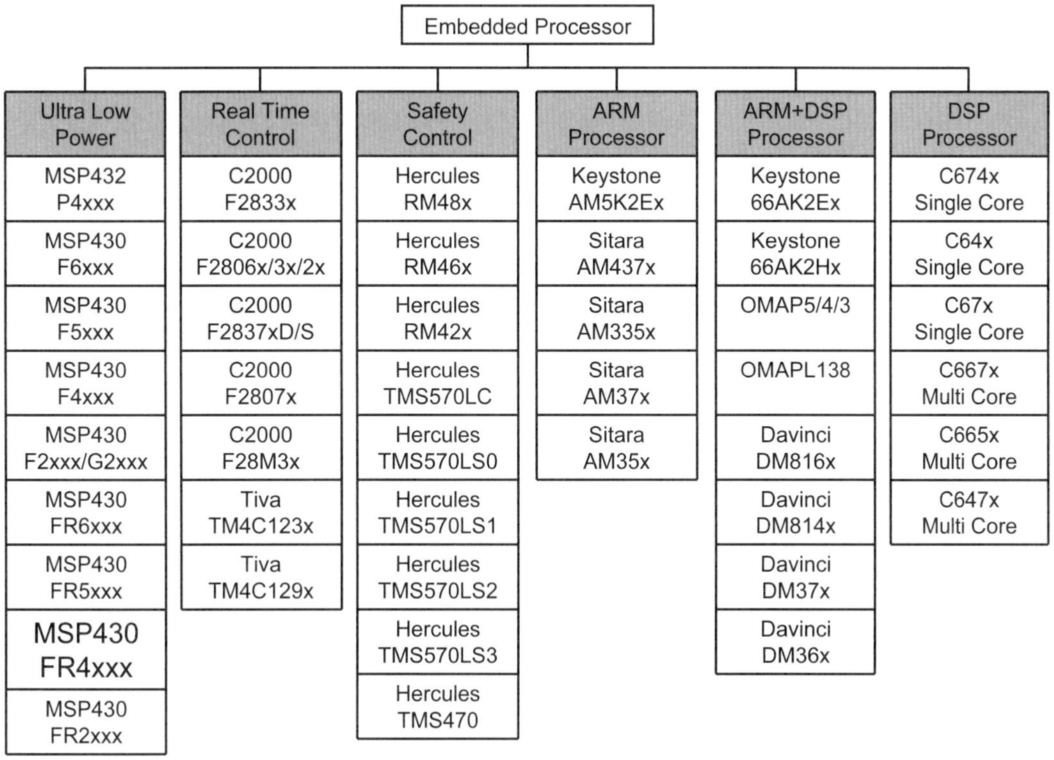

Embedded Processor					
Ultra Low Power	**Real Time Control**	**Safety Control**	**ARM Processor**	**ARM+DSP Processor**	**DSP Processor**
MSP432 P4xxx	C2000 F2833x	Hercules RM48x	Keystone AM5K2Ex	Keystone 66AK2Ex	C674x Single Core
MSP430 F6xxx	C2000 F2806x/3x/2x	Hercules RM46x	Sitara AM437x	Keystone 66AK2Hx	C64x Single Core
MSP430 F5xxx	C2000 F2837xD/S	Hercules RM42x	Sitara AM335x	OMAP5/4/3	C67x Single Core
MSP430 F4xxx	C2000 F2807x	Hercules TMS570LC	Sitara AM37x	OMAPL138	C667x Multi Core
MSP430 F2xxx/G2xxx	C2000 F28M3x	Hercules TMS570LS0	Sitara AM35x	Davinci DM816x	C665x Multi Core
MSP430 FR6xxx	Tiva TM4C123x	Hercules TMS570LS1		Davinci DM814x	C647x Multi Core
MSP430 FR5xxx	Tiva TM4C129x	Hercules TMS570LS2		Davinci DM37x	
MSP430 FR4xxx		Hercules TMS570LS3		Davinci DM36x	
MSP430 FR2xxx		Hercules TMS470			

圖 1-11 德州儀器公司所生產的各種嵌入式處理器。

MSP430Fxxx系列微控制器

MSP430系列主要有使用快閃記憶體的F6xxx、F5xxx、F4xxx、F2xxx/G2xxx等，我們以較高階的MSP430F5529為例說明，如圖1-12(a)所示，基本的規格如下：

- 處理器工作頻率：16位元MSP430核心最高可達25MHz。
- 記憶體大小：快閃記憶體(Flash)最多512KB，靜態隨機存取記憶體(SRAM)最多66KB。
- 通訊介面：支援USB 2.0全速、UART、I2C、SPI、GPIO等。
- 類比週邊：14通道12位元類比數位轉換器(ADC)。
- 耗電量：工作模式(Active mode)為195μA/MHz，低耗電模式可達2.5μA(Real-time clock mode)與0.1μA(RAM retention mode)。

15

◑ 喚醒時間：小於5µs(Wake-up from standby mode)。

⊕ MSP430FRxxx系列微控制器

MSP430系列另外有使用鐵電隨機存取記憶體(Ferroelectric RAM, FRAM)的FR6xxx、FR5xxx、FR4xxx、FR2xxx等，我們以較高階的MSP430FR5969為例說明，如圖1-12(b)所示，基本的規格如下：

◑ 處理器工作頻率：16位元MSP430核心最高可達16MHz。

◑ 記憶體大小：鐵電隨機存取記憶體(FRAM)最多64KB，靜態隨機存取記憶體(SRAM)最多2KB。

◑ 通訊介面：支援USB 2.0全速、UART、I2C、SPI、LIN、GPIO等。

◑ 類比週邊：16通道12位元類比數位轉換器(ADC)。

◑ 資料保護：支援256位元AES加密、CRC16檢查碼。

◑ 耗電量：工作模式(Active mode)為100µA/MHz，低耗電模式可達0.45µA(Real-time clock mode)與0.1µA(RAM retention mode)。

◑ 喚醒時間：小於7µs(Wake-up from standby mode)。

⊕ MSP432系列微控制器

MSP432系列主要是保留MSP430省電的特性，同時將處理器核心由原本的16位元升級為更強大的32位元ARM Cortex-M4，因此目前為業界最省電的ARM Cortex-M4平台，使用快閃記憶體(Flash)的P401R與P401M，我們以較高階的MSP432P401R為例說明，如圖1-12(c)所示，基本的規格如下：

◑ 處理器工作頻率：32位元ARM Cortex-M4核心最高可達48MHz。

◑ 記憶體大小：快閃記憶體(Flash)最多256KB，靜態隨機存取記憶體(SRAM)最多64KB。

◑ 通訊介面：支援UART、I2C、SPI、GPIO等。

◑ 類比週邊：24通道12位元類比數位轉換器(ADC)。

◑ 資料保護：支援256位元AES加密。

◑ 耗電量：工作模式(Active mode)為95µA/MHz，低耗電模式可達0.85µA(Real-time clock mode)與0.1µA(RAM retention mode)。

◑ 喚醒時間：小於10µs(Wake-up from standby mode)。

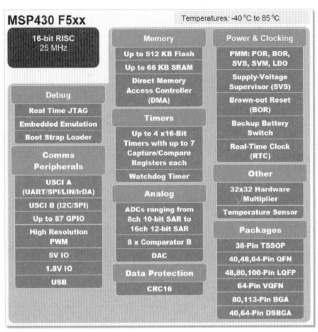

(a)

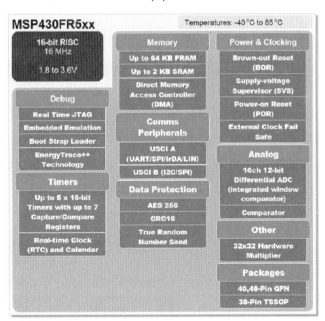

(b)

圖 1-12　MSP430微控制器系統方塊圖。(a)F5xxx系列；(b)FR5xxx系列；
(c)MSP432P401R系列。資料來源：www.ti.com。

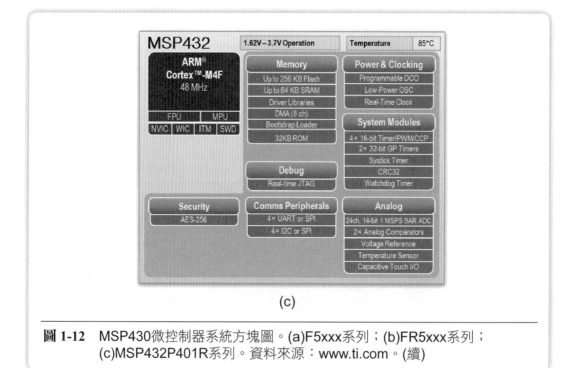

圖 1-12　MSP430微控制器系統方塊圖。(a)F5xxx系列；(b)FR5xxx系列；(c)MSP432P401R系列。資料來源：www.ti.com。(續)

1-3-2　即時控制微控制器(Real Time Control MCU)

C2000是目前業界少數使用數位訊號處理(DSP)來進行微控制器的功能，主要的優點是核心為乘加器(MAC)，適合應用在進行大量乘加運算的數位電源(Digital power)、馬達控制(Motor control)、直流或交流電源轉換(AC/DC、DC/DC、DC/AC)、電力線通訊(Power Line Communication, PLC)等，目前由於製程的進步，不但晶片面積縮小而且價格大幅下降。

◈ Piccolo系列微控制器

C2000 Piccolo系列主要有F2802x、F2803x、F2805x、F2806x、F2807x等，我們以較高階的C2000F28075為例說明，如圖1-13(a)所示，基本的規格如下：

❶ 處理器工作頻率：32位元C28x核心最高可達120MHz，另外具有FPU(Floating Point Unit)、CLA(Control Law Accelerator)、VCU(Viterbi Complex Unit)、TMU(Trigonometric Math Unit)四個加速器協同處理。

◐ 記憶體大小：快閃記憶體(Flash)最多512KB，靜態隨機存取記憶體(SRAM)最多100KB。

◐ 通訊介面：可以支援USB2.0 OTG、UART、I2C/PMBus、McBSP、SPI、CAN2.0、GPIO等。

◐ 類比週邊：12位元類比數位轉換器(ADC)、12位元數位類比轉換器(DAC)、150ps高解析度增強型脈寬調變器(Enhanced PWM)。

⊕ Delfino系列微控制器

　　C2000 Delfino系列主要有F2833x、F2834x、F2837x等，我們以較高階的C2000F28377D為例說明，如圖1-13(b)所示，基本的規格如下：

◐ 處理器工作頻率：32位元C28x核心最高可達200MHz，其中C2000F28377D為雙核心、C2000F28377S為單核心，另外具有CLA(Control Law Accelerator)、VCU(Viterbi Complex Unit)、TMU(Trigonometric Math Unit)三個硬體加速器可以協同處理。

◐ 記憶體大小：快閃記憶體(Flash)最多1MB，靜態隨機存取記憶體(SRAM)最多204KB。

◐ 通訊介面：可以支援USB2.0 OTG、UART、I2C/PMBus、McBSP、SPI、CAN2.0、GPIO等。

◐ 類比週邊：16位元類比數位轉換器(ADC)、12位元數位類比轉換器(DAC)、150ps高解析度增強型脈寬調變器(Enhanced PWM)。

⊕ Concerto系列雙核心微控制器

　　C2000 Concerto系列主要有F28M35、F28M36等，我們以較高階的C2000F28M36為例說明，如圖1-13(c)所示，基本的規格如下：

◐ 處理器工作頻率：32位元C28x核心最高可達150MHz，另外具有FPU(Floating Point Unit)、VCU(Viterbi Complex Unit)兩個硬體加速器可以協同處理；32位元ARM Cortex-M3核心最高可達125MHz。

◐ 記憶體大小：C28x核心所配置的快閃記憶體(Flash)最多256KB，靜態隨機

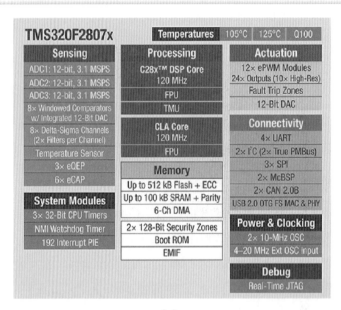

(a)

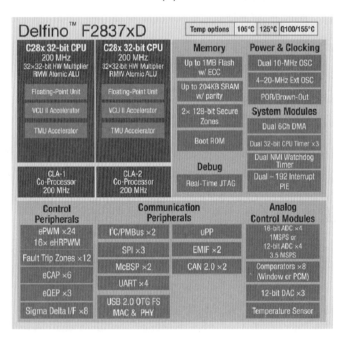

(b)

圖 1-13　C2000數位訊號處理器系統方塊圖。(a)Piccolo系列；(b)Delfino系列；
(c)F28M3x系列。資料來源：www.ti.com。

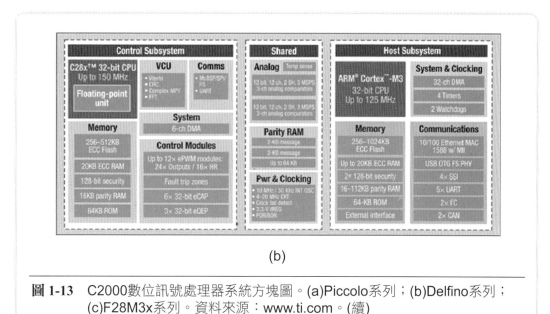

(b)

圖 1-13　C2000數位訊號處理器系統方塊圖。(a)Piccolo系列；(b)Delfino系列；
　　　　(c)F28M3x系列。資料來源：www.ti.com。(續)

存取記憶體(SRAM)最多36KB；ARM Cortex-M3核心所配置的快閃記憶體
(Flash)最多1MB，靜態隨機存取記憶體(SRAM)最多132KB。

◑ 通訊介面：可以支援10/100 Ethernet MAC、USB2.0 OTG、UART、I2C、
McBSP、SPI、CAN2.0、GPIO等。

◑ 類比週邊：150ps高解析度增強型脈寬調變器(Enhanced PWM)。

◉ Tiva系列微控制器

　　Tiva系列主要有TM4C123x、TM4C129x等兩大產品線，其中TM4C123x
含有多組通訊介面，如圖1-14(a)所示；TM4C129x除了基本通訊介面還多出
Ethernet網路MAC與PHY，如圖1-14(b)所示，基本的規格如下：

◑ 處理器工作頻率：32位元ARM Cortex-M4核心，其中TM4C123x最高可達
80MHz，TM4C129x最高可達120MHz。

◑ 記憶體大小：TM4C123x快閃記憶體(Flash)最多256KB，靜態隨機存取記憶
體(SRAM)最多32KB；TM4C129x快閃記憶體(Flash)最多1MB，靜態隨機存
取記憶體(SRAM)最多256KB。

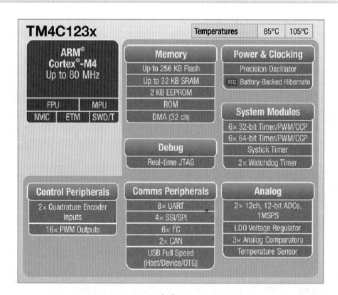

(a)

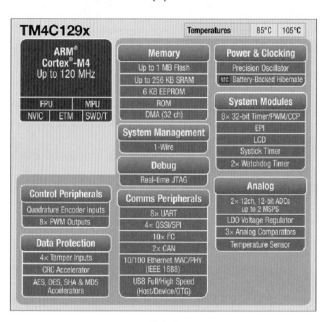

(b)

圖 1-14　Tiva系列微控制器系統方塊圖。(a)TM4C123x系列；(b)TM4C129x系
　　　　列。資料來源：www.ti.com。

◗ 通訊介面：TM4C123x支援USB2.0 OTG、UART、I2C、SPI、CAN2.0、GPIO等；TM4C129x另外支援10/100Ethernet MAC與PHY。

◗ 類比週邊：24通道12位元類比數位轉換器(ADC)、脈寬調變器(PWM)。

1-3-3　安全控制微控制器(Safety Control MCU)

　　Hercules是目前業界少數主打工業與車用安全的微控制器，特別針對IEC61508與ISO26262等安全規範所設計，硬體支援多種安全設計，可以確保產品在嚴格的條件與環境下正常工作。

◉ RM系列微控制器

　　Hercules RM系列主要有RM48x、RM46x、RM42x等，我們以較高階的Hercules RM48x為例說明，如圖1-15(a)所示，基本的規格如下：

◗ 處理器工作頻率：32位元ARM Cortex-R4核心最高可達330MHz，同時具有相差90度的兩個硬體配置，可以抵抗電磁干擾(EMI)。

◗ 記憶體大小：快閃記憶體(Flash)最多4MB內含ECC功能，靜態隨機存取記憶體(SRAM)最多512KB內含ECC功能。

◗ 通訊介面：可以支援10/100 Ethernet MAC、USB2.0 OTG、UART、I2C、McBSP、SPI、CAN2.0、GPIO等。

◗ 類比週邊：12位元類比數位轉換器(ADC)、增強型脈寬調變器(Enhanced PWM)。

◉ TMS570系列微控制器

　　Hercules TMS570系列主要有LC、LS0、LS1、LS2、LS3等，我們以較高階的Hercules LS3為例說明，如圖1-15(b)所示，基本的規格如下：

◗ 處理器工作頻率：32位元ARM Cortex-R4核心最高可達300MHz，同時具有相差90度的兩個硬體配置，可以抵抗電磁干擾(EMI)。

◗ 記憶體大小：快閃記憶體(Flash)最多4MB內含ECC功能，靜態隨機存取記憶體(SRAM)最多512KB內含ECC功能。

◗ 通訊介面：可以支援10/100 Ethernet MAC、USB2.0 OTG、UART、I2C、McBSP、SPI、CAN2.0、LIN、GPIO等。

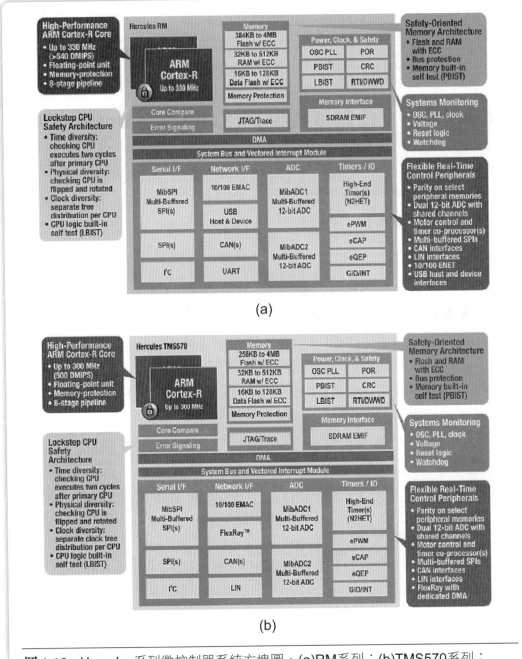

圖 1-15 Hercules系列微控制器系統方塊圖。(a)RM系列；(b)TMS570系列；(c)TMS470系列。資料來源：www.ti.com。

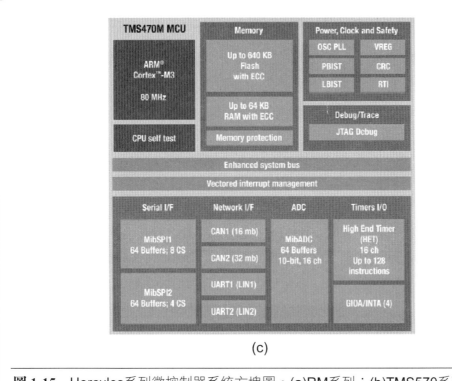

(c)

圖 1-15 Hercules系列微控制器系統方塊圖。(a)RM系列;(b)TMS570系列;
(c)TMS470系列。資料來源:www.ti.com。(續)

- 類比週邊:12位元類比數位轉換器(ADC)、增強型脈寬調變器(Enhanced PWM)。

TMS470系列微控制器

Hercules TMS470系列主要有MF03、MF04、MF06等,我們以較高階的 Hercules MF06為例說明,如圖1-15(c)所示,基本的規格如下:

- 處理器工作頻率:32位元ARM Cortex-M3核心最高可達80MHz。
- 記憶體大小:快閃記憶體(Flash)最多640KB內含ECC功能,靜態隨機存取記 憶體(SRAM)最多64KB內含ECC功能。
- 通訊介面:UART、CAN2.0、GPIO等。
- 類比週邊:10位元類比數位轉換器(ADC)。

1-3-4　ARM核心處理器(ARM based processor)

在高階的微處理器，德州儀器公司使用ARM Cortex-A8、Cortex-A9、Cortex-A15核心，並且結合高階的數位訊號處理器(DSP)，包括定點與浮點運算兩用的單核心C674x、定點與浮點兩用的多核心C66x等，可以開發高階的產品應用。

◉ KeyStone系列高階處理器(Performance processor)

KeyStone系列主要有AM5K2Ex、66AK2Ex、66AK2Hx等，我們以較高階的66AK2H14為例說明，如圖1-16(a)所示，基本的規格如下：

❶ 處理器工作頻率：最多四核心32位元ARM Cortex-A15每一核心最高可達1.4GHz，最多八核心32位元C66x DSP每一核心最高可達1.2GHz。

❶ 記憶體大小：支援動靜態隨機存取記憶體(DDR3)介面。

❶ 通訊介面：USB3.0 OTG、1G/10G Ethernet MAC、PCI/PCIe、UART(SCI)、I2C、SPI、GPIO等。

◉ Sitara系列應用處理器(Application processor)

Sitara系列主要有AM437x、AM38x、AM37x、AM335x、AM35x等，我們以較低階的AM335x為例說明，如圖1-16(b)所示，基本的規格如下：

❶ 處理器工作頻率：32位元ARM Cortex-A8最高可達800MHz。

❶ 記憶體大小：支援動靜態隨機存取記憶體(DDR2、DDR3)介面。

❶ 通訊介面：USB2.0 OTG、1G Ethernet MAC、MMC/SD、CAN2.0、EtherCAT Slave、UART(SCI)、ADC、PWM、I2C、McASP、SPI、GPIO等。

◉ Davinci系列應用處理器(Application processor)

Davinci系列主要有DM81x、DM38x、DM37x、DM64x等，主要的特色是具有高解析度視訊影像協同處理器(High Density Video Image Co-Processor, HDVICP)，我們以較高階的Davinci DM8168為例說明，如圖1-16(c)所示，基本的規格如下：

❶ 處理器工作頻率：32位元ARM Cortex-A8最高可達1.2GHz，32位元C674x

DSP最高可達1GHz，另外具有三組HDVICP加速器協同處理。

◐ 記憶體大小：支援動靜態隨機存取記憶體(DDR2、DDR3)介面。

◐ 通訊介面：USB2.0 OTG、1G Ethernet MAC、PCI/PCIe、SATA、MMC/SD、UART(SCI)、I2C、McBSP/McASP、SPI、HDMI、GPIO等。

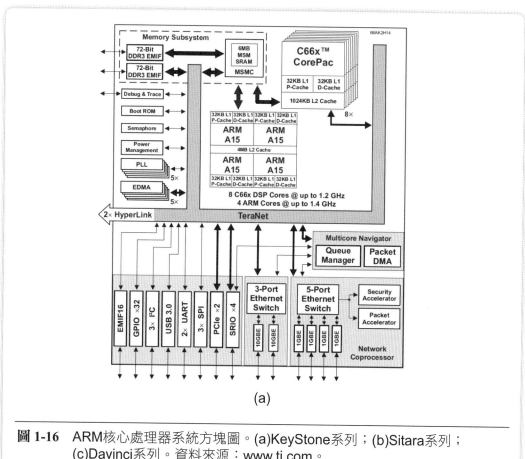

(a)

圖 1-16　ARM核心處理器系統方塊圖。(a)KeyStone系列；(b)Sitara系列；(c)Davinci系列。資料來源：www.ti.com。

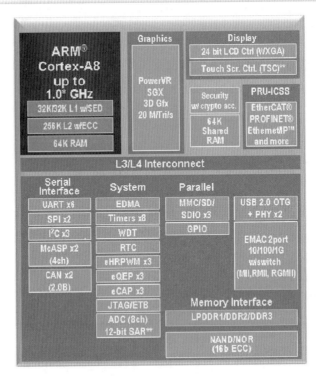

(b)

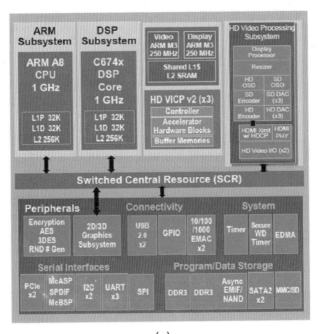

(c)

圖 1-16 ARM核心處理器系統方塊圖。(a)KeyStone系列；(b)Sitara系列；(c)Davinci系列。資料來源：www.ti.com。(續)

1-3-5　數位訊號處理器(Digital Signal Processor)

　　數位訊號處理器(DSP)的核心為「乘加器(MAC)」，可以在一個時脈週期內進行一次「乘法與加法」運算，適合應用在各種多媒體與數位通訊系統，德州儀器公司的數位訊號處理器核心有定點運算的單核心C64x、浮點運算的單核心C67x、定點與浮點運算兩用的單核心C674x、定點與浮點兩用的多核心C66x等。

⊕ KeyStone數位訊號處理器

　　KeyStone多核心系列主要有C667x、C665x等，我們以較高階的C667x為例說明，如圖1-17(a)所示，基本的規格如下：

❶ 處理器工作頻率：最多八核心32位元C66x DSP每一核心最高可達1.2GHz。

❶ 記憶體大小：支援動靜態隨機存取記憶體(DDR3)介面。

❶ 通訊介面：USB3.0 OTG、1G Ethernet MAC、PCI/PCIe、UART(SCI)、I2C、SPI、GPIO等。

⊕ C6000數位訊號處理器

　　C6000多核心或單核心系列主要有C647x、C674x、C64x、C67x等，我們以較高階的C674x為例說明，如圖1-17(b)所示，基本的規格如下：

❶ 處理器工作頻率：32位元C674x DSP最高可達456MHz。

❶ 記憶體大小：支援動態隨機存取記憶體(DDR2)介面。

❶ 通訊介面：USB2.0 OTG、1G Ethernet MAC、MMC/SD、UART(SCI)、ADC、PWM、I2C、McASP/McBSP、SPI、GPIO等。

⊕ C5000超低功耗數位訊號處理器(Ultra low power DSP)

　　C5000系列主要有C55x、C54x等，我們以較高階的C55x為例說明，如圖1-17(c)所示，基本的規格如下：

❶ 處理器工作頻率：16位元C55x DSP最高可達100MHz。

❶ 記憶體大小：支援動靜態隨機存取記憶體(SDRAM)介面。

❶ 通訊介面：USB2.0 slave、MMC/SD、UART (SCI)、ADC、I2C、I2S、SPI、GPIO等。

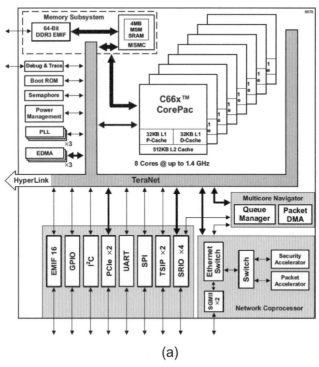

(a)

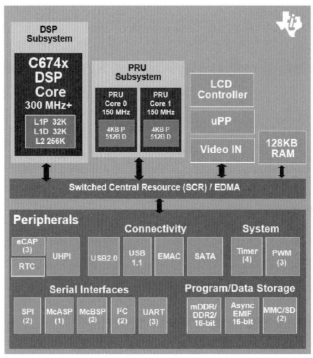

(b)

圖 1-17 數位訊號處理器系統方塊圖。(a)KeyStone系列;(b)Sitara系列;
(c)Davinci系列。資料來源:www.ti.com。

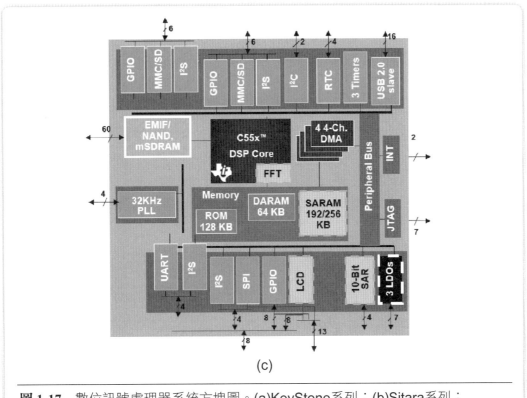

(c)

圖 **1-17** 數位訊號處理器系統方塊圖。(a)KeyStone系列；(b)Sitara系列；
(c)Davinci系列。資料來源：www.ti.com。(續)

1-3-6 無線微控制器(Wireless MCU)

在無線物聯網的時代，將無線通訊功能與微控制器結合成單一晶片成為一
種趨勢，我們稱為「無線微控制器(Wireless MCU)」，德州儀器公司所生產的
各種無線微控制器如圖1-18所示。

⊕ SimpleLink Wi-Fi無線微控制器

SimpleLink系列主要有CC3200、CC3100等，其中CC3200為內建ARM
Cortex-M4微控制器的WiFi單晶片；CC3100僅為Wi-Fi射頻傳送接收器
(Transceiver)，並無內建微控制器，我們以CC3200為例說明，如圖1-19(a)所
示，基本的規格如下：

The industry's broadest wireless connectivity portrolio

Supported standards

134KHz /13.56MHz	Sub 1GHz	2.4GHz to 5GHz				Satellite
RFID NFC ISO14443A/B ISO15693	SimpliciTI 6LoWPAN W-MBus	SimpliciTI PurePath Wireless	ZigBee® 6LoWPAN RF4CE	Bluetooth® technology Bluetooth® low energy ANT	Wi-Fi®	GNSS

Example applications

Product line up

TMS37157 TRF796x TRF7970	CC1300 CC1110/90 CC11xL CC430 CC112X CC120X CC1180	CC2500 CC2543/44/45 CC2590/91 CC8520/21 CC2530/31	CC2650/30/20 CC2530 CC2530ZNP CC2531 CC2533 CC2520	CC2650/40 CC2560/4 CC2540/1 CC2570/1	WL127x WL18xx CC3000 CC31xx CC32xx	WL18xx CC4000

圖 1-18　德州儀器公司所生產的各種無線微控制器。

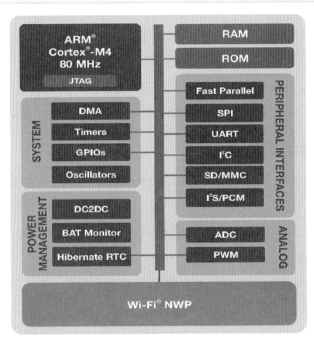

(a)

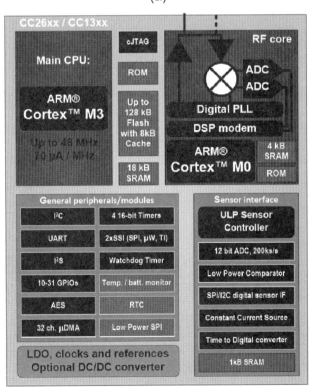

(b)

圖 1-19　無線微控制器系統方塊圖。(a)SimpleLink系列；(b)BT/BLE/Sub-1GHz系列。資料來源：www.ti.com。

- 處理器工作頻率：32位元ARM Cortex-M4最高可達80MHz。
- 記憶體大小：支援靜態隨機存取記憶體(SRAM)。
- 通訊介面：MMC/SD、UART、I2C、SPI、I2S/PCM、GPIO等。
- 類比週邊：12位元類比數位轉換器(ADC)、脈寬調變器(PWM)。。

⊕ BT/BLE無線微控制器

　　BT/BLE系列主要有CC2650、CC2640、CC2541、CC2540、CC2564、CC2560等，其中CC2650、CC2640為內建ARM Cortex-M3微控制器的BLE單晶片；CC2541、CC2540為內建8051微控制器的BLE單晶片，CC2564、CC2560僅為藍牙BT/BLE雙模射頻傳送接收器(Transceiver)，並無內建微控制器，我們以CC2650為例說明，如圖1-19(b)所示，基本的規格如下：

- 處理器工作頻率：32位元ARM Cortex-M3最高可達48MHz。
- 記憶體大小：快閃記憶體(Flash)最多128KB，靜態隨機存取記憶體(SRAM)最多18KB。
- 通訊介面：UART、I2C、SPI、I2S、GPIO等。
- 類比週邊：12位元類比數位轉換器(ADC)。

⊕ Zigbee/6LoWPAN/RF4CE無線微控制器

- Zigbee系列主要有CC2650、CC2630、CC2538、CC2531、CC2530、CC2520等，其中CC2650、CC2630、CC2538為內建ARM Cortex-M3微控制器的Zigbee單晶片；CC2531、CC2530為內建8051微控制器的Zigbee單晶片；CC2520僅為Zigbee射頻傳送接收器(Transceiver)，並無內建微控制器。

- 6LoWPAN系列主要有CC2650、CC2630、CC2538、CC2520等，其中CC2650、CC2630、CC2538為內建ARM Cortex-M3微控制器的6LoWPAN單晶片，CC2520僅為6LoWPAN射頻傳送接收器(Transceiver)，並無內建微控制器。

- RF4CE系列主要有CC2650、CC2533、CC2531、CC2530等，其中CC2650為內建ARM Cortex-M3微控制器的RF4CE單晶片，CC2533、CC2531、CC2530為內建8051微控制器的RF4CE單晶片。

Proprietary 2.4GHz無線微控制器

Proprietary 2.4GHz系列主要有CC2545、CC2544、CC2543、CC2511、CC2510、CC2500等，其中CC2545、CC2544、CC2543、CC2511、CC2510為內建8051微控制器的2.4GHz單晶片；CC2500僅為2.4GHz射頻傳送接收器(Transceiver)，並無內建微控制器。

Sub-1GHz無線微控制器

Sub-1GHz系列主要有CC1310、CC1201、CC1200、CC11xx等，其中CC1310為內建ARM Cortex-M3微控制器的Sub-1GHz單晶片；CC1201、CC1200、CC11xx僅為Sub-1GHz射頻傳送接收器(Transceiver)，並無內建微控制器。

NFC/RFID無線射頻識別元件(RFID)

NFC/RFID系列主要有TRF7970、TRF796x、TMS37157等，階為13.56MHz射頻傳送接收器(Transceiver)，並無內建微控制器。

在上面介紹的各種平台當中，CC2650同時可以支援BT/BLE、Zigbee、6LoWPAN、RF4CE，主要燒錄不同的韌體就可以支援不同的通訊標準，讓使用者在設計時具有更大的彈性。

嵌入式微控制器開發—ARM Cortex-M4F架構及實作演練

Chapter

2

嵌入式系統軟體開發

 本章重點

2-1 嵌入式系統軟體架構

　　軟體是嵌入式系統的靈魂,由它來安排處理器的工作。與傳統電腦相比,它具有下列幾個特點:

1. 特定的用途:嵌入式的軟體通常根據特定需求的功能進行開發,因此嵌入式軟體都有自己獨特的應用性。

2. 低資源需求:嵌入式系統在成本及功耗的考量下,採用處理器的運算能力及記憶體都無法像電腦規格,因此軟體開發時須盡可能減少運算資源及記憶體的使用。

3. 即時處理:嵌入式系統中,常需要針對週邊驅動的需求即時反應。

　　嵌入式軟體通常是以疊層架構為主,以堆疊的方式將軟體模組一層一層建構上去。如圖2-1所示,若依其負責功能進行剖析,大致上可將軟體架構粗分為三個部份:應用程式(Application)、中介程式(Middleware)以及作業系統(Operating System, OS)。

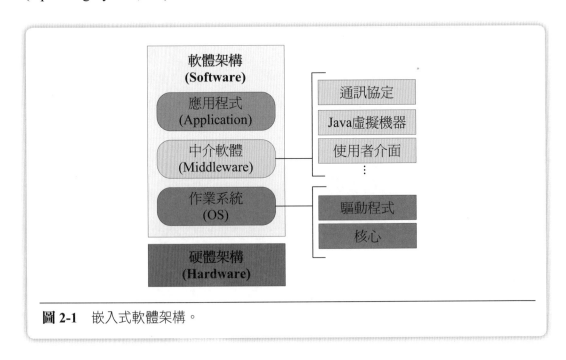

圖 2-1　嵌入式軟體架構。

2-1-1 應用程式(Application)

應用程式是為使用者的應用需求而開發，通常會針對特定應用而開發。和一般電腦上的應用程式最大的差異，在於嵌入式應用程式需要盡可能減少系統資源的消耗，以降低硬體的成本與功耗。

2-1-2 中介程式(Middleware)

中介程式(Middleware)是介於作業系統與應用程式間的軟體，提供應用程式開發者較完整的軟體支援，如使用者介面(User Interface, UI)、通訊協定(Protocol)、資料庫管理(Database)、Java虛擬機器(Virtual Machine, VM)等等的功能。建構在中介程式之上，使用者可以更輕易的完成各種應用程式開發工作。

2-1-3 作業系統(OS)

嵌入式系統的工作模式可依作業系統的需求與否分為作業系統(OS)模式與無作業系統(Non-OS)模式。早期的嵌入式系統硬體規格較低，主要應用在控制領域，應用軟體直接建立在硬體之上，功能上較為簡單，不需要專門的作業系統(OS)，稱為無作業系統(Non-OS) 模式。如圖2-2所示，在無作業系統(Non-OS)模式下，整個軟體系統就只有一支應用程式在執行，所有工作都要由應用程式自行責責，包含與硬體平台間的溝通工作。一般簡易的嵌入式系統都採用無作業系統工作模式，整個系統在製造時就將程式燒錄進唯讀記憶體ROM/Flash中，當該系統插上電源開機後，就直接進入該應用程式來執行。

現今的電子產品中應用日趨複雜，所以嵌入式系統中需要一個作業系統來協助管理複雜工作，這樣的架構稱為作業系統(OS)模式。如圖2-2所示，為了同時執行多個應用程式，在作業系統(OS)模式中會加入一個作業系統來確保每一個應用程式都可以分配到足夠的資源並順利運作。一般作業系統主要提供一個嵌入式系統下列五個功能 :

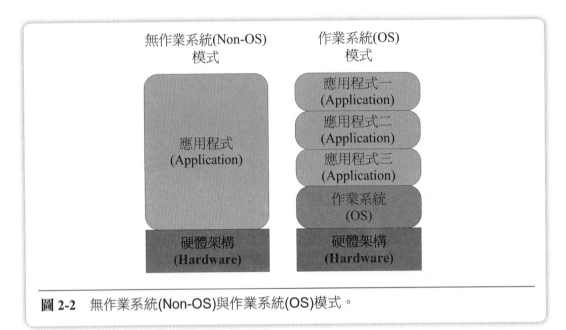

圖 2-2 無作業系統(Non-OS)與作業系統(OS)模式。

- 行程管理(Process management)：每一個應用程式都可視為一個行程 (Process)，作業系統要負責打造一個多工的執行環境，讓程式執行時可以不 受其它程式的干擾。

- 記憶體管理(Memory management)：記憶體管理是嵌入式系統最重要的工作 之一。當應用程式提出記憶體需求時，作業系統就會分配空間給程式使用, 應用程式不用擔心影響其它程式運作。

- 輸入／輸出系統管理(I/O system management)：作業系統(OS)會將輸入／輸出 裝置包裝成系統函式，讓程式開發人員不用直接面對複雜而且多樣的週邊裝 置。藉由通用的介面函式，將輸入／輸出裝置的硬體控制工作包裝成系統函 式，讓程式開發人員操作輸入／輸出工作變得簡單。

- 檔案系統(File system)：這是輸入/輸出系統管理(I/O system management)功能 的延伸，讓程式開發人員只要透過作業系統提供的檔案輸入/輸出函式就可以 輕鬆的存取儲存裝置上的檔案。

- 使用者介面(User Interface, UI)：作業系統會提供使用者一個簡易的操作環

境，當使用者想要某項功能時可以輕易的使用它。早期使用者通常透過命令列的方式，而現在則有更人性化的圖形視窗介面。

　　在建構嵌入式系統時，到底要不要使用作業系統並沒有絕對的答案，開發人員要依自己的需求及開發平台上的資源來進行判斷。表2-1中，比較了兩種模式的優劣。

表 2-1　無作業系統(Non-OS)與作業系統(OS)模式優劣。

	優點	缺點	適用條件
作業系統 (OS)	系統穩定、 支援很多功能	程式大、 成本高	較複雜的系統
無作業系統 (Non-OS)	成本低、 不需考量 OS運作	功能簡單、 開發花時間	較簡單的系統

2-2　嵌入式軟體開發工具

　　在嵌入式系統中，軟硬體資源都相當有限而且沒有好的人機操作介面，因此嵌入式系統的軟體開發通常都採用交叉平台開發(Cross-platform development)的方式，亦即程式開發在主機平台(Host platform)進行，最後再將程式下載到稱為目標平台(Target platform)的嵌入式系統中執行，如圖2-3所示。其中主機平台(Host platform)上必須安裝支援目標平台的跨平台開發工具(Cross-platform toolchain)，以便將程式開發者撰寫的程式碼轉換為可在目標平台上執行的機械碼。

2-2-1　跨平台開發工具

　　如前面章節所提，跨平台開發工具的任務就是將撰寫的程式碼轉換為可在嵌入式系統上執行的可執行檔。在介紹軟體開發工具的角色之前，先來認識一下程式語言。

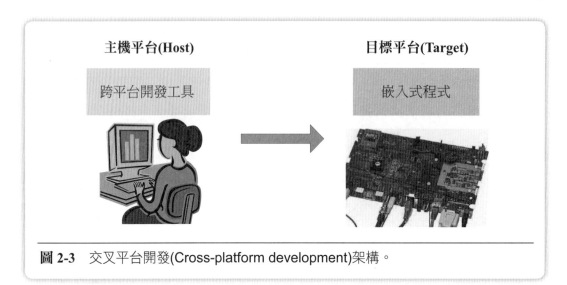

圖 2-3 交叉平台開發(Cross-platform development)架構。

程式語言

　　軟體在資訊工程師的專業術語中稱為「語言(Language)」，而程式語言可以大略分為機器語言、低階語言、高階語言，如圖2-4所示。其中高階語言是最接近人類理解的程式語言，而機器語言則是處理器能理解的程式語言。各種言語言介紹如下：

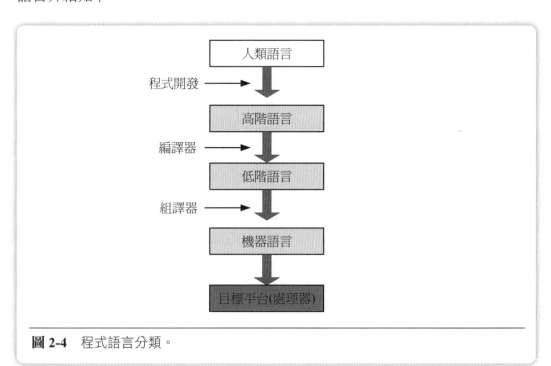

圖 2-4 程式語言分類。

◑ 機器語言(Machine language)：對處理器而言，它真正懂的語言只有一種，就是機器語言(Machine language)，就是一堆0與1數字組成的程式語言，如圖2-5所示。藉由這些0與1數字的組合來告知處理器進行各項工作，不僅閱讀上十分困難，更別說是拿來發展程式了。

Memory Address	Program	Program	Program	Program
00030700	01001110	01001110	01001110	01101110
00030704	11110101	01011001	00000000	10101010
00030708	00101010	10101111	11111111	11110101
00030712	01010111	00000000	01011010	11110101
00030716	00101010	11111111	01001110	11110101

圖 2-5　機器語言(Machine language)。

◑ 低階語言(Low level language)：低階語言又稱為組合語言(Assembly language)，早期的程式開發都是使用組合語言(Assembly language)這種低階程式語言來進行。組合語言中直接使用處理器支援的指令來告知處理器所要進行的各個動作，如圖2-6所示，最後再透過開發工具中的組譯器(Assembler)將組合語言轉為機器語言。

◑ 高階語言(High level language)：組合語言雖然可以使用指令描述處理器的運算工作，但還是不符合人類的思維方式，因此又陸續有C/C++與Java等高階語言被開發出來。以相加為例，A與B相加的程式碼可直接寫成C=A+B，更接近人類的表達方式。使用高階語言撰寫的程式碼如圖2-7所示，這些程式碼需先使用編譯器(Compiler)轉換成低階組合語言，再使用組譯器(Assembler)

```
.Model SMALL
.STACK
.DATA
    NUMBER1  DB  4
    NUMBER2  DB  2
.CODE
    MOV  AX, @DATA
    MOV  DS, AX
    MOV  DL, NUMBER2
    MOV  AL, NUMBER1
    MUL  DL
    MOV  DL, AL
    ADD  DL, '0'
    MOV  AH, 02
    INT  21h
    MOV  AH, 4Ch
    INT  21h
END
```

圖 2-6　組合語言(Assembly language)。

轉換成可被處理器執行的機器語言。

⊕ 軟體開發工具

　　瞭解程式語言的角色後，接著我們來看程式開發工具負責的工作。如圖2-8
所示，程式開發者會先以文書編輯器 (Text editor) 寫好程式碼之後，經由編譯
器(Compiler) 將程式碼編譯成目的碼檔 (Object file)，再以連結器 (Linker)將其它
相關的程式連結成為可被執行的執行檔，最後再載入到目標平台的記憶體中執
行。各項工具介紹如下：

◐ 編譯器(Compiler)：編譯器的工作，主要是將開發人員撰寫的C/C++程式語言
　　換成特定平台的組合語言，甚至有些編譯器會直接轉換成機器語言。此外，
　　編譯器也會進行程式語法錯誤(Syntax error)檢查，若有不合法的地方即產生
　　錯誤訊息。而編譯器又可分為兩類：「原生編譯器(Native Compiler)」與「跨

```
#include <stdio.h>
int main ()
{
      int number;
      int a[20]={0,1,2,3,4,5};
      int b[20]={0,1,2,3,4,5};
      y = function(a, b, 10);
      printf ("Number= %d\n",number );
}
int function (int *m, int *n,int count)
{
      int i;
      int product;
      int sum = 0 ;
      for ( i=0 ; i < count ; i ++ )
      {
              product = m[i] * n[i];
              sum += product;
      }
    return (sum);
}
```

圖 2-7　高階語言(High level language)。

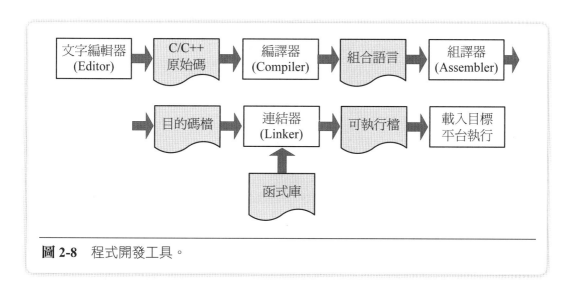

圖 2-8　程式開發工具。

平台編譯器(Cross compiler)」。當主機平台與目標平台相同時，即為原生編譯器(Native compiler)，如在x86電腦上編譯的機器碼直接於x86電腦上執行。而一般嵌入式系統都使用跨平台編譯器(Cross compiler)，如在在x86電腦上編譯的機器碼將使用於Cortex-M4處理器上執行。常見的編譯器如GNU C/C++編譯器gcc和TI C/C++編譯器cl6x。

◐ 組譯器(Assembler)：組譯器的工作就是將組合語言轉換成機器語言，亦即產生目的碼檔(Object file)。目的碼檔(Object file)是一種特殊格式的二進制檔，包含轉換過程產生的指令集和資料。這雖然已經是機器語言，但目的碼還不能直接執行。常見的目的碼檔(Object file)標準格式有兩種：「一般目的碼格式(Common Object File Format, COFF)」與「可執行和可連結格式(Executable and Linkable Format, ELF)」。這兩種檔案格式是互不相容的，所以連結程式時，需確認連結的目的碼檔或函式庫間都是採用相同格式。一般目的碼檔格式如圖2-9所示，都會包含檔頭(Header)、程式與變數區段(Segment)，其中text區段會存放所有的程式碼內容，data區段存放有初始值變數，而bss區段則存放無初始值變數。常見的組譯器如GNU組譯器as和TI 組譯器asm6x。

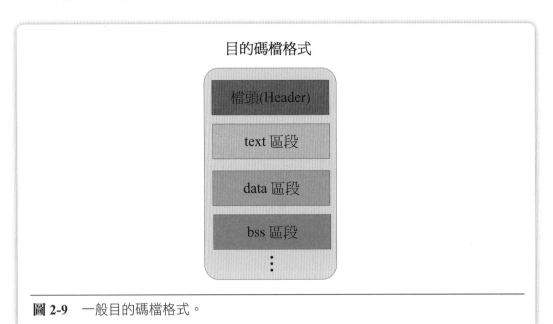

圖 2-9 一般目的碼檔格式。

46

◑ 連結器(Linker)：連結器是程式開發工具中產生可執行檔的最後一道手續，而它主要負責二項工作：

1. 組合多個目的碼檔與函式庫成一個新的目的碼檔：一個執行檔的原始程式碼可能分散在不同的程式碼中，而組譯器只處理單一程式碼，因此經編譯器後，會有多個目的碼檔，連結器則負責將所有目的碼檔的text程式區段以及data與bss變數區段分別合併在一個目的碼檔。此外，程式中可能會使用到像printf()這樣的標準函式，所以也需要將函式庫(Library)加進執行檔中。連結器的第一項工作就是整合多個目的碼檔與函式庫成一個較大的單一目的碼檔，稱為「可重定址程式(Relocatable program)」。而在組合這些檔案的過程中，同時也會處理尚未決定的變數及函式的參照問題。

2. 重新定址(Relocation)：前面工作產生的可重定址程式(Relocatable program)，尚不能下載到目標平台上執行，因為還沒指派目標平台上的實體記憶體位址給目的碼檔中的程式區段與變數區段。指派記憶體的工作是由定位器(Locator)來負責，在開發工具中，定位器(Locator)可以是獨立的工具，也可以整合在連結器中。在GNU與CCS開發工具中，定位器(Locator)的功能都整合在連結器，因此在開發工具中看不到定位器(Locator)。至於連結器如何知道該怎麼分配記憶體給程式區段與變數區段，則由連結命令檔(Linker command file)來負責規劃。關於連結命令檔如何進行記憶體的配置工作在後面章節中會有詳細說明。常見的連結器如GNU連結器ld和TI 連結器lnk6x。

2-2-2　記憶體配置(Memory mapping)

　　記憶體是嵌入式系統中除了處理器外，最重要的資源。若無記憶體，則處理器到哪抓取程式來執行？而程式中的變數又要存放在哪？因此記憶體配置(Memory mapping)是嵌入式系統程式開發人員第一個要面對的課題。

連結命令檔(Linker command file)

　　記憶體配置(Memory mapping)扮演的角色如圖2-10所示，當你撰寫程式碼

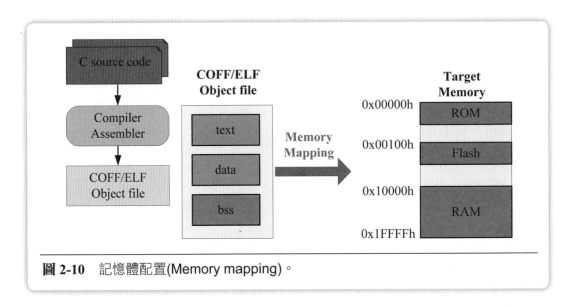

圖 2-10 記憶體配置(Memory mapping)。

(C source code) 完成後，需要經由編譯器(Compiler)及組譯器(Assembler)轉換成COFF或ELF格式的目的碼檔(Object file)。在目的碼檔(Object file)中，這些機器碼會被分成不同的區段(Section)，分別用來存放程式和不同類型的變數。當機器碼要下載到目標平台執行時，不同的區段要下載到哪些目標平台記憶體(Target memory)的工作稱為記憶體配置(Memory mapping)。在嵌入式系統中，因為記憶體的資源有限，若沒有做一個適當的記憶體配置，則很容易造成程式無法順利在目標平台上執行。

平常在電腦上開發程式時，程式所需要使用的記憶體空間會由作業系統來進行配置，可是在嵌入式系統中，使用者必須在程式連結過程中，藉由撰寫連結命令檔(Linker command file)來告訴連結器(Linker)。

連結命令檔(Linker command file)中，主要使用兩個虛指令(Directive)MEMORY與SECTIONS來配置記憶體給程式碼使用。MEMORY用來定義實體記憶體的位址及特性，而SECTIONS則用來指定程式及變數區段(Section)如何配置到記憶體中。接著下面會說明這兩個虛指令的功能與用法。

⊕ MEMORY虛指令

使用實體記憶體前，必須先藉由MEMORY虛指令來定義記憶體區塊，它的格式如下圖2-11所示：

```
MEMORY
{
    Mem name [(attr)] : origin = start address, length = number of bytes
    Mem name [(attr)] : origin = start address, length = number of bytes
    …
}
```

圖 2-11　MEMORY虛指令格式。

　　每一個記憶體區塊都由這些參數來定義，包含名稱(Mem name)、起始位址(origin)、大小(length)以及屬性(attr)。其中屬性(attr)有四種選項：可讀(R)、可寫(W)、可存放執行程式(X)、可初始化(I)，屬性(attr)這個選項是可以省略的欄位。

⊕ SECTIONS虛指令

　　程式中使用的記憶體區段(Section)該占用哪些記憶體則藉由SECTIONS虛指令來指定，它的格式如下圖2-12所示 ：

```
SECTIONS
{
    Section name : > Mem name
    Section name : > Mem name
    …
}
```

圖 2-12　SECTIONS虛指令格式。

　　其中記憶體區塊名稱(Mem name)為MEMORY虛指令所定義的區塊名稱。而區段名稱(Section name)則依開發工具編譯過程中產生的區段來指定。一般而言，配置記憶體區段，除了要配置目的碼檔中的text區段、data區段、bss區段外，還需要配置程式執行時需要使用到的堆疊(stack)區段與堆積(heap)區段。各

區塊存放的內容說明如下

❶ text區段：存放程式的機器碼

❶ data區段：存放有設定初始值的全域變數(Global variable)

❶ bss區段：存放無設定初始值的全域變數(Global variable)

❶ stack區段：程式執行時會將函式的參數(Argument)、返回位址(Return address)以及區域變數(Local variable)存入堆疊(Stack)區段中。當程式使用太多區域變數或是函數呼叫太多層時，都可能造成堆疊(Stack)區段的空間不夠用，而覆蓋到其它區段內容，影響程式的正常工作，這樣的問題稱為堆疊溢位(Stack overflow)。舉例來說，假設stack區段大小設定為1000位元組(1k Bytes)時，若程式中有某個函式內定義一個區域變數 int var[300]，只要程式中使用到該矩陣時，程式存取的範圍即會超過stack區段，而影響到其它區段內容，造成程式產生錯誤。

❶ heap區段：程式執行過程中，可以使用malloc()函式進行動態記憶體配置(Dynamic allocation)，當程式呼叫malloc()函式時，會從堆積(Heap)區段中分配一塊記憶體後回傳其指標，程式就可以利用這個指標來進行資料存取，而當程式呼叫free()函式後即可將這塊記憶體歸還給堆積(Heap)區段。如果程式提出動態記憶體配置(Dynamic allocation)需求時，而堆積(Heap)區段沒有足夠空間滿足配置請求時，則程式會被迫停止或進入不可預知的錯誤狀況。

　　圖2-13以一簡單程式碼為例，說明程式內容中會使用到哪些記憶體的區段。程式碼的部份會占用text區段，因此程式碼的長短會影響text區段占用的記憶體空間。函式main()與f1()的返回位址(Return address)、參數n會占用在stack區段，函式內的區域變數i、buf、k也會占用到stack區段。全域變數矩陣array會存放在bss區段，而全域變數bufsize因有初始值，所以會存放在data區段中。程式中使用malloc()配置的100位元組的空間則會占用到heap區段。

　　接下來我們以本書採用的實作平台Tiva TM4C123G 開發板(DK-TM4C123G)為例，說明如何依開發板提供的實體記憶體來撰寫連結命令檔(Linker command file)，讓連結器(Linker)可以將程式碼配置到這些實體記憶體中。下面為範例程式blinky內採用的連結命令檔(Linker command file)：blinky_ccs.cmd。

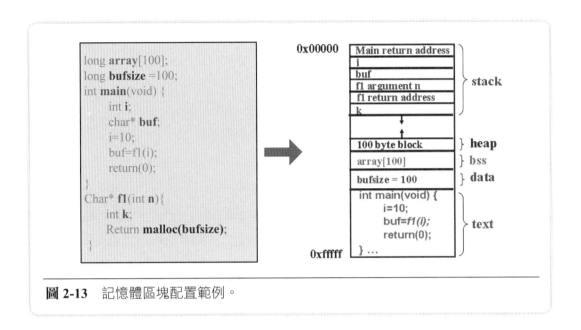

圖 2-13　記憶體區塊配置範例。

```
#define APP_BASE 0x00000000
#define RAM_BASE 0x20000000

MEMORY
{
    /* Application stored in and executes from internal flash */
    FLASH (RX)：origin = APP_BASE, length = 0x00040000
    /* Application uses internal RAM for data */
    SRAM (RWX)：origin = 0x20000000, length = 0x00008000
}

SECTIONS
{
    .intvecs：　> APP_BASE
    .text　：　> FLASH
    .const　：　> FLASH
```

```
    .cinit  ：  > FLASH
    .pinit  ：  > FLASH
    .init_array：> FLASH

    .vtable：  > RAM_BASE
    .data  ：  > SRAM
    .bss   ：  > SRAM
    .sysmem：  > SRAM
    .stack ：  > SRAM
}
```

在這個連結命令檔中，我們分兩個部份來說明。首先由MEMORY虛指令定義了兩個記憶體區塊FLASH與SRAM。在Tiva TM4C123G 開發板上並沒有額外的記憶體，所以只有處理器上內建的256KB 快閃記憶體(Flash) 以及32KB靜態隨機存取記憶體(SRAM)可以使用。因此在連結命令檔中定義了兩個區塊分別命名為FLASH與SRAM。起始位址則依TM4C123G規定，將FLASH規劃在位址0x00000000，而將SRAM規劃在位址0x20000000。而大小就分別設定為256KB的16進制表示0x00040000以及32KB的16進制表示0x0008000。接著由SECTIONS虛指令來指派實體記憶體給程式與變數區段(Section)使用。在上述的連結命令檔中，除了常見的區段 (Section)，還會有編譯器自行定義的區段，如下列介紹

◗ cinit區段：這區段存放專為某些全域變數(Global variable)所準備的資料表，用以存放這些變數的初始值。

◗ const區段：用來存放字串表以及用關鍵字const所宣告的全域變數(Global variable)。

◗ sysmem區段：為動態記憶體分配的保留空間，和heap區段相同。

⊕ 記憶體映射檔(Map file)

程式連結過程中，需撰寫連結命令檔(Linker command file)來告訴連結器

(Linker)怎麼進行記憶體配置。此外，開發人員還可以要求連結器(Linker)產生記憶體映射檔(Map file)，這個map檔在實務上非常有用，它可以提供下列資訊：

◑ 記憶體區塊使用量包含ROM與RAM。

◑ 各區段記憶體實際使用量

◑ 各程式檔記憶體的使用量

◑ 程式中各symbol的位址

　　一般記憶體配置的問題，並無法在程式編譯及連結時發現，也無法由偵錯工具發現，例如資料區段超出記憶體空間時，編譯與連結時並不會有問題，只有等到程式執行時，覆蓋到其它變數時，系統才會出問題，這時候只能透過map檔來發現問題所在。下面為範例程式blinky內產生的記憶體映射檔(Map file)：blinky_ccs.map。 因為map檔內容較多，底下只列出部份重要資訊。 第一個顯示的資訊為各記憶體區塊使用狀況，其中Flash 256KB的空間中，總共用掉了1418位元組(0x58a)，而SRAM 32KB空間中，共用掉了276位元組(0x114)。接著顯示程式及變數區段使用記憶體的狀況，其中程式區段(text)共用了766位元組(0x2fe)。

```
//記憶體區塊使用量

name        origin      length      used        unused      attr  fill
----------  ----------  ----------  ----------  ----------  ----  ---
FLASH 00000000  00040000  0000058a  0003fa76  R   X
SRAM  20000000  00008000  00000114  00007eec  RW  X


//程式及變數區段記憶體使用量

output section   page    origin      length      input sections
---------------  ------  --------    -----------  ---------------
.intvecs         0      00000000  0000026c
                        00000000  0000026c      startup_ccs.obj (.intvecs)
.text            0      0000026c  000002fe
```

```
              0000026c   0000009c
…
//symbol的位址
address       name
-----------   ----
00000000      __TI_static_base__
00000000      g_pfnVectors
00000001      __TI_args_main
00000100      __STACK_SIZE
0000026d      __aeabi_memcpy
0000026d      __aeabi_memcpy4
0000026d      __aeabi_memcpy8
0000026d      memcpy
00000309      __TI_auto_init
000003fd      main
00000455      _c_int00
…
```

2-2-3　系統啟動程序

　　對一個嵌入式系統而言，從開機到執行應用程式中間還有一件很重要的工作，稱為系統啟動程序(Startup sequence)。啟動程序會為C/C++語言的執行環境先做好準備，讓你開發的應用程式可以執行。

⊕ 啟動程式(Startup code)

　　為了建立一個程式執行環境，讓應用程式可以順利執行，啟動程序有下列幾項工作要完成

◐ 設定中斷向量表：設定中斷向量表，設定各個中斷的中斷服務程式(Interrupt Service Routine, ISR)。依據系統應用的需求，通常不會使用到所有的中斷，

因此不需實作每一個中斷服務程式(ISR)。

◐ 初始化記憶體：將變數的初始值從唯讀記憶ROM/Flash搬至RAM中。

◐ 呼叫主程式main()：執行應用程式的主程式main()

這件工作通常都會由啟動程式(Startup code)來負責完成，因此程式開發人員需要撰寫適當的啟動程式(Startup code)與應用程式一起進行編譯與連結，讓系統開機後可以先進行必要的初始化動作，然後找到應用程式的進入點main()函式，開始執行應用程式。圖2-14為一般嵌入式系統的啟動程序(Startup sequence)，主要流程如下 ：

1. 系統開機(Power on)後會驅動處理器產生RESET中斷請求。

2. 提出RESET中斷請求後，便到中斷向量表中找到RESET中斷服務程式(RESET ISR)的位址。

3. 找到RESET中斷服務程式(RESET ISR)並執行其工作，在中斷服務程式中，會進行記憶體的初始化工作，並呼叫主程式main()。

4. 執行應用程式的主程式main()，函式中即是我們撰寫好的應用程式工作。

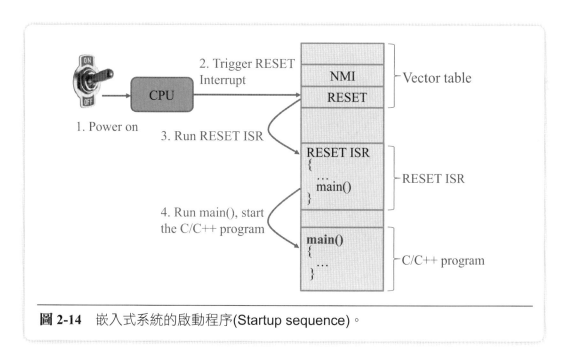

圖 2-14 嵌入式系統的啟動程序(Startup sequence)。

嵌入式微控制器開發—ARM Cortex-M4F架構及實作演練

啟動程式的實例

接下來我們以本書採用的實作平台Tiva TM4C123G 開發板為例，說明如何如何撰寫啟動程式(Startup code)。在範例程式blinky內提供兩組啟動程式(Startup code) startup_gcc.c與startup_ccs.c，當開發人員採用GNU GCC進行TM4C123G程式開發時，則採用startup_gcc.c做為啟動程式(Startup code)，而若使用CCS時，則採用startup_ccs.c做為啟動程式。

採用GNU GCC進行TM4C123G程式開發

底下我們會說明兩者有何不同，首先我們先來看startup_gcc.c程式內容，為簡省篇幅，我們只截取重要部份：

```
/* 中斷向量表(The vector table) */
void (* const g_pfnVectors[])(void) =
{
    (void (*)(void))((uint32_t)pui32Stack + sizeof(pui32Stack)),
    ResetISR,                          // The reset handler
    NmiSR,                             // The NMI handler
    FaultISR,                          // The hard fault handler
    IntDefaultHandler,                 // The MPU fault handler
    …
    IntDefaultHandler,                 // PWM 1 Generator 2
    IntDefaultHandler,                 // PWM 1 Generator 3
    IntDefaultHandler                  // PWM 1 Fault
};
/* RESET中斷服務程式 */
void ResetISR(void)
{
    uint32_t *pui32Src, *pui32Dest;
    // 將data段區的初始值從Flash複製到RAM中
```

56

```
        pui32Src = &_etext;

        for(pui32Dest = &_data; pui32Dest < &_edata; )

        {

                *pui32Dest++ = *pui32Src++;

        }


        // 設定bss段區初始值為0

        __asm("    ldr    r0, =_bss\n"

              "    ldr    r1, =_ebss\n"

              "    mov    r2, #0\n"

              "    .thumb_func\n"

              "zero_loop：\n"

              "        cmp    r0, r1\n"

              "        it    lt\n"

              "        strlt  r2, [r0], #4\n"

              "        blt    zero_loop");


        // 致能浮點運算單元(Floating-Point Unit)

        HWREG(NVIC_CPAC) = ((HWREG(NVIC_CPAC) &

              ~(NVIC_CPAC_CP10_M | NVIC_CPAC_CP11_M)) |

              NVIC_CPAC_CP10_FULL | NVIC_CPAC_CP11_FULL);


        // 呼叫應用程式的主程式main()

        main();

}


/* 預設的中斷服務程式 (通常設定為無窮廻圈) */
```

```
static void
IntDefaultHandler(void)
{
    while(1)
    {
    }
}
```

◐ 採用CCS進行TM4C123G程式開發

介紹完startup_gcc.c後,我們接著來看startup_ccs.c有何不同。兩者最大的差異在於中斷服務程式ResetISR(),如下面程式碼所示,在startup_ccs.c啟動程式中,ResetISR()服務程式中只會呼叫CCS的初始程式c_int00,這是由德州儀器公司撰寫的初始程式,由c_int00函式來進行記憶體的初始工作以及呼叫應用程式的main()函式。

```
void ResetISR(void)
{
    //跳到CCS的初始程式c_int00
    __asm("    .global _c_int00\n"
          "    b.w    _c_int00");
}
```

Chapter

3

ARM Cortex-M4F微控制器

 本章重點

【前言】

本章將介紹ARM Cortex-M4F核心的基礎知識，內容包括3-1ARM Cortex-M4F微控制器核心：介紹ARM系列處理器、核心架構、操作模式與權限等級、堆疊與暫存器；3-2記憶體系統(Memory system)：討論記憶體映射與屬性、Bit-banding運算、非對齊傳輸與獨占存取；3-3例外與中斷(Exception & Interrupt)：說明中斷與例外的定義、例外類型與優先權、中斷控制等。

3-1　ARM Cortex-M4F微控制器核心

ARM處理器的設計是Acorn電腦公司(Acorn Computers Ltd)在1983年開始的計畫，Acorn電腦公司的設計團隊後來在1990年組成了安謀國際(ARM：Advanced RISC Machines Ltd.)，ARM公司本身並不製造處理器，他們的經營模式是出售處理器設計圖的智慧財產權(Intellectual Property, IP)給半導體製造商，得到授權的廠商可以將ARM處理器的核心放進自己的晶片內，配合自己所需要的週邊介面設計出處理器，再由自己的晶圓廠或找晶圓代工廠製造，例如：德州儀器(TI)的DaVinci與OMAP處理器、Intel公司的StrongARM處理器與XScale處理器(目前已經賣給了Marvell公司)、三星(Samsung)的24xx系列處理器等，本節將介紹ARM Cortex-M4F微控制器核心。

3-1-1　ARM系列處理器

ARM系列處理器的名稱與型號如表3-1所示，由於ARM處理器都是使用在行動產品上，所以都是體積很小的封裝，其中架構第四版(ARM v4)就是有名的ARM7TDMI與Intel公司的StrongARM；架構第五版(ARM v5)就是有名的ARM926與Intel公司的XScale，德州儀器公司的OMAP1平台也是使用ARM926的核心；架構第六版(ARM v6)就是ARM1136、ARM1176、ARM1156，德州儀

表 3-1　ARM處理器的系列名稱與型號。

年份	核心版本	型號
1985	ARM v1	ARM1
1986~1990	ARM v2	AMR2、ARM3
1991~1995	ARM v3	ARM60/600/610、ARM700/710/710A
1996~1999	ARM v4	ARM7TDMI、ARM710T/720T/740T、ARM810、ARM9TDMI、ARM920T/922T/940T、StrongARM
2000~2006	ARM v5	ARM7EJS、ARM946ES/966ES/968ES、 ARM926EJS、ARM996HS、ARM1020E/1022E/1026EJS、XScale
2007~2009	ARM v6	ARM1136JFS、ARM1156T2FS、ARM1176JZFS、ARM11 MPCore、 ARM Cortex-M1/M0
2010~2012	ARM v7	ARM Cortex-A5/A7/A8/A9 MPCore/A15 MPCore、ARM Cortex-R4/R5 MPCore/R7 MPCore、ARM Cortex-M3/M4/M4F
2013~2015	ARM v8	ARM Cortex-A53/A57

器公司的OMAP2平台是使用ARM1136的核心；架構第七版(ARM v7)就是目前ARM公司的主力產品Cortex系列，如圖3-1所示。

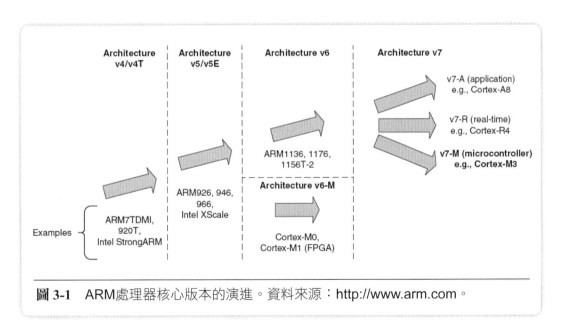

圖 3-1　ARM處理器核心版本的演進。資料來源：http://www.arm.com。

嵌入式微控制器開發—ARM Cortex-M4F架構及實作演練

⊕ 應用處理器(AP：Application processor)──A系列

　　智慧型手機與平板電腦所使用的處理器被稱為「應用處理器(AP：Application processor)」，必須擁有足夠的運算能力來執行高階的作業系統，例如：Google Android、Apple iOS、Windows mobile、WinCE、Linux、Symbian等。

◐ Cortex-A8系列：為單核心處理器，工作頻率可以達到1GHz以上，主要製程線寬為65nm、45nm，授權Cortex-A8處理器的廠商包括：Apple A4(使用在iPhone 4與iPad)、TI OMAP3、Samsung Exynos 3110、Freescale i.MX51等。

◐ Cortex-A9 MPCore系列：可以是單核心、雙核心、四核心處理器，工作頻率可以達到2GHz以上，主要製程線寬為40nm、32nm、28nm，授權Cortex-A9處理器的廠商包括：Apple A5/A5X(使用在iPhone 4S、iPad 2、iPad 3、iPad mini)、TI OMAP4、Samsung Exynos 4210/4212/4412、Broadcom BCM11311、STM SPEAr1310/ 1340、Freescale i.MX6等。

◐ Cortex-A15 MPCore系列：可以是單核心、雙核心、四核心處理器，工作頻率可以達到2.5GHz以上，製程線寬32nm、28nm、20nm，授權Cortex-A15處理器的廠商包括：Apple A6/A6X(使用在iPhone 5、iPad 4)、TI OMAP5、Samsung Exynos 5250、Nvidia Tegra 4等。

◐ Cortex-A7 MPCore系列：為了再降低處理器的耗電量，ARM公司減少指令集，推出面積只有Cortex-A8大約1/5的Cortex-A7，可以是單核心、雙核心處理器，工作頻率可以達到1.5GHz以上，製程線寬28nm，除了價格更有競爭力，還大幅降低行動通訊產品的耗電量，延長電池使用時間。

⊕ 即時處理器(Real time processor)──R系列

　　許多工業與汽車電子產品所使用的處理器必須是「即時(Real time)」反應的，也就是當處理器收到外部送來的訊號必須立刻反應，例如：當我們轉動方向盤或踩剎車，汽車裡的處理器是不是必須立刻反應呢？如果還要等幾秒鐘才反應可是會出人命的，因此這種應用必須使用「即時處理器(Real time processor)」，同時配合「即時作業系統(RTOS：Real Time Operating System)」才行，講到作業系統大家可能只想到Windows、Linux，但是許多工業與汽車電子產品都必須使用即時作業系統，例如：FreeRTOS、Itron、Micro C/OS-II、

62

Nucleus、QNX、VxWorks等，大家回想當我們使用個人電腦或手機執行程式是不是都要等好久才有反應呢？因為我們常使用的Google Android、Apple iOS、Windows、Linux等作業系統都不是即時作業系統，所以需要時間反應。

◑ Cortex-R4：為單核心處理器，工作頻率最高可以達到1GHz，主要製程線寬為90nm、65nm、45nm，授權Cortex-R4處理器的廠商包括：TI TMS570、Broadcom、Infineon、Renesas、Toshiba、Fujitsu等公司。

◑ Cortex-R5 MPCore/R7 MPCore：可以是單核心、雙核心處理器，其中工作頻率R5 MPCore最高可以達到1.6GHz，R7 MPCore最高可以達到2.5GHz，主要製程線寬為65nm、45nm、28nm。

長期以來，我們都被教育了一個錯誤的觀念：處理器的工作頻率愈高愈好，其實處理器的工作頻率愈高，代表成本愈高，耗電量愈高(不符合環保要求)，而且耗電量愈高則一定會發熱，因此需要使用風扇來散熱，耗電量高更無法應用在可攜帶使用電池的產品上，因此工業與汽車電子產品共同的特性是：處理器的工作頻率夠用就好，即使Cortex-R4/R5MPCore/R7MPCore的工作頻率可以達到1GHz以上，一般生產處理器的廠商也不會設計那麼高的工作頻率。

⊕ 微控制器(Micro controller)──M系列

小型電子產品所使用的處理器稱為「微控制器(MCU)」，ARM公司原本專注在高階的處理器市場，2007年開始進入微控制器市場，打算大小通吃，因此推出Cortex-M系列處理器，一推出就得到市場熱烈反應，主要是因為原本MCU市場百家爭鳴，每一家廠商推出的MCU都不相同，韌體與軟體沒有相容性，常常用了A公司的產品就被綁架了，很難換成B公司的產品；相反的，ARM公司授權Cortex-M核心的設計圖給不同的廠商，再由各廠商推出Cortex-M核心的MCU，這樣韌體相容性比較好，客戶較容易更換平台，因此受到大家的歡迎，在可以預見的未來，ARM公司的Cortex-M系列處理器可能會一統江湖了。

◑ Cortex-M3：為單核心處理器，工作頻率可以達到200MHz，主要製程線寬為90nm、65nm，授權Cortex-M3處理器的廠商包括：TI Stellaris-M3、STM STM32 F2/F1/L1、NXP LPC13/17/18、Atmel SAM3、Actel SmartFusion、Cypress PSoC 5、Energy Micro EFM32、Fujitsu FM3、Toshiba TX03等。

◑ Cortex-M4/M4F：為單核心處理器，M4F支援浮點運算(Floating point)，工作頻率可以達到200MHz，主要製程線寬為90nm、65nm，授權Cortex-M4/M4F處理器的廠商包括：TI Tiva-TM4C、STM STM32-F4、NXP LPC4300、Atmel SAM4、Freescale Kinetis、Infineon XMC4000等。

◑ Cortex-M1/M0：為單核心處理器，工作頻率只能達到100MHz，是ARM公司推出主打低階市場的產品，主要製程線寬為90nm、65nm，授權Cortex-M1/M0處理器的廠商包括：STM STM32-F0、NXP LPC11/12、Energy Micro EFM32等。

3-1-2 ARM Cortex-M4F的核心架構

ARM Cortex-M4F核心具有三階段管線(3 stage pipeline)，提供了一個高效能低成本的平台，可以使用最少的記憶體容量，最少的接腳數目，最低功耗的條件下滿足系統的運算要求，ARM Cortex-M4F核心規格如表3-2所示。

表 3-2 ARM Cortex-M4F核心的規格。資料來源：http://www.arm.com。

功能	描述
指令集架構(ISA)	Thumb/Thumb-2
數位訊號處理器延伸 (DSP extensions)	單週期16/32位元乘加器(MAC) 單週期16位元雙乘加器(Dual MAC)
浮點運算單元(FPU)	單精度浮點運算單元 IEEE754浮點運算格式
指令管線(Pipeline)	3階段＋分支預測
運算效能(Performance)	1.25DMIPS/MHz
記憶體保護單元(MPU)	可選擇8區域(含子區域與背景區域)
中斷(Interrupt)	不可遮罩中斷(NMI)＋1~240個硬體中斷
中斷優先權(Priority)	8~256個優先權位階
喚醒中斷控制器	最多240個喚醒中斷
睡眠模式(Sleep mode)	支援睡眠模式與深沉睡眠模式
位元操作(Bit manipulation)	Bit-banding
除錯(Debug)	JTAG與SWD支援8個斷點與4個觀察點
追蹤(Trace)	儀器追蹤巨集單元(ITM) 嵌入追蹤巨集單元(ETM)

⊕ ARM Cortex-M4F的特性

◑ 採用哈佛架構(Harvard architecture)，有獨立的程式指令和資料的匯流排，程式指令和資料分開儲存，因此可以同時存取指令與資料。

◑ 採用32位元微處理器，它的資料路徑(Data path)、暫存器(Register)、記憶體匯流排(Memory bus)都是32位元的寬度。

◑ 使用Thumb-2指令集，整合32位元與16位元的指令形成一個新的指令集合，可以得到較好的程式密度(Code density)與較高的效能(Performance)。

◑ 支援位元區帶(bit-banding)功能，可以更容易對於兩個特定記憶體區域中的位元設定和清除，使得存取周邊暫存器和SRAM中的旗號(Flag)更為方便。

◑ 支援非對齊(Unaligned)方式的資料存取，以確保能夠有效利用記憶體，這個也是Cortex-M核心與早期ARM7核心的差別之一。

◑ 支援IEEE754格式相容的浮點運算單元(Floating Point Unit, FPU)與16位元單指令多資料(Single Instruction Multiple Data, SIMD)向量處理單元。

◑ 支援硬體除法與快速的數位訊號處理器(Digital Signal Processor, DSP)，可以快速執行乘法與加法運算，進行特別的數學演算法。

◑ 支援記憶體保護單元(Memory Protection Unit, MPU)提供特權模式(Privileged mode)與非特權模式(Non-privileged mode)以確保記憶體的使用時機。

◑ 支援IEEE 1149.1 Standard JTAG(Joint Test Action Group)開發與除錯介面，嵌入式系統除錯可以執行斷點(Break point)與追蹤(Trace)。

◑ 支援SWD(Serial Wire Debug)與SWT(Serial Wire Trace)介面進行開發與除錯，可以使用更少接腳(Pin)進行程式開發與除錯工作。

⊕ 指令集(Instruction set)

　　ARM處理器的核心指令集由ARM7TDMI開始支援32位元的ARM指令集與16位元的Thumb指令集兩種，在執行程式的時候，處理器會動態切換這兩種指令模式，後來ARM公司設計了Thumb-2指令集，整合32位元與16位元的指令形成一個新的指令集合。

◑ ARM與Thumb指令集：早期的ARM7TDMI核心，支援32位元的ARM指令模式與16位元的Thumb指令模式，如果要執行複雜運算或大量的條件運算，又

希望有比較好的效能，就必須切換到32位元的ARM指令模式；如果要執行簡單運算，又希望節省記憶體空間，就必須切換到16位元的Thumb指令模式，不同指令模式之間的切換造成效能下降。

◑ Thumb-2指令集：指令集效率很高，容易使用，可以得到較好的程式密度(Code density)與較高的效能(Performance)，而且可以同時支援32位元與16位元的指令，減少處理器在ARM指令模式與Thumb指令模式之間切換的次數，因此可以提升效能，同時由於Cortex-M4F核心只提供Thumb-2指令集來進行所有的運算，所以無法與早期使用ARM指令集與Thumb指令集的ARM7TDMI相容，但是Cortex-M4F核心幾乎可以執行所有16位元的Thumb指令模式，因此要將程式由ARM7TDMI移植到Cortex-M3與M4F還算容易。

⊕ ARM Cortex-M4F的管線技術

　　ARM Cortex-M4F核心使用三階段管線(3 stage pipeline)技術，包括：指令擷取(Fetch)、指令解碼(Decode)、指令執行(Execute)，如圖3-2所示，當我們執行大部分是16位元指令的程式時，處理器可能不會每個週期都做指令擷取的動作，因為處理器一次最多可以擷取二個指令(32位元)，所以擷取前一個指令(16位元)以後，下一個指令(16位元)已經在處理器的暫存器裡，這個時候處理器的匯流排介面可能會擷取下一個指令，如果緩衝記憶體已經滿了，那麼匯流排介面就會閒置(Idle)，某些指令在擷取後可能需要多個週期來執行(Execute)，這個時候處理器的管線就會停頓(Stall)。

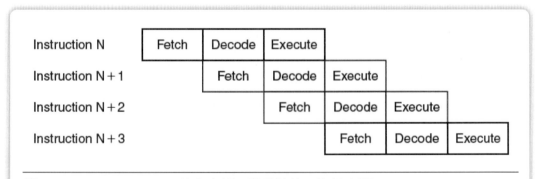

圖3-2　ARM Cortex-M4F核心支援三階段管線。資料來源：www.arm.com。

⊕ ARM Cortex-M4F的核心架構

圖3-3為ARM Cortex-M4F核心架構系統方塊圖，為採用哈佛架構(Harvard architecture)的32位元微處理器，它的資料路徑(Data path)、暫存器(Register)、記憶體匯流排(Memory bus)都是32位元的寬度，由於程式指令儲存和資料儲存分開，因此可以同時存取指令與資料，而且指令與資料共用相同的記憶體空間。使用進階微控制器匯流排架構(Advanced Microcontroller Bus Architecture, AMBA)的技術，提供高速度(High speed)與低延遲(Low latency)的記憶體存取。

Cortex-M4F的核心內建一個浮點運算單元(FPU)，而且指令(Instruction)與資料(Data)的路徑各自獨立；左邊有槽狀中斷向量控制器(Nested Vectored Interrupt Controller, NVIC)負責中斷控制工作；下面有記憶體保護單元(MPU)

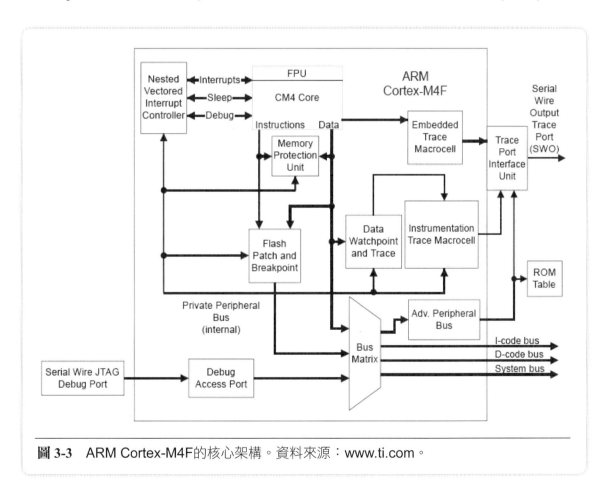

圖 3-3　ARM Cortex-M4F的核心架構。資料來源：www.ti.com。

確保記憶體的使用時機,以及FPB(Flash Patch and Breakpoint Unit)提供高達8個硬體斷點給程式開發者使用,同時有ITM(Instrumentation Trace Macrocell)與資料查看點與追蹤(Data watchpoints and trace);右邊有ETM(Embedded Trace Macrocell)與TPIU(Trace Port Interface Unit)提供即時追蹤與除錯功能,以及左下角的JTAG與SWD介面可以進行程式開發與除錯。

3-1-3 操作模式與權限等級

Cortex-M4F核心支援兩種操作模式(Operation mode)與兩種權限等級(Privilege level),我們先來看看它們的定義分別是什麼?

⊕ 操作模式(Operation mode)

- 執行緒模式(Thread mode):用來執行應用程式(Application program)的模式,當我們重置(Reset)時處理器就會進入這個模式開始執行應用程式。
- 處理程式模式(Handler mode):用來處理中斷(Interrupt)或例外(Exception),當處理器完成中斷服務程式(Interrupt Service Routine, ISR)或例外處理程式(Exception handler),就會回到執行緒模式(Thread mode)。

⊕ 權限等級(Privilege level)

- 非特權等級(Unprivileged level):在這個等級下程式執行有許多限制,包括:有限度的存取MSR與MRS指令,禁止存取CPS指令,無法存取系統時鐘、槽狀中斷向量控制器(NVIC),無法存取某些系統的控制區塊,同時可能會限制存取記憶體與週邊介面等。
- 特權等級(Privileged level):在這個等級下程式執行限制很少,可以使用所有的指令,也可以存取所有的記憶體與週邊介面,但是某些被記憶體保護單元(MPU)設定禁止存取的區域仍然無法存取。

⊕ ARM Cortex-M4F的操作模式

ARM Cortex-M4F的操作模式決定正在執行的是一般的程式,還是中斷處理程式或例外處理程式,特權等級或非特權等級則提供了一個機制,用來保護

重要區域的記憶體存取，以避免記憶體資料遺失。

　　圖3-4(a)為ARM Cortex-M4F的操作模式與權限等級，當處理器在執行緒模式(Thread mode)時可以是特權狀態(Privileged state)或使用者狀態(User state)，但是當處理器在處理程式模式(Handler mode)時只能是特權狀態(Privileged state)。換句話說，當處理器在執行緒模式(Thread mode)下執行一個主程式時，可能是在非特權等級或特權等級；但是當處理器在執行例外處理程式時一定是在特權等級，此時程式可以存取整個記憶體範圍(除了被記憶體保護單元設定禁止的區域除外)，並且可以使用所有的指令。

　　在特權狀態的執行緒模式(Thread mode)，可以利用CONTROL暫存器控制程式執行切換到使用者狀態，如圖3-4(b)所示，當處理器在執行例外處理

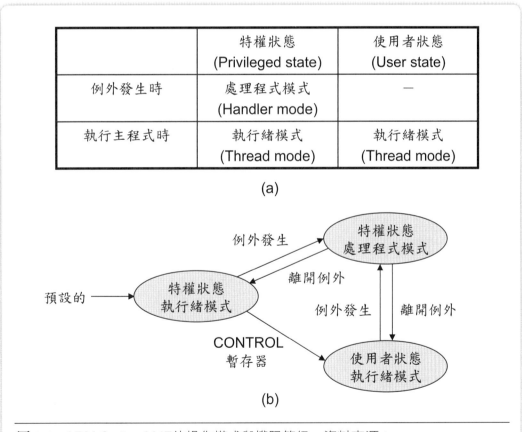

	特權狀態 (Privileged state)	使用者狀態 (User state)
例外發生時	處理程式模式 (Handler mode)	—
執行主程式時	執行緒模式 (Thread mode)	執行緒模式 (Thread mode)

(a)

(b)

圖 **3-4**　ARM Cortex-M4F的操作模式與權限等級。資料來源：www.arm.com。

程式時一定是在特權狀態,當處理器離開例外處理程式時,就會返回例外
(Exception)發生前的狀態;在使用者狀態的執行緒模式(Thread mode),不能
利用CONTROL暫存器切換處理器到特權狀態,而必須經由一個例外處理程
式(Exception handler)安排CONTROL暫存器,當程式返回執行緒模式(Thread
mode)時再切換處理器到特權狀態。

　　如圖3-5所示,當一個應用程式原本在特權狀態(Privileged state)執行緒模式
(Thread mode)下執行,經由CONTROL暫存器可以切換到使用者狀態(User state)
執行緒模式(Thread mode),如圖3-5(a)所示;當例外(Exception)發生時,則會切
換到特權狀態(Privileged state)的處理程式模式(Handler mode)執行例外處理程
式(Exception handler),結束後再返回使用者狀態(User state)執行緒模式(Thread
mode),如圖3-5(b)所示;如果要回到原本的特權狀態(Privileged state)執行緒模式
(Thread mode),則必須先經由一個例外處理程式(Exception handler)進入特權狀態
(Privileged state)的處理程式模式(Handler mode),再修改CONTROL暫存器切換到
原本的特權狀態(Privileged state)執行緒模式(Thread mode),如圖3-5(c)所。

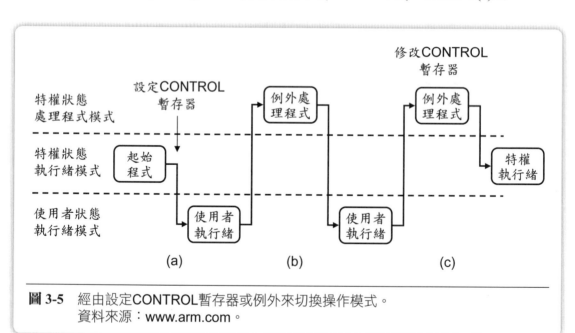

圖 3-5　經由設定CONTROL暫存器或例外來切換操作模式。
　　　　　資料來源:www.arm.com。

3-1-4　堆疊與暫存器

堆疊(Stack)是一種「後進先出(Last In First Out)」的資料儲存結構，當資料推入時，會放在堆疊頂端，要取出資料時，也必須由堆疊頂端取出，就像我們在廚房中疊盤子一樣，一般都是由下往上堆疊，要取盤子就由上往下拿取，所以最後疊上去的盤子最先取出(後進先出)。

堆疊(Stack)的種類

ARM Cortex-M4F核心支援兩種堆疊方式，都是屬於下降式堆疊(Descending stack)，所以堆疊指標(Stack Pointer, SP)永遠指向記憶體的最後一個堆疊項目：

◗ 主要堆疊(Main stack)：由主要堆疊指標(Main Stack Pointer, MSP)控制，是預設的堆疊指標，提供作業系統核心與例外處理程式(Exception handler)使用。

◗ 程序堆疊(Process stack)：由程序堆疊指標(Process Stack Pointer, PSP)控制，提供應用程式(Application program)使用。

為了避免應用程式裡堆疊使用的錯誤造成系統當機，可以在執行緒模式(Thread mode)下的應用程式使用「程序堆疊指標(PSP)」；而在處理程式模式(Handler mode)下的中斷服務程式(ISR)或例外處理程式(Exception handler)使用「主要堆疊指標(MSP)」。

ARM Cortex-M4F核心的操作模式(Operation mode)、權限等級(Privilege level)、堆疊(Stack)的關係請參考表3-3所示，不論應用程式在特權或非特權等級的執行緒模式(Thread mode)，當中斷發生時，處理器都必須將目前執行的狀態堆入堆疊中，如圖3-6所示，接著執行中斷服務程式(ISR)，中斷結束時則處理器將堆疊中所儲存的狀態取出，繼續執行原本的應用程式。CONTROL暫存器定義了處理器模式與權限等級，在執行緒模式(Thread mode)，CONTROL暫存器可以控制程式執行是使用主要堆疊或程序堆疊；在處理程式模式(Handler mode)，程式執行永遠使用主要堆疊。

表 3-3 ARM Cortex-M4F核心的操作模式(Operation mode)、權限等級(Privilege level)、堆疊(Stack)的關係。資料來源：www.arm.com。

操作模式	使用	權限等級	堆疊方式
執行緒模式 (Thread mode)	應用程式 (Application program)	特權等級 (Privileged level) 非特權等級 (Unprivileged level)	主要堆疊(Main stack) 程序堆疊 (Process stack)
處理程式模式 (Handler mode)	例外處理程式 (Exception handler)	特權等級 (Privileged level)	主要堆疊(Main stack)

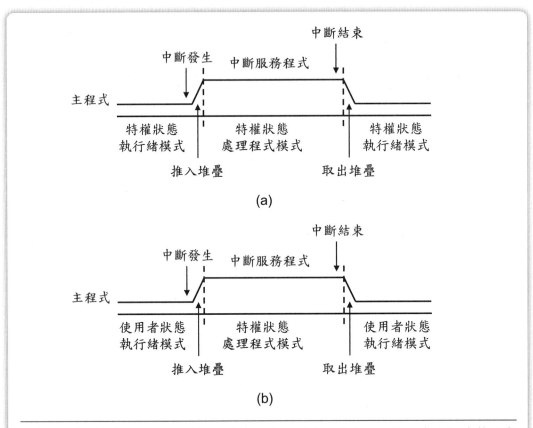

圖 3-6 堆疊的使用。(a)由特權狀態的執行緒模式進行中斷服務程式；(b)由使用者狀態的執行緒模式進行中斷服務程式。資料來源：www.arm.com。

暫存器(Register)

　　ARM Cortex-M4F核心有R0～R15總共16個暫存器，如圖3-7所示，各暫存器的名稱與功能如下：

◑ 一般用途暫存器：R0～R12用來儲存運算資料。

◑ 堆疊指標暫存器(Stack Pointer, SP)：R13包括2個堆疊指標，其中主要堆疊指標(MSP)是預設的堆疊指標，提供作業系統的核心與例外處理(Exception handler)使用；程序堆疊指標(PSP)提供應用程式使用。

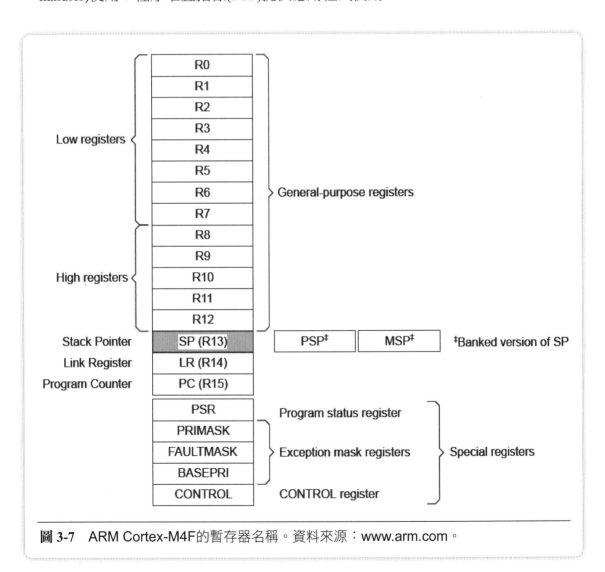

圖 3-7 ARM Cortex-M4F的暫存器名稱。資料來源：www.arm.com。

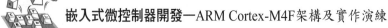

◑ 連結暫存器(Link Register, LR)：R14用來儲存副程式執行完畢後返回的位址。

◑ 程式計數器(Program Counter, PC)：R15用來儲存目前程式執行的位址，可以寫入數值到這個暫存器來控制程式的流程。

◑ 程式狀態暫存器(Program Status Register, PSR)：PSR用來儲存程式的狀態，包括應用程式狀態暫存器(Application Program Status Register, APSR)從31:27位元與19:16位元；執行程式狀態暫存器(Execution Program Status Register, EPSR)從26:24位元與15:10位元；中斷程式狀態暫存器(Interrupt Program Status Register, IPSR)從7:0位元。

◑ 例外遮罩暫存器(Exception Mask Register)：包括優先權遮罩暫存器(Priority Mask Register, PRIMASK)、異常遮罩暫存器(Fault Mask Register, FAULTMASK)、基底優先權遮罩暫存器(Base Priority Mask Register, BASEPRI)。

◑ 控制暫存器(Control Register, CONTROL)：當處理器在執行緒模式(Thread mode)可以控制程式執行的堆疊與特權等級，同時控制浮點運算單元(FPU)。

3-2 記憶體系統(Memory system)

所有的處理器都必須支援記憶體，因此都會定義「記憶體映射(Memory map)」，這裏所謂的「記憶體」並不一定是指用來儲存資料的記憶體元件，也有可能是可以傳送資料的介面或週邊元件。

3-2-1 記憶體映射與屬性

ARM Cortex-M4F的記憶體映射(Memory map)如圖3-8所示，可以支援包括：快閃記憶體(Flash memory)、靜態隨機存取記憶體(SRAM)、週邊介面(Peripherals)、外部隨機存取記憶體(External RAM)、外部元件(External device)、私用週邊匯流排(Private peripheral bus)等部分。

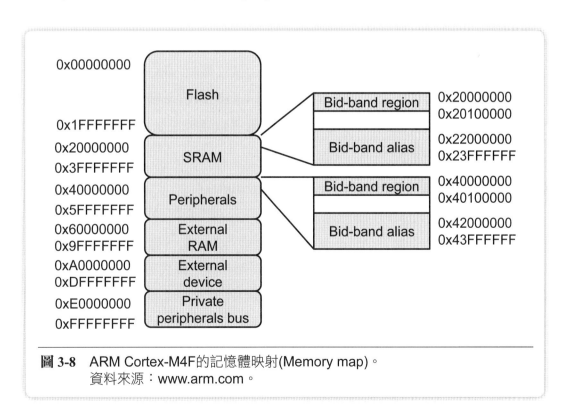

圖 3-8 ARM Cortex-M4F的記憶體映射(Memory map)。
資料來源：www.arm.com。

◈ 記憶體映射(Memory map)

ARM Cortex-M4F為32位元的定址，可以支援$2^{32}=2^2\times2^{10}\times2^{10}\times2^{10}$=4GB的定址空間，足夠一般控制器的記憶體容量使用：

❶ 快閃記憶體(Flash memory)：記憶體位址0x00000000～0x1FFFFFF，這是區域是可執行的，也可以將資料儲存在這個區域。

❶ 靜態隨機存取記憶體(SRAM)：記憶體位址0x20000000～0x3FFFFFFF，其中0x22000000～0x23FFFFFF共32MB為Bit-banded SRAM，這個區域是可執行的，因此可以將程式碼複製到這個區域來執行。

❶ 週邊介面(Peripherals)：記憶體位址0x40000000～0x5FFFFFFF，其中0x42000000～0x43FFFFFF共32MB為Bit-banded Peripherals，這個區域是保留給週邊元件使用的，不可以在這個區域執行程式碼。

❶ 外部隨機存取記憶體(External RAM)：記憶體位址範圍0x60000000～0x9FFFFFFF，這個區域是提供晶片內(On chip)或晶片外(Off chip)的隨機存取記憶體使用，可以將程式碼複製到這個區域來執行。

❶ 外部元件(External devices)：記憶體位址範圍0xA0000000～0xDFFFFFFF，這是區域是保留給外部元件使用，不可以在這個區域執行程式碼。

❶ 私用週邊匯流排(Private peripheral bus)：記憶體位址範圍0xE0000000～0xFFFFFFFF，這個區域是保留給私用週邊或廠商特定設備使用，不可以在這個區域執行程式碼。

◈ 記憶體型態與屬性(Memory types and attributes)

記憶體保護單元(MPU)將記憶體映射區分為不同的區域，每個區域有不同的記憶體型態(Type)與屬性(Attribute)來決定存取行為，記憶體型態(Type)包括：

❶ 一般(Normal)：這種型態代表這個區域用來儲存應用程式與資料。

❶ 元件(Device)：這種型態代表透過這個區域與外部元件溝通。

❶ 強烈順序(Strongly ordered)：這種型態代表這個區域的存取必須依照程式順序依次進行，不可以被亂序，此區域內儲存的資料只能共享。

此外，有一個額外的儲存屬性是永不執行(Execute Never, XN)，代表處理器阻止指令存取，在XN區域如果有指令要執行，則只會發生異常例外程式(Fault exception)。

ARM Cortex-M4F記憶體型態與屬性如表3-4所示，其中快閃記憶體(Flash memory)、唯讀記憶體(ROM)、靜態隨機存取記憶體(SRAM)、外部隨機存取記憶體(External RAM)的記憶體型態(Type)為「一般(Normal)」；週邊(Peripherals)與外部元件(External devices)的記憶體型態(Type)為「元件(Device)」；私用週邊匯流排(Private peripheral bus)的記憶體型態(Type)為「強烈順序(Strongly ordered)」；而其中週邊(Peripherals)、外部元件(External devices)、私用週邊匯流排(Private peripheral bus)的記憶體屬性(Attribute)為「永不執行(XN)」。

3-2-2　Bit-banding運算

Bit-banding運算主要是針對單一位元(Bit)的資料直接做一次的讀取或寫入，位於靜態隨機存取記憶體(SRAM)的最前面1MB(0x20000000～0x20100000)與週邊(Peripherals)的最前面1MB(0x40000000～0x40100000)稱為「Bit-band區域

表 3-4　ARM Cortex-M4F的記憶體型態與屬性。資料來源：www.ti.com。

Address Range	Memory Reglon	Memory type	Execute never (XN)	Desoription
0x0000.0000 - 0x1FFF.FFFF	Code	Normal	-	This executable region is for program code. Data can also be stored here.
0x2000.0000 - 0x3FFF.FFFF	SRAM	Normal	-	This executable region is for data. Code can also be stored here. This region includes bit band and bit band alias areas.
0x4000.0000 - 0x5FFF.FFFF	Peripheral	Device	XN	This region includes bit band and bit band alias areas.
0x6000.0000 - 0x9FFF.FFFF	External RAM	Nomal	-	This executable region is for data.
0xA000.0000 - 0xDFFF.FFFF	External device	Device	XN	This region is for extemal device memory.
0xE000.0000 - 0xE00F.FFFF	Private peripheral hus	Strongly Ordered	XN	This region includes the NVIC, system timer, and system control block.
0xE010.0000 - 0xFFFF.FFFF	Reserved	-	-	-

(Bit-band region)」，這兩個記憶體區域可以當做正常的記憶體來存取，也可以經由另外一個稱為「Bit-band別名(Bit-band alias)」的記憶體區域來存取。

⊕ Bit-banding運算公式

當我們使用Bit-band別名(Bit-band alias)的位址來存取Bit-band區域(Bit-band region)時，是以Bit-band別名(Bit-band alias)某一個位址，來存取Bit-band區域(Bit-band region)的某一個位元，至於是那一個位址存取那一個位元，可以由下面的公式求出：

$$\text{Bit-band alias} = \text{Bit-band base} + (\text{Byte offset} \times 0x20) + (\text{Bit number} \times 4)$$

公式中的各個變數定義如下：

Bit-band alias：Bit-band別名的位址。

Bit-band base：Bit-band別名起始位址，靜態隨機存取記憶體(SRAM)的起始位址為0x22000000，週邊(Peripherals)的起始位址為0x42000000。

Byte offset：要存取的是Bit-band區域(Bit-band region)的第幾個位元組。

Bit number：要存取的是Bit-band區域(Bit-band region)的第幾個位元。

⊕ Bit-banding運算實例一

假設我們要存取Bit-band區域(Bit-band region)位址0x20000000的第7個位元，則我們可以直接讀取Bit-band別名(Bit-band alias)的那一個位址？

Bit-band別名起始位址＝0x22000000

Byte offset：要存取的是Bit-band區域(Bit-band region)的第0個位元組

Bit number：要存取的是Bit-band區域(Bit-band region)的第7個位元

所以

Bit-band別名位址＝0x22000000 + (0x0 × 0x20) + (7 × 4) = 0x2200001C

也就是說

我們要存取Bit-band區域(Bit-band region)位址0x2000000的第7個位元，可以直接存取Bit-band別名(Bit-band alias)位址0x2200001C即可，如圖3-9所示。

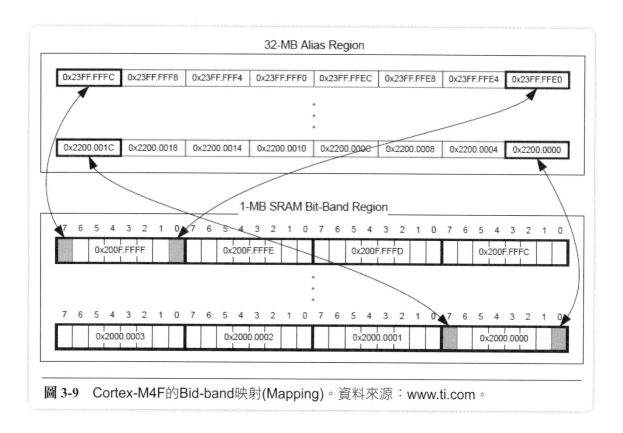

圖 3-9　Cortex-M4F的Bid-band映射(Mapping)。資料來源：www.ti.com。

⊕ Bit-banding運算實例二

假設我們要存取Bit-band區域(Bit-band region)位址0x200FFFFF的第0個位元，則我們可以直接讀取Bit-band別名(Bit-band alias)的那一個位址？

Bit-band別名起始位址＝0x22000000

Byte offset：要存取的是Bit-band區域(Bit-band region)的第0xFFFFF個位元組

Bit number：要存取的是Bit-band區域(Bit-band region)的第0個位元

所以

Bit-band別名位址＝0x22000000 + (0xFFFFF × 0x20) + (0 × 4) = 0x23FFFFE0

也就是說

我們要存取Bit-band區域(Bit-band region)位址0x200FFFFF的第0個位元，可以直接存取Bit-band別名(Bit-band alias)位址0x23FFFFE0即可，如圖3-9所示。

嵌入式微控制器開發—ARM Cortex-M4F架構及實作演練

⊕ Bit-banding運算實例三

假設我們要存取Bit-band區域(Bit-band region)位址0x200FFFFF的第7個位元，則我們可以直接讀取Bit-band別名(Bit-band alias)的那一個位址？

Bit-band別名起始位址＝0x22000000

Byte offset：要存取的是Bit-band區域(Bit-band region)的第0xFFFFF個位元組

Bit number：要存取的是Bit-band區域(Bit-band region)的第7個位元

所以

Bit-band別名位址＝0x22000000 + (0xFFFFF × 0x20) + (7 × 4) = 0x23FFFFFC

也就是說

我們要存取Bit-band區域(Bit-band region)位址0x200FFFFF的第7個位元，可以直接存取Bit-band別名(Bit-band alias)位址0x23FFFFFC即可，如圖3-9所示。

【範例1】

分別使用或不使用Bit-band別名(Bit-band alias)，去寫入或讀取Bit-band區域(Bit-band region)位址0x20000000的第7個位元，其步驟有何不同？

〔解〕

◑ 寫入：使用Bit-band別名(Bit-band alias)可以直接將資料寫入Bit-band別名(Bit-band alias)位址0x2200001C；不使用Bit-band別名(Bit-band alias)則必須先讀取Bit-band區域(Bit-band region)位址0x20000000至暫存器，設定暫存器內的第7個位元，再將暫存器的內容寫回位址0x20000000。

◑ 讀取：使用Bit-band別名(Bit-band alias)可以直接讀取Bit-band別名(Bit-band alias)位址0x2200001C內的數值；不使用Bit-band別名(Bit-band alias)則必須先讀取Bit-band區域(Bit-band region)位址0x20000000至暫存器，位移暫存器內的第7個位元到最低有效位元(Least Significant Bit, LSB)，並且遮罩其他位元的數值，才能讀出第7個位元的數值。

⊕ Bit-banding運算的優點

大家可能會好奇，使用Bit-band別名(Bit-band alias)的位址來存取Bit-band區域(Bit-band region)的某一個位元有什麼好處呢？這麼做最大的優點是可以使用

80

一個指令就完成存取Bit-band區域(Bit-band region)某一個位元的動作，否則就必須使用二個或三個指令才能完成。利用Bit-banding運算有許多優點，我們簡單用下面幾個例子說明：

❶ 可以分開存取串列資料與時脈訊號：當我們要使用通用輸入輸出埠(GPIO)傳送資料時，可以將串列資料輸出到串列設備上，可以分開存取串列資料與時脈訊號。

❶ 可以簡化跳躍(Jump)的判斷：當我們要使用週邊狀態暫存器的一個位元來做為執行跳躍的判斷，則可以先讀取整個暫存器、遮罩不需要的位元、以這個位元的值來做跳躍的判斷；我們也可以直接經由Bit-band別名(Bit-band alias)去讀取狀態暫存器位元的值，以這個位元的值來做跳躍的判斷，顯然使用Bit-banding運算可以提高處理器的效率。

❶ 不可分割(Atomic)是重要的優點：讀取－修改－寫入(Read-modify-write)的執行不會被其他匯流排打斷，可以避免資料碰撞而降低處理器的效率。

3-2-3　非對齊傳輸與獨占存取

　　ARM Cortex-M4F的記憶體存取支援非對齊傳輸與獨占存取，本節將說明這兩種記憶體存取的特性與優點。

⊕ 非對齊傳輸(Unaligned transfer)

　　早期的ARM7與ARM9只能支援對齊存取(Aligned access)，也就是在存取記憶體時，存取一個字元(Word)時位址的bit[1]和bit[0]必須為0，存取一個半字元(Half-word)時位址的bit[0]必須為0，例如：

❶ 存取一個字元(Word)時位址可以是0x1000(末四位元0000)或0x1004(末四位元0100)，但不能是0x1001(末四位元0001)、0x1002(末四位元0010)、0x1003(末四位元0011)。

❶ 存取一個半字元(Half-word)時位址可以是0x1000(末四位元0000)或0x1002(末四位元0010)或0x1004(末四位元0100)，但不能是0x1001(末四位元0001)、0x1003(末四位元0011)。

ARM Cortex-M4F支援非對齊傳輸(Unaligned transfer)，進行記憶體資料存取時不必遵守上述的限制，在使用非對齊傳輸存取資料實際上會被處理器的匯流排介面單元自動轉換成多個對齊傳輸，我們不必花心思去處理它，不過要記得，當我們執行非對齊傳輸時，資料存取會被分解成多個對齊傳輸來執行，這樣會需要更多時脈週期，反而會浪費處理器的運算資源，降低處理器的效能，如果我們希望提高程式執行效能，應該還是要盡量保持資料是「對齊的(Aligned)」。

◉ 互斥存取(Exclusive access)

「號誌(Semaphore)」通常用來分配處理器共享的資源(例如：記憶體)給許多不同的應用程式使用，當一個共享的資源只能服務一個應用程式時我們稱為「彼此互斥(Mutual Exclusion, MUTEX)」，所以當共享的資源被某一個程序(Process)占用時，就不能再被其他程序使用，那麼我們如何確保這個共享的資源只服務一個程序而不被其他程序使用呢？

我們以設定共享的記憶體為例來說明，可以使用「閂鎖旗標(Lock flag)」來確定記憶體是不是被某一個程序(Process)占用(鎖住)，閂鎖旗標(Lock flag)被鎖住則表示目前記憶體被某一個程序占用而不能被其他程序使用，直到閂鎖旗標(Lock flag)被打開才能使用。換句話說，當一個程序(Process)要使用共享的資源，必須先檢查閂鎖旗標(Lock flag)是否被鎖住，如果閂鎖旗標(Lock flag)被鎖住則無法使用共享的資源；如果沒有被鎖住則可以使用這個資源，同時將閂鎖旗標(Lock flag)鎖住以避免其他程序使用。

早期的ARM7與ARM9(ARM v5核心)是使用SWP(SWAP)指令來設定號誌(Semaphore)，也就是存取閂鎖旗標(Lock flag)，SWP(SWAP)指令也可以使閂鎖旗標(Lock flag)的讀取和寫入成為不可分割的動作，才能防止共用的資源同時被兩個不同的程序(Process)占用(鎖住)，而ARM Cortex-M4F(ARM v6核心)則支援互斥存取(Exclusive access)來取代SWP(SWAP)指令。

◉ 位元組排列法(Endian)

「位元組排列法(Endian)」是指處理器的資料與位址之間的位元對應關

係，最常見的有下列兩種位元組排列法：

❶ 大在前排列法(Big endian)：是指資料的最高位元組在位址的最低位元，資料的最低位元組在位址的最高位元，依次排列，例如：我們設定一個長整數(Long)占用32位元(bit)的資料(long Data=0x12345678)，則資料的最高位元組為0x12會寫入位址的最低位元0x0000；資料的下個位元組為0x34會寫入位址的下個位元0x0001；依次排列；資料的最低位元組為0x78會寫入位址的最高位元0x0003，如表3-5所示。

❶ 小在前排列法(Little endian)：是指資料的最低位元組在位址的最低位元，資料的最高位元組在位址的最高位元，依次排列，例如：我們設定一個長整數(Long)占用32位元(bit)的資料(long Data=0x12345678)，則資料的最低位元組為0x78會寫入位址的最低位元0x0000；資料的下個位元組為0x56會寫入位址的下個位元0x0001；依次排列；資料的最低位元組為0x12會寫入位址的最高位元0x0003，如表3-6所示。

　　ARM Cortex-M4F可以支援「大在前排列法(Big endian)」與「小在前排列法(Little endian)」，但是實際上支援那一種位元組排列法(Endian)與記憶體控制器、週邊匯流排等設計有關，因此不同的廠商設計的控制器可能不同，必須參考各廠商所提供的規格書(Datasheet)，大部分Cortex-M4F都是支援小在前排列法(Little endian)，而且不能進行動態的位元組排列法(Endian)切換。

表 3-5 ARM Cortex-M4F的位元組排列法(Endian)：大在前排列(Big endian)。
資料來源：www.arm.com。

(a)以位址的觀點看資料寫入順序

位址(Address)	0x0000	0x0001	0x0002	0x0003
資料(Data)	0x12	0x34	0x56	0x78

(b)以資料的觀點看位址

資料(Data)	bit[31]~bit[24]	bit[23]~bit[16]	bit[15]~bit[8]	bit[7]~bit[0]
位址(Address)	0x0000	0x0001	0x0002	0x0003
位址(Address)	0x0004	0x0005	0x0006	0x0007
位址(Address)	4xN	4xN+1	4xN+2	4xN+3

表 3-6 ARM Cortex-M4F的位元組排列法(Endian)：小在前排列(Little endian)。
資料來源：www.arm.com。

(a)以位址的觀點看資料寫入順序

位址(Address)	0x0000	0x0001	0x0002	0x0003
資料(Data)	0x78	0x56	0x34	0x12

(b)以資料的觀點看位址

資料(Data)	bit[31]~bit[24]	bit[23]~bit[16]	bit[15]~bit[8]	bit[7]~bit[0]
位址(Address)	0x0003	0x0002	0x0001	0x0000
位址(Address)	0x0007	0x0006	0x0005	0x0004
位址(Address)	4xN+3	4xN+2	4xN+1	4xN

3-3　例外與中斷(Exception & Interrupt)

　　ARM Cortex-M4F微控制器除了執行單一的程式外，還必須讓程式能夠和硬體與系統溝通，例外(Exception)與中斷(Interrupt)在溝通時扮演了重要的角色，本節將介紹Cortex-M4F的例外(Exception)與中斷(Interrupt)運作機制。

3-3-1　中斷與例外的定義

　　例外與中斷的目的都是現在有事件發生，因此需要叫處理器先停下來，再看看要怎麼處理現在發生的事件，一般是依照要處理事件的重要性，我們稱為「優先權(Priority)」，來決定一下步要如何進行。

⊕ 中斷與例外的動作

　　中斷(Interrupt)與例外(Exception)都是用來改變系統執行程式順序的方式，也就是必須先停止原本在執行優先權比較低(重要性比較低)的程式，去執行優先權比較高(重要性比較高)的程式，等執行完畢以後，再跳回原本的程式中繼續執行，分別透過不同的方式觸發：

❶ 中斷(Interrupt)：一般是指由硬體發出的中斷訊號。

❶ 例外(Exception)：一般是指由軟體或系統所產生的中斷訊號。

　　當中斷(Interrupt)與例外(Exception)被觸發時，系統會經由查表找到相對應的「中斷服務程式(Interrupt Service Routine, ISR)」，或稱為「中斷處理程式(Interrupt handler)」，並且中斷原本在執行的程式，讓處理器執行中斷服務程式(ISR)或中斷處理程式(Interrupt handler)的內容之後，再跳回原本的程式中繼續執行，這是多工(Multi tasking)環境中常常用到的技術。

⊕ ARM Cortex-M4F的中斷與例外

　　不論是中斷(Interrupt)或例外(Exception)都是叫處理器停止原本在執行優先權比較低的事件，去執行優先權比較高的事件，因此意義大同小異，在ARM

的處理器規格書裡，就沒有再細分兩者之間的差別，而是將其名稱叫做「例外(Exception)」，而將其動作稱為「中斷(Interrupt)」。

ARM Cortex-M4F的中斷架構支援許多系統例外(Exception)與外部中斷要求(Interrupt Request, IRQ)，以及中斷的優先權與控制，因此很容易設定槽狀中斷(Nested interrupt)，也就是優先權高的中斷可以「再中斷」優先權低的中斷，而在早期的ARM7與ARM9必須使用快速中斷(Fast interrupt, FIQ)來進行這個動作。

ARM Cortex-M4F的中斷輸入數量是由各晶片製造商來決定，除了系統計時器(System tick timer)可以連結到中斷輸入，週邊設備發出的中斷也可以連結到中斷輸入。除了中斷輸入，還有不可遮罩中斷(Non-Maskable interrupt, NMI)可以連結到看門狗計時器(Watch dog timer, WDT)或電壓監視區塊(Voltage-monitoring block)，當電壓下降到某一個準位以下時，可以對處理器發出警告。

3-3-2　例外類型與優先權

ARM Cortex-M4F的中斷(Interrupt)與例外(Exception)有不同的類型與優先權，這裡我們先介紹一下這些類型與優先權的定義。

⊙ 例外類型(Exception type)

表3-7為ARM Cortex-M4F的例外類型與優先權，以及每個例外的功能描述，例外號碼(Exception number)1~15是做為系統例外使用，而例外號碼(Exception number)16以後是做為外部中斷要求(IRQ)使用，大部分例外的優先權可以經由程式設定(Programmable)，但是少數例外的優先權是固定的，其中優先權最高-3的是重置(Reset)，其次優先權-2的是不可遮罩中斷(NMI)，再來優先權-1的是硬體錯誤(Hard fault)，其餘依次類推。

⊙ 優先權等級(Priority level)

ARM Cortex-M4F的例外(Exception)與中斷(Interrupt)是否被處理器執行，是由這個例外(Exception)與中斷(Interrupt)的優先權來決定，較高的優先權(優先權等級數字較小)會先執行，較低的優先權(優先權等級數字較大)會後執行，所以

■ 表 3-7　ARM Cortex-M4的例外類型、優先權與功能描述。
資料來源：www.arm.com。

Exception Number	Exception Type	Priority	Description
1	Reset	–3 (Highest)	Reset
2	NMI	–2	Nonmaskable interrupt (external NMI input)
3	Hard fault	–1	All fault conditions if the corresponding fault handler is not enabled
4	MemManage fault	Programmable	Memory management fault; Memory Protection Unit (MPU) violation or access to illegal locations
5	Bus fault	Programmable	Bus error; occurs when Advanced High-Perfomance Bus (AHB) interface receives an error response from a bus slave (also called *prefetch abort* if it is an instruction fetch or *data abort* if it is data access)
6	Usage fault	Programmable	Exceptions resulting from program error or trying to access coprocessor (the Cortex-M3 does not support a coprocessor)
7-10	Reserved	NA	–
11	SVC	Programmable	Supervisor Call
12	Debug moritor	Programmable	Debug monitor (breakpoints, watchpoints, or external debug requests)
13	Reserved	NA	–
14	PendSV	Programmable	Pendable Service Call
15	SYSTICK	Programmable	System Tick Timer
16	IRQ #0	Programmable	External interrupt #0
17	IRQ #1	Programmable	External interrupt #1
...	...	...	...
255	IRQ #239	Programmable	External interrupt #239

在槽狀中斷(Nested interrupt)時，優先權高的中斷可以「再中斷」優先權低的中斷。此外某些例外(重置、不可遮罩中斷、硬體錯誤)具有固定的優先權等級，其優先權等級為負數，代表它們的優先權比其他可程式化(Programmable)的例外還要高，而其他例外則具有可程式化(Programmable)的特性。

3-3-3　中斷控制

ARM Cortex-M4F的中斷控制由處理器核心內的「槽狀向量中斷控制器(Nested Vectored Interrupt Controller, NVIC)」決定，它的控制暫存器是以記憶體映射的方式存取，這裡我們先介紹中斷控制的進行方式。

◉ 槽狀向量中斷控制器(Nested Vectored Interrupt Controller, NVIC)

ARM公司設計的Cortex-M4F核心具有槽狀向量中斷控制器(NVIC)來處理中斷控制，除了做中斷處理的控制暫存器與控制邏輯外，也包括記憶體保護單元(MPU)、系統計時器(System tick timer)、除錯控制等控制暫存器。

槽狀向量中斷控制器(NVIC)支援最多240個外部中斷輸入，我們稱為「中斷要求(Interrupt Request, IRQ)」，但是實際上的晶片到底有多少外部中斷輸入則由晶片製造商決定，例如：德州儀器公司的TM4C123G晶片支援104個外部中斷輸入，每個中斷可以經由程式修改其優先權等級0~7，等級數字愈小則優先權愈高，因此等級0擁有最高優先權，而且中斷發生時的延遲時間很短，此外槽狀向量中斷控制器(NVIC)也支援一個不可遮罩中斷(NMI)。

◉ 中斷與例外的執行

ARM Cortex-M4F處理器的槽狀中斷向量控制器(NVIC)負責處理在「處理程式模式(Handler mode)」下的所有例外程式(Exception)的優先順序與可能發生的異常(Fault)，當中斷發生時，處理器會先自動儲存(Store)或推入(Push)目前的狀態到堆疊(Stack)中，包括：PC、PSR、R0~R3、R12、LR等，並且執行例外程式(Exception)或中斷服務程式(ISR)，等例外程式(Exception)或中斷服務程式(ISR)執行完畢以後，核心會再自動由堆疊(Stack)中將之前的狀態回存(Restore)或取出(POP)，ARM Cortex-M4F處理器的中斷延遲支援末尾連鎖(Tail-chaining)、預先搶佔(Pre-emption)、最後到達(Late-arrival)等新技術，可以有效縮短中斷與中斷之間的「中斷延遲時間(Interrupt latency)」。

圖3-10是一個簡單的例子，通訊介面的中斷服務程式(ISR)優先權比較低，例如：UART或CAN；而週邊控制介面的優先權比較高，例如：PWM或ADC，

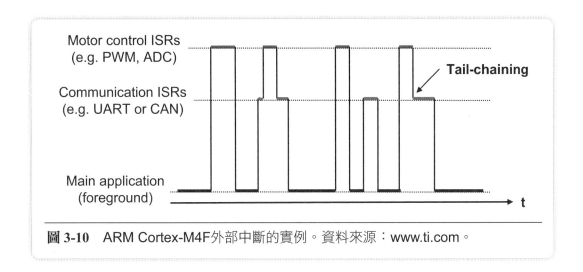

一開始主程式(Main program)在執行，當我們要執行馬達控制工作時，則中斷主程式同時執行馬達控制的中斷服務程式(ISR)，結束以後再回到主程式繼續執行，當我們要經由通訊介面接收資料，則中斷主程式同時執行通訊介面的中斷服務程式(ISR)，在資料還沒有接收完成以前，忽然又要執行馬達控制工作，則只好「再中斷」通訊介面的中斷服務程式(ISR)，同時執行馬達控制的中斷服務程式(ISR)，結束後再回到通訊介面的中斷服務程式(ISR)，結束後再回到主程式繼續執行。

⊕ 末尾連鎖(Tail-chaining)

◐ 一般控制器：當優先權較高的中斷要求IRQ1與較低的IRQ2同時發生，處理器會先將相關參數推入(PUSH)堆疊(Stack)中，接著執行IRQ1，結束後再將堆疊(Stack)內的參數取出(POP)，因為接著要執行IRQ2，所以立刻又將相關參數推入(PUSH)堆疊(Stack)中，接著執行IRQ2，結束後再將堆疊(Stack)內的參數取出(POP)，如圖3-11(a)所示，由圖中可以看出IRQ1與IRQ2之間的推入(PUSH)與取出(POP)佔用24個週期(Cycle)，其實是沒有必要的。

◐ ARM Cortex-M4F：當優先權較高的中斷要求IRQ1與較低的IRQ2同時發生，槽狀向量中斷控制器(NVIC)會先將相關參數推入(PUSH)堆疊(Stack)中，接著執行IRQ1，結束後由於接著要執行IRQ2，所以不會將堆疊(Stack)內的參數取出(POP)，而是進入末尾連鎖(Tail-chaining)，接著要執行IRQ2，結束後再將

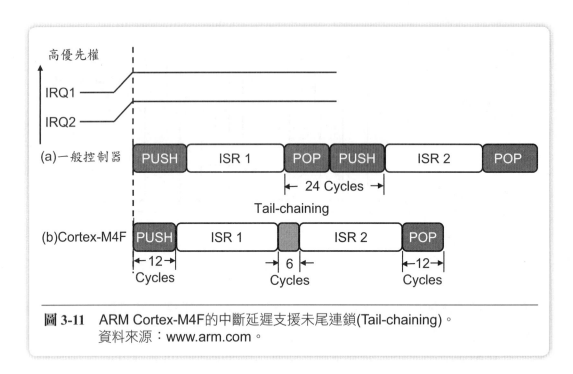

圖 3-11 ARM Cortex-M4F的中斷延遲支援末尾連鎖(Tail-chaining)。
資料來源：www.arm.com。

堆疊(Stack)內的參數取出(POP)，如圖3-11(b)所示，由圖中可以看出IRQ1與
IRQ2之間的末尾連鎖(Tail-chaining)只佔用6個週期(Cycle)，可以有效縮短中
斷延遲時間。

預先搶佔(Pre-emption)

● 一般控制器：當優先權較高的中斷要求IRQ1發生，處理器會先將相關參數推
入(PUSH)堆疊(Stack)中，接著執行IRQ1，結束後再將堆疊(Stack)內的參數取
出(POP)，在參數還沒有完全取出之前，突然又有中斷要求IRQ2發生，處理
器仍然會繼續將堆疊(Stack)內的參數取出(POP)，因為接著要執行IRQ2，所
以立刻又將相關參數推入(PUSH)堆疊(Stack)中，接著執行IRQ2，結束後再
將堆疊(Stack)內的參數取出(POP)，如圖3-12(a)所示，由圖中可以看出IRQ1
與IRQ2之間的推入(PUSH)與取出(POP)佔用24個週期(Cycle)，其實是沒有
必要的。

● ARM Cortex-M4F：當優先權較高的中斷要求IRQ1發生，槽狀向量中斷控
制器(NVIC)會先將相關參數推入(PUSH)堆疊(Stack)中，接著執行IRQ1，結

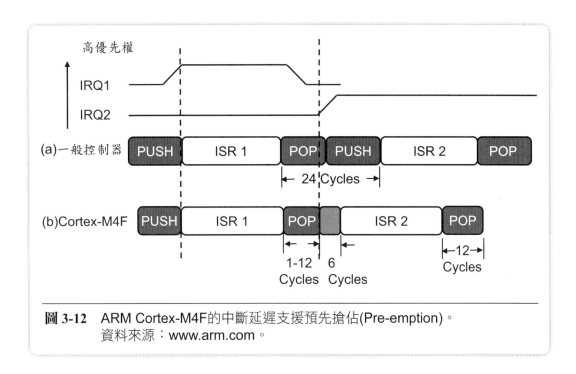

圖 **3-12**　ARM Cortex-M4F的中斷延遲支援預先搶佔(Pre-emption)。
資料來源：www.arm.com。

束後再將堆疊(Stack)內的參數取出(POP)，在參數還沒有完全取出之前，突然又有中斷要求IRQ2發生，此時NVIC會進入末尾連鎖(Tail-chaining)，接著要執行IRQ2，結束後再將堆疊(Stack)內的參數取出(POP)，如圖3-12(b)所示，由圖中可以看出IRQ1與IRQ2之間只有部分的取出(POP)佔用1~12個週期(Cycle)與末尾連鎖(Tail-chaining)只佔用6個週期(Cycle)，可以有效縮短中斷延遲時間。

✦ 最後到達(Late-arrival)

◑ 一般控制器：當優先權較低的中斷要求IRQ2發生，槽狀向量中斷控制器(NVIC)會先將相關參數推入(PUSH)堆疊(Stack)中，參數還沒有完全推入(PUSH)之前，突然又有優先權較高的中斷要求IRQ1發生，處理器因此再一次將相關參數推入(PUSH)堆疊(Stack)中，接著執行優先權較高的IRQ1，結束後再將堆疊(Stack)內的參數取出(POP)，接著再執行優先權較低的IRQ2，結束後再將堆疊(Stack)內的參數取出(POP)，如圖3-13(a)所示，由圖中可以看出總共進行了二次的推入(PUSH)與取出(POP)，其實是沒有必要的。

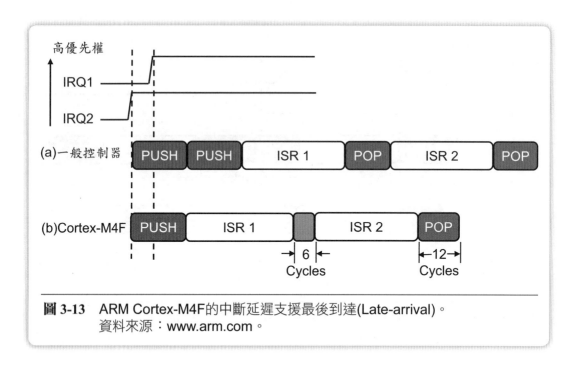

圖 3-13 ARM Cortex-M4F的中斷延遲支援最後到達(Late-arrival)。
資料來源：www.arm.com。

● ARM Cortex-M4F：當優先權較低的中斷要求IRQ2發生，處理器會先將相關參
數推入(PUSH)堆疊(Stack)中，參數還沒有完全推入(PUSH)之前，突然又有優
先權較高的中斷要求IRQ1發生，此時NVIC會繼續完成推入(PUSH)的動作，
接著執行優先權較高的IRQ1，結束後NVIC會進入末尾連鎖(Tail-chaining)，接
著要執行IRQ2，結束後再將堆疊(Stack)內的參數取出(POP)，如圖3-12(b)所
示，由圖中可以看出IRQ1與IRQ2之間的末尾連鎖(Tail-chaining)只佔用6個週
期(Cycle)，可以有效縮短中斷延遲時間。

Chapter

4

ARM Cortex-M3/M4
平台與開發板

 本章重點

4-1 ARM Cortex-M4 TM4C123x系列

    4-1-1 Tiva TM4C123x系列微控制器

    4-1-2 Tiva TM4C123x系列開發板

4-2 ARM Cortex-M4 TM4C129x 系列

    4-2-1 Tiva TM4C129x系列微控制器

    4-2-2 Tiva TM4C129Xx系列開發板

4-3 ARM Cortex-M3/M4無線微控制器

    4-3-1 SimpleLink Wi-Fi無線微控制器

    4-3-2 BLE/Zigbee/6LoWPAN/RF4CE
        無線微控制器

表 4-1　Tiva TM4C123G系列微控制器晶片的規格。資料來源：www.ti.com。

Main function	
Core	ARM Cortex-M4F processor core
Perfomance	80-MHz operation, 100 DMIPS performance
Flash	256 KB single-cycle Flash memory
system SRAM	32 KB single-cycle SRAM
EEPROM	2KB of EEPROM
Intemal ROM	Intemal ROM loaded with TivaWare™ for C Series software
System module	
Micro Direct Memory Access (µDMA)	ARM® PrimeCell® 32-channel configurable µDMA controller
Genaral-Purpose Timer (GPTM)	Six 16/32-bit GPTM blocks and six 32/64-bit Wide GPTM blocks
Watchdog Timer (WDT)	Two watchdog timers
Hibernation Module (HIB)	Low-power battery-backed Hibernation module
General-Purpose Input/Output (GPIO)	14 physical GPIO blocks
Communication peripherals	
Universal Asynchronous Receivers/Transmitter(UART)	Eight UARTs
Synchronous Serial Interface (SSI)	Four SSI modules
Inter-Integrated Circuit (I^{2}C)	Six I^{2}C modules with four transmission speeds including high-speed mode
Controller Area Network (CAN)	Two CAN 2.0 A/B controllers
Universal Serial Bus (USB)	USB 2.0 OTG/Host/Device
Analog peripherals	
Analog-to-Digital converter (ADC)	Two 12-bit ADC modules with a maximum sample rate of one million samples/second
Analog Comparator Controller	Three independent integrated analog comparators
Digital Comparator	16 digital comparators
Control peripherals	
Pulse Width Modulator (PWM)	Two PWM modules, each with four PWM generator blocks and a control block, for a total of 16 PWM outputs.
Quadrature Encoder Interface (QEI)	Two QEI modules
Others	
Package	144-pin LQFP
Operating Range(Ambient)	Industrial (-40°C to 85°C) temperature range Extended (-40°C to 105°C) temperature range

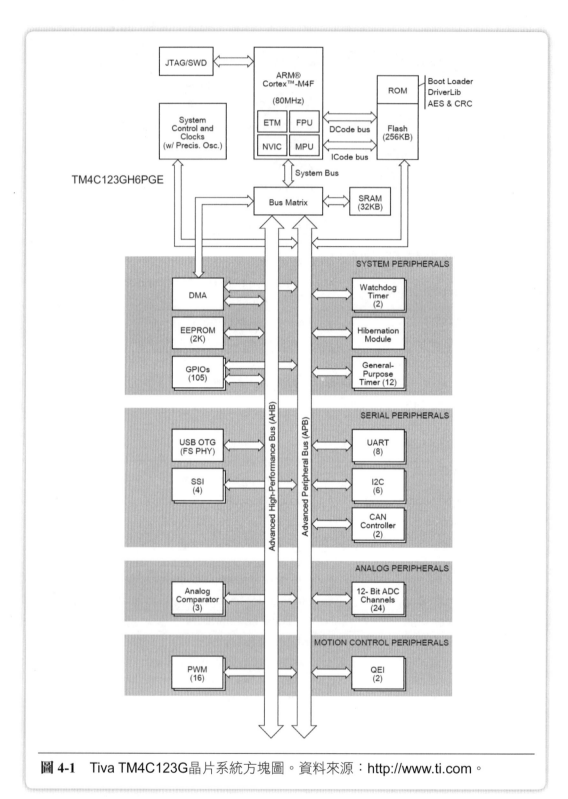

圖 4-1 Tiva TM4C123G晶片系統方塊圖。資料來源:http://www.ti.com。

◑ 通訊週邊(Communication peripherals)：通訊介面包括：8組UART，4組SSI，6組I2C，2組CAN可以支援CAN 2.0 A/B通訊協定，1組USB可以支援USB 2.0全速(Full speed)的OTG(On-The-Go)、Host、Device模式。

◑ 控制週邊(Control peripherals)：移動控制主要用來控制馬達運轉，包括：2組脈寬調變模組(Pulse Width Modulation, PWM)總共可以支援16組PWM訊號輸出，2組弦波編碼器介面(Quadrature Encoder Interface, QEI)可以用來讀取外部感測器而得知馬達的旋轉角度、速度、方向等資訊。

◑ 類比週邊(Analog peripherals)：其他類比週邊包括：2組12位元的類比數位轉換器(Analog to Digital Converter, ADC)，取樣頻率最大為1Msps(sample per second)，3組獨立的類比訊號比較器(Analog comparator)，16組數位訊號比較器(Digital comparator)。

⊕ 內建記憶體(On-Chip Memory)

◑ 靜態隨機存取記憶體(SRAM)：內建32KB單週期SRAM，位置在記憶體映射位移0x2000.0000的地方，μDMA與USB的資料可以讀寫SRAM。

◑ 快閃記憶體(Flash memory)：內建最多256 KB單週期快閃記憶體，每個可以單獨抹除的區塊(Block)為1KB，抹除後將整個區塊的每個位元設定為1；每個可以單獨保護的區塊(Block)為2KB，可以設定為唯讀(Read-only)或唯執行(Execute-only)，主要是在保護程式執行。

◑ 唯讀記憶體(ROM)：內建的唯讀記憶體內預先燒錄了TivaWare周邊驅動程式函式庫、TivaWare開機載入程式、高階加密標準(Advanced Encryption Standard, AES)加密表、循環冗餘檢查(Cyclic Redundancy Check, CRC)功能表等資料。

◑ 電子式可抹除可程式化唯讀記憶體(EEPROM)：內建2KB的EEPROM共由32個16字組(Word)的區塊(Block)組成，由於ARM Cortex-M系列處理器為32位元(4位元組)，因此每一個字組(Word)為4位元組(Byte)，4位元組×16字組×32區塊恰好等於2048位元組(Byte)，就是2KB。

嵌入式微控制器開發─ARM Cortex-M4F架構及實作演練

✪ 串列通訊週邊(Serial Communication Peripherals)

- 控制器區域網路(Controller Area Network, CAN)：可以支援CAN 通訊協定標準(CAN version 2.0 part A/B)，用來連接電子控制單元(Electronic Control Unit, ECU)的共享廣播串列匯流排，可以在電磁干擾的環境中使用，可以使用RS-485或雙絞線來做為實體介質，主要是針對汽車應用而設計，目前應用在許多工業或醫療的嵌入式控制應用程序，在40米的傳輸距離資料傳輸率高達1Mbps，在500米的傳輸距離資料傳輸率可達125Kbps。

- 通用序列匯流排(Universal Serial Bus, USB)：可以支援USB通訊協定標準USB 2.0全速(Full speed)資料傳輸率可達12Mbps與低速(Low speed)資料傳輸率可達1.5Mbps，支援USB Device、USB Host、USB OTG(On-The-Go)三種使用模式，並且內建物理層(PHY)，可以支援控制傳輸(Control)、中斷傳輸(Interrupt)、批次傳輸(Bulk)、同步傳輸(Isochronous)四種傳輸模式，共有16個端點(Endpoint)與4KB的端點記憶體，支援微直接記憶體存取(μDMA)。

- 通用非同步收發傳輸器(Universal Asynchronous Receiver/Transmitter, UART)：用來進行RS-232C串列通訊，可程式化鮑率(Baud-rate)，一般資料傳輸率(Regular speed)最高可達5Mbps，高速資料傳輸率(High speed)最高可達10 Mbps，針對資料傳送與接收內建FIFO記憶體，可以減少CPU中斷造成的負擔，FIFO觸發可以設定為1/8、1/4、1/2、3/4、7/8，標準非同步通訊位元可以設定為Start、Stop、Parity，可以支援與偵測Even、Odd、Stick、No-parity位元，可以支援IrDA Serial-IR (SIR)編碼與解碼功能，資料傳輸率可達全雙功115.2Kbps，支援微直接記憶體存取(μDMA)。

- 內部整合電路(Inter-Integrated Circuit, I2C)：包含串列資料線(Serial Data Line, SDA)與串列時脈線(Serial Clock Line, SCL)，可以支援主控端傳送(Master transmit)、主控端接收(Master receive)、被控端傳送(Slave transmit)、被控端接收(Slave receive)四種模式，資料傳輸率在標準模式(Standard mode)為100 Kbps、快速模式(Fast mode)為400 Kbps、快速模式升級(Fast mode plus)為1Mbps、高速模式(High-speed mode)為3.33 Mbps。

- 同步串列介面(Synchronous Serial Interface, SSI)：可以做為串列埠介面(Serial

Port Interface, SPI)使用，支援主控端(Master)與被控端(Slave)操作，針對資料傳送與接收內建FIFO記憶體，支援微直接記憶體存取(μDMA)。

系統整合功能(System integration)

- 微直接記憶體存取(Micro Direct Memory Access, μDMA)：總共支援32通道(Channel)支援記憶體對記憶體(Memory-to-memory)、記憶體對週邊(Memory-to-peripheral)、週邊對記憶體(Peripheral-to-memory)的Basic、Ping-pong、Scatter-gather等三種模式，資料可以是8、16、32位元。

- 時脈與系統控制(Clock and system control)：支援工作模式(Active)、睡眠模式(Sleep)、深度睡眠模式(Deep sleep)，另外具有冬眠模組(Hibernation module)，內建精準內部振盪器(Precision Internal Oscillator, PIOSC)提供16MHz頻率，主振盪器(Main Oscillator, MOSC)，低頻內部振盪器(Low Frequency Internal Oscillator, LFIOSC)，冬眠即時時脈振盪器(Hibernate RTC oscillator, RTCOSC)可以由冬眠模組提供32.768KHz時脈。

- 6組32位元的計時器(Timer)與6組64位元的計時器(Timer)：6組32位元的計時器可做為12組16位元的計時器使用，6組64位元的計時器可做為12組32位元的計時器使用，計時器可以用來觸發類比數位轉換器(ADC)，也可以用來產生脈寬調變(PWM)訊號，做為捕捉比較脈寬調變(Capture Compare PWM, CCP)的功能。

- 睡眠模組(Hibernation module HIB)：可以關閉處理器核心與週邊只保留睡眠模組保持在最省電的狀態，支援即時時脈(Real-Time Clock, RTC)可以用來計時並且喚醒，也可以經由外部中斷喚醒，具有低電壓偵測功能，

- 2組看門狗計時器(Watchdog Timer)：用來監控系統故障或程式執行錯誤，當到達設定的暫停值(Time-out value)可以產生中斷訊號(Interrupt)或重置(Reset)，具有32位元的倒數計時器與可程式化的暫存器。

- 通用輸出入介面(General Purpose Input/Output, GPIO)：可以用來做為訊號輸出或輸入使用，最多可以支援105支GPIO接腳，並且與其他功能共用，可以耐受5V輸入電壓，支援GPIO中斷訊號，可以用來啟動類比數位轉換器(ADC)，在冬眠模式時可以保持GPIO的準位，內建上拉(Pull-up)或下拉(Pull-down)電阻，可以承受2mA、4mA、8mA的驅動電流。

⊕ 高階移動控制(Advanced motion control)

◑ 脈寬調變模組(Pulse Width Modulation, PWM)：包括二組脈寬調變模組，每組具有4個訊號產生器，總共可以產生16組脈寬調變訊號，具有16位元的計數器與2組脈寬調變比較器，同時擁有死區(Dead-band)延遲產生器。

◑ 弦波編碼器介面(Quadrature Encoder Interface, QEI)：支援二通道編碼器，將線性位置轉換成脈衝訊號，經由監控脈衝訊號的數目與相位得到馬達的位置、速度、轉動方向等資訊，此外還有一個通道產生索引訊號可以重置位置計數器。

⊕ 類比週邊(Analog peripheral)

◑ 2組類比數位轉換器(Analog Digital Converter, ADC)：支援12位元解析度總共24通道的輸入訊號單端(Single ended)或差分(Differential)輸入訊號，取樣頻率可達1Msps(Million samples per second)，內建晶片溫度感測器，具有4組訊號取樣器(Sample sequencer)，可以觸發軟體控制、計時器(Timer)、類比比較器(Analog compartor)、脈寬調變(PWM)、通用輸出入介面(GPIO)等週邊訊號，支援微直接記憶體存取(μDMA)。

◑ 3組類比比較器(Analog compartor)：可以用來比較兩組類比輸入電壓的大小產生邏輯輸出，用來觸發中斷(Interrupt)或類比數位轉換器(ADC)。

♡ 4-1-2 Tiva TM4C123x系列開發板

　　TM4C123x系列有許多不同的開發板，其中DK-TM4C123G開發板所使用的晶片型號為TM4C123GH6PGE，為144LQFP封裝；EK-TM4C123GXL開發板所使用的晶片型號為TM4C123GH6PMI，為64LQFP封裝。

⊕ DK-TM4C123G開發板

　　DK-TM4C123G開發板的外觀與系統架構如圖4-2所示，功能包括：

◑ Tiva TM4C123GH6PGE微控制器經由USB Micro-AB接頭(Power/ICDI)可以供

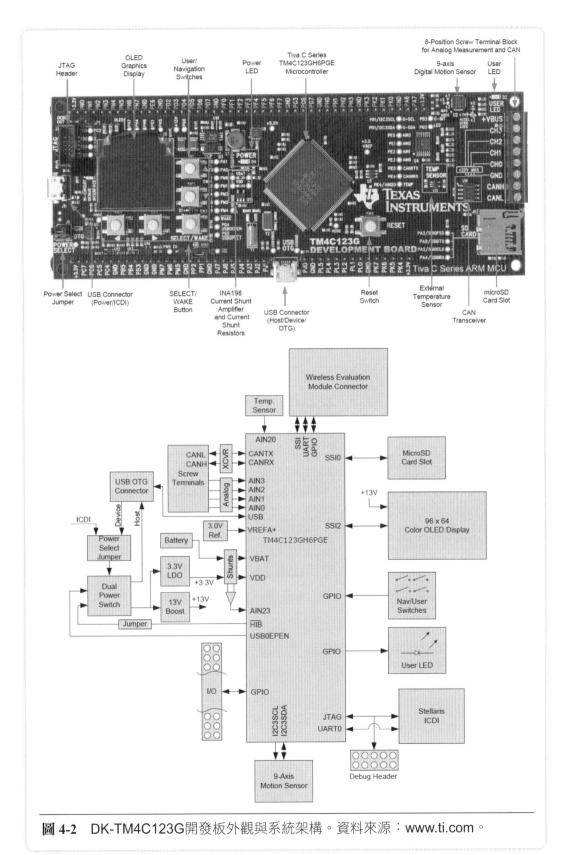

圖 4-2　DK-TM4C123G開發板外觀與系統架構。資料來源：www.ti.com。

電並且使用JTAG模擬器(JTAG emulator)進行程式開發。

◐ 9軸加速度、陀螺儀、電子羅盤微感測器(9-axis accelerometer gyro compass)。

◐ 2個類比溫度感測器(Analog temperature sensors)，其中一個為外部TMP20溫度感測器，另外一個為微控制器內建之晶片溫度感測器。

◐ 控制器區域網路(CAN)的傳送接收器(Transceiver)。

◐ 8個可旋轉接點，包括4個類比電壓輸入(0-20V)、1個電源電壓輸入(Power)、1個接地電壓輸入(Ground)、1個控制器區域網路高電壓輸入(CAN-high)、1個控制器區域網路低電壓輸入(CAN-low)。

◐ 96×64彩色有機發光二極體顯示器(OLED)。

◐ 1個USB Micro-AB接頭，可以支援USB 2.0低速與全速OTG/Host/Device。

◐ 1個microSD記憶卡插糟，但是只支援SPI模式傳送資料。

◐ 6個開關，分別為重置開關、換醒開關，以及其他通用輸出入介面(GPIO)控制功能。

◐ 1個經由通用輸出入介面(GPIO)控制的使用者發光二極體(User LED)經由通用輸出入介面(GPIO)控制可以發出綠光。

◈ EK-TM4C123GXL開發板

EK-TM4C123GXL開發板的外觀與系統架構如圖4-3所示，功能包括：

◐ Tiva TM4C123GH6PMI微控制器經由USB Micro-AB接頭(Power/ICDI)可以供電並且使用JTAG模擬器(JTAG emulator)進行程式開發。

◐ 1個USB Micro-AB接頭，可以支援USB 2.0低速與全速OTG/Host/Device。

◐ 3個開關，分別為重置開關，以及其他通用輸出入介面(GPIO)控制功能。

◐ 1個經由通用輸出入介面(GPIO)控制的使用者發光二極體(User LED)經由通用輸出入介面(GPIO)控制可以發出紅光、綠光、藍光。

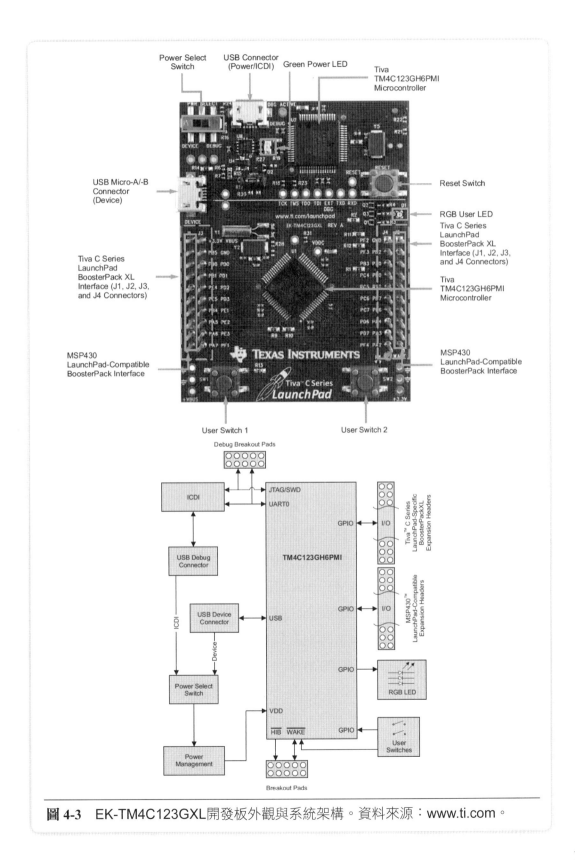

圖 4-3　EK-TM4C123GXL開發板外觀與系統架構。資料來源：www.ti.com。

4-2 ARM Cortex-M4 TM4C129x 系列

德州儀器公司使用ARM Cortex M4F核心，配合自己的週邊技術開發了Tiva系列的微控制器，本節主要介紹Tiva 系列TM4C129x微控制器，Tiva TM4C123x與TM4C129x晶片都是使用ARM Cortex-M4F核心，因此兩者之間的差異不大，TM4C129x晶片幾乎擁有TM4C123x晶片所有的功能，再加上許多新功能，特別是支援乙太網路(Ethernet)，以下只針對兩者之間差異的部分加以說明。

4-2-1 Tiva TM4C129x系列微控制器

TM4C129x系列有許多不同的晶片，我們以DK-TM4C129X開發板所使用的晶片型號TM4C129XNCZADI為例，介紹晶片的基本功能。

⊕ TM4C129x晶片主要功能

Tiva TM4C129x晶片使用ARM Cortex-M4F核心，因此其核心架構與圖3-3相同，這裡不在重複描述，TM4C129X晶片的規格如表4-2所示，圖4-4為晶片系統方塊圖，與TM4C123x晶片大同小異，主要是核心運算速度較快，主要功能增加一些項目，同時支援10/100乙太網路(Ethernet)。

◑ 主要功能(Main function)：核心為ARM Cortex-M4F，運算速度可以達到120MHz(150DMIPS)，內建1024KB(1MB)快閃記憶體(Flash memory)與256KB靜態隨機存取記憶體(SRAM)，6KB電子式可抹除可程式化唯讀記憶體(EEPROM)與內部唯讀記憶體(Internal ROM)儲存TivaWare週邊驅動程式。

◑ 系統模組(System modules)：其他系統整合功能包括：微直接記憶體存取(μDMA)，一般用途計時器(GPTM)其中有6組16/32位元與6組32/64位元計時器，2組看門狗計時器(WDT)，最多140支接腳的一般用途輸出入介面(GPIO)，冬眠模組(HIB)等。

◑ 通訊週邊(Communication peripherals)：通訊介面包括：8組UART，4組SSI，10組I2C，2組CAN可以支援CAN 2.0 A/B通訊協定，1組USB可以支援USB

表 4-2　Tiva TM4C129X微控制器晶片的規格。資料來源：www.ti.com。

Main function	
Core	ARM Cortex-M4F processor core
Perfomance	120-MHz operation; 150 DMIPS performance
Flash	1024 KB Flash memory
System SRAM	256 KB single-cycle System SRAM
EEPROM	6KB of EEPROM
Cyclical Redundancy Check (CRC) Hardware	16-/32-bit Hash function that supports four CRC forms
Advanced Encryption Standard (AES)	Hardware accelerated data encrytion and decryption based on 128-, 192, and 256-bit keys
Data Encryption Standard (DES)	Block cipher implementation with 16-bit effective key length
Hardware Accelerated Hash (SHA/MD5)	Advanced hash engine that supports SHA-1, SHA-2 or MD5 Hash computation
Tamper	Support for four tamper inputs and configurable tamper event response
System module	
Micro Direct Memory Access(µDMA)	ARM® PrimeCell® 32-channel configurable µDMA controller
Genaral-Purpose Timer(GPTM)	Eight 16/32-bit GPTM blocks
Watchdog Timer(WDT)	Two watchdog timers
Hibernation Module(HIB)	Low-power battery-backed Hibernation module
General-Purpose Input/Output(GPIO)	15 physical GPIO blocks
Communication peripherals	
Universal Asynchronous Receivers/ Transmitter(UART)	Eight UARTs
Quad Synchronous Serial Interface (QSSI)	Four SSI modules with Bi-, Quad- and advanced SSI support
Inter-Integrated Circuit(I²C)	Ten I²C modules with four transmission speeds including high-speed mode
Controller Area Network(CAN)	Two CAN 2.0 A/B controllers
Ethemet MAC	10/100 Ethernet MAC with Media Independent Interface (MII) and Reduced MII (RMII)
Universal Serial Bus (USB)	USB 2.0 OTG/Host/Device with ULPI interface option and Link Power Management (LPM) support
External Peripheral Interface (EPI)	8-/16-/32- bit dedicated interface for peripherals and memory
Analog peripherals	
Analog-to-Digital converter (ADC)	Two 12-bit ADC modules with a maximum sample rate of one million samples/second
Analog Comparator Controller	Three independent integrated analog comparators
Digital Comparator	16 digital comparators
Control peripherals	
Pulse Width Modulator (PWM)	Two PWM modules, each with four PWM generator blocks and a control block, for a total of 16 PWM outputs.
Quadrature Encoder Interface (QEI)	Two QEI modules
Others	
Package	128-pin TQFP
Operating Range (Ambient)	Industrial (-40°C to 85°C) temperature range Extended (-40°C to 105°C) temperature range

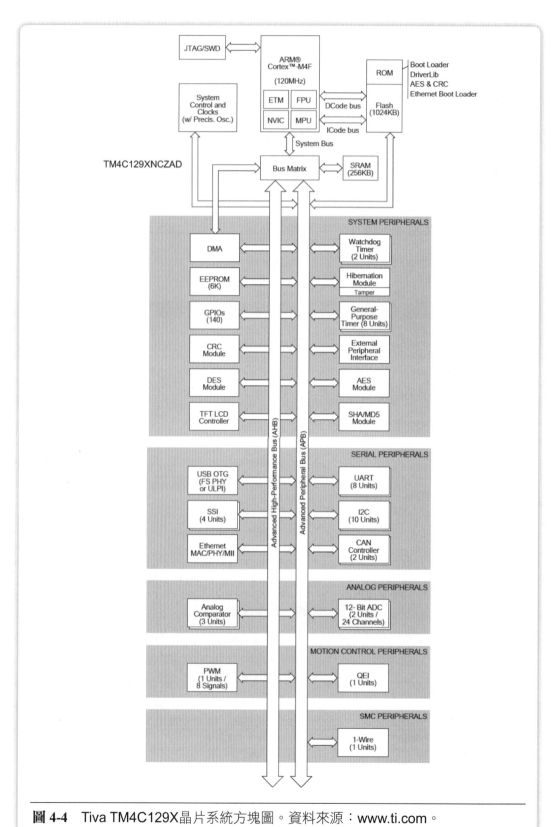

圖 4-4 Tiva TM4C129X晶片系統方塊圖。資料來源：www.ti.com。

2.0全速(Full speed)的OTG、Host、Device模式、乙太網路(Ehternet)的MAC與PHY。

◐ 控制週邊(Control peripherals)：移動控制主要用來控制馬達運轉，包括：2組脈寬調變模組(PWM)總共可以支援16組PWM訊號輸出，2組弦波編碼器介面(QEI)可以用來讀取外部感測器而得知馬達的旋轉角度、速度、方向等資訊。

◐ 類比週邊(Analog peripherals)：其他類比週邊包括：2組12位元的類比數位轉換器(ADC)，取樣頻率最大為1Msps(sample per second)，3組獨立的類比訊號比較器(Analog comparator)，16組數位訊號比較器(Digital comparator)。

◉ 內建記憶體(On-Chip Memory)

◐ 靜態隨機存取記憶體(SRAM)：內建256KB單週期SRAM，位置在記憶體映射位移0x2000.0000的地方，μDMA與USB的資料可以讀寫SRAM。

◐ 快閃記憶體(Flash memory)：內建最多1024 KB單週期快閃記憶體，每個可以單獨抹除的區塊(Block)為1KB，抹除後將整個區塊的每個位元設定為1；每個可以單獨保護的區塊(Block)為2KB，可以設定為唯讀(Read-only)或唯執行(Execute-only)，主要是在保護程式執行。

◐ 唯讀記憶體(ROM)：內建的唯讀記憶體內預先燒錄了TivaWare周邊驅動程式函式庫、TivaWare開機載入程式、高階加密標準(Advanced Encryption Standard, AES)加密表、循環冗餘檢查(Cyclic Redundancy Check, CRC)功能表等資料。

◐ 電子式可抹除可程式化唯讀記憶體(EEPROM)：內建6KB的EEPROM共由96個16字組(Word)的區塊(Block)組成，由於ARM Cortex-M系列處理器為32位元(4位元組)，因此每一個字組(Word)為4位元組(Byte)，4位元組×16字組×96區塊恰好等於6144位元組(Byte)，就是6KB。

◉ 外部週邊介面(External Peripheral Interface, EPI)

　　經由8位元、16位元、32位元並列通道支援外接元件或記憶體，例如：同步動態隨機存取記憶體(SDRAM)、靜態隨機存取記憶體(SRAM)、快閃記憶體(Flash memory)等，支援微直接記憶體存取(μDMA)，具有下列三種模式：

◐ 同步動態隨機存取記憶體模式(SDRAM mode)：支援最高60MHz的單資料速率(Single data rate)同步動態隨機存取記憶體(SDRAM)可達64MB。

◐ 主控匯流排模式(Host bus mode)：支援傳統8位元或16位元微控制器匯流排介面，與PIC、ATmega、8051等微控制器相容，可以用來存取靜態隨機存取記憶體(SRAM)、快閃記憶體(Flash memory)或其他元件，在非多工模式(Non multiplexed mode)最高可以定址到1MB，在多工模式(Multiplexed mode)最高可以定址到256MB。

◐ 通用模式(General purpose mode)：並列介面可以連接複雜可程式化邏輯元件(CPLD)與現場可程式化邏輯陣列(FPGA)，資料寬度為32位元，資料傳輸率可達每秒150MB。

⊕ 硬體加速器

◐ 循環式重複檢查(Cyclical Redundancy Check, CRC)加速器：支援CRC16-CCITT一般使用在CCITT/ITU X.25、CRC16-IBM一般使用在USB and ANSI、CRC32-IEEE一般使用在IEEE802.3與MPEG2、CRC32C一般使用在G.Hn，可以使用字組(Word)或位元組(Byte)輸入運算，可以由微直接記憶體存取(μDMA)、快閃記憶體(Flash memory)、程式直接輸入運算。

◐ 進階加密標準(Advanced Encryption Standard, AES)加速器：提供硬體加速器可以經由金鑰進行快速加密運算，支援128位元、192位元、256位元金鑰，支援的操作模式包括：GCM(Galois/Counter Mode)模式、CCM(Counter Mode with CBC-MAC)模式、XTS模式、ECB(Electronic Code Book Mode)模式、CBC(Cipher Block Chaining)模式、CTR(Counter Mode)模式、CFB(Cipher Feedback Mode)模式、128位元F8模式等。

◐ 資料加密標準(Data Encryption Standard, DES)加速器：提供資料加密標準(DES)與三資料加密標準(TDES/3DES)演算法，支援的操作模式包括：ECB(Electronic Code Book Mode)模式、CBC(Cipher Block Chaining)模式、CFB(Cipher Feedback Mode)模式等。

◐ 安全雜湊演算法與訊息摘要(Secure Hash Algorithm/Message Digest, SHA/MD)加速器：支援安全雜湊演算法(SHA)包括：SHA-1、SHA-2(SHA-224與SHA-

256)，以及訊息摘要(MD5)包括：HMAC(Hash Message Authentication Code)。

⊕ 串列通訊週邊(Serial communication peripherals)

❶ 乙太網路媒體存取控制層與實體層(Ethernet Media Access Control/Physical, EMAC/PHY)：媒體存取控制(MAC)支援IEEE 802.3規格10BASE-T/100BASE-TX與載波偵測多重存取／碰撞偵測(Carrier Sense Multiple Access/Collection Detection, CSMA/CD)，資料傳輸率可達10/100Mbps，同時支援IEEE 1588-2002 精準時間通訊協定(Precision Time Protocol, PTP)與硬體封包檢查(IPv4, IPv6, TCP/UDP/ICMP)，實體層(PHY)則支援MDI/MDI-X與MII/RMII介面。

❶ 通用序列匯流排(Universal Serial Bus, USB)：可以支援USB通訊協定標準USB 2.0全速(Full speed)資料傳輸率可達12Mbps與低速(Low speed)資料傳輸率可達1.5Mbps，另外內建USB 2.0高速(High speed)功能但是必須外接USB實體層(USB PHY)，支援USB Device、USB Host、USB OTG(On-The-Go)三種使用模式，並且內建物理層(PHY)，可以支援控制傳輸(Control)、中斷傳輸(Interrupt)、批次傳輸(Bulk)、同步傳輸(Isochronous)四種傳輸模式，共有16個端點(Endpoint)與4KB的端點記憶體，支援微直接記憶體存取(μDMA)。

❶ 液晶顯示控制器(Liquid Crystal Display Controller, LCDC)：支援同步Hitachi、Motorola、Intel模式，或是一般16位元位址與資料介面，外接被動矩陣式液晶顯示器(Passive matrix LCD)包括：STN、DSTN、C-DSTN等，或主動矩陣式液晶顯示器(Active matrix LCD)包括：TN-TFT等，以及有機發光二極體顯示器(Organic Light Emitting Diode)，包括：被動矩陣式有機發光二極體(PM-OLED)、主動矩陣式有機發光二極體(AM-OLED)等。

♡ 4-2-2　Tiva TM4C129x系列開發板

　　TM4C129x系列有許多不同的晶片，其中DK-TM4C129X開發板所使用的晶片型號為TM4C129XNCZADI，為212BGA封裝，EK-TM4C1294XL開發板所使用的晶片型號為TM4C1294NCPDT，為128TQFP封裝。

DK-TM4C129X開發板

DK-TM4C129X開發板的外觀與系統架構如圖4-5所示,功能包括:

- Tiva TM4C129XNCZADI微控制器經由外部5V電源供電,USB Micro-AB接頭 (Power/ICDI)可以使用JTAG模擬器(JTAG emulator)進行程式開發。
- QVGA彩色液晶顯示器,並且支援電阻式觸控螢幕。
- 1個USB Micro-AB接頭,可以支援USB 2.0低速與全速OTG/Host/Device。
- 1個microSD記憶卡插槽,但是只支援SPI模式傳送資料。
- 4個開關,分別為重置開關、換醒開關,以及其他通用輸出入介面(GPIO)控制功能。
- 1個經由通用輸出入介面(GPIO)控制的使用者發光二極體(User LED)經由通用輸出入介面(GPIO)控制可以發出紅光、綠光、藍光。
- 經由SSI介面外接512Mb快閃記憶體。
- 1個乙太網路RJ45網路線插槽。

EK-TM4C1294XL開發板

EK-TM4C1294XL開發板的外觀與系統架構如圖4-6所示,功能包括:

- Tiva TM4C1294NCPDT微控制器經由USB Micro-AB接頭(Power/ICDI)可以供電並且使用JTAG模擬器(JTAG emulator)進行程式開發。
- 1個USB Micro-AB接頭,可以支援USB 2.0低速與全速OTG/Host/Device。
- 4個開關,分別為重置開關、換醒開關,以及其他通用輸出入介面(GPIO)控制功能。
- 1個經由通用輸出入介面(GPIO)控制的使用者發光二極體(User LED)經由通用輸出入介面(GPIO)控制可以發出紅光、綠光、藍光。

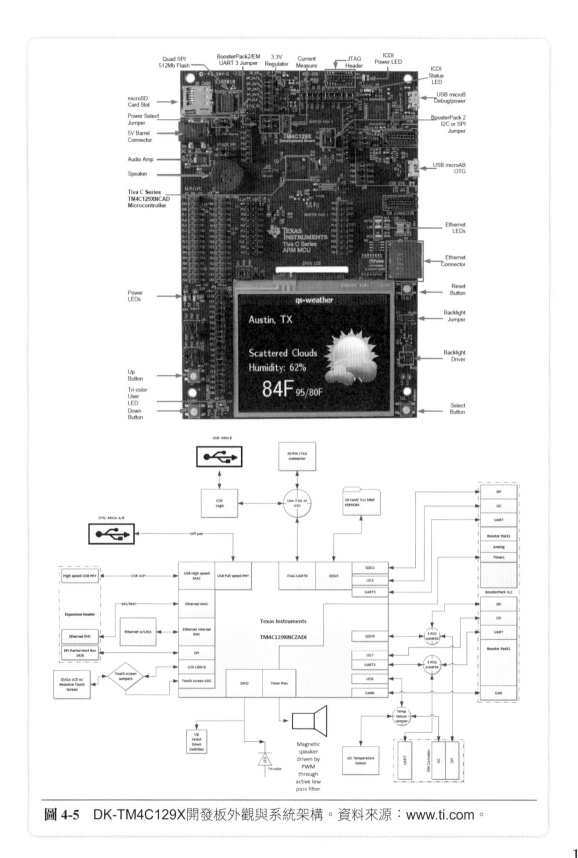

圖 4-5 DK-TM4C129X開發板外觀與系統架構。資料來源：www.ti.com。

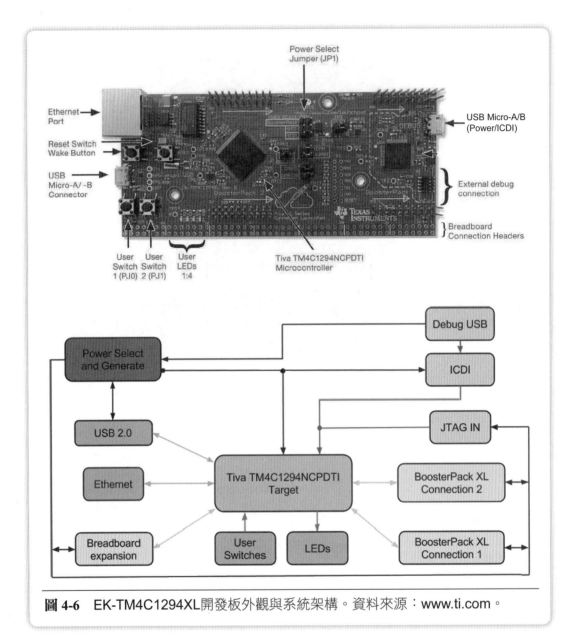

圖 4-6　EK-TM4C1294XL開發板外觀與系統架構。資料來源：www.ti.com。

4-3 ARM Cortex-M3/M4無線微控制器

在無線物聯網的時代，將無線通訊功能與微控制器結合成單一晶片成為一種趨勢，我們稱為「無線微控制器(Wireless MCU)」，本節將介紹德州儀器公司內建ARM Cortex-M3/M4F微控制器的無線微控制器。

4-3-1 SimpleLink Wi-Fi無線微控制器

CC3200晶片為64VQFN封裝，為了讓對WiFi無線通訊不熟悉的客戶也能設計無線通訊產品，免除自行送驗無線通訊認證的麻煩，德州儀器公司特別推出CC3200MOD模組，客戶可以直接使用，其中CC3200-LAUNCHXL開發板所使用的晶片型號為CC3200；CC3200MOD-LAUNCHXL開發板所使用的模組型號為CC3200MOD。

◉ CC3200晶片主要功能

CC3200晶片使用ARM Cortex-M4F核心，因此其核心架構系統方塊圖與圖3-3相同，這裡不在重複描述，圖4-7為TM4C123G晶片系統方塊圖，其中核心與週邊通訊主要經由APB(Advanced Peripheral Bus)與AHB(Advanced High-Performance Bus)，其規格簡單整理如下：

- 主要功能(Main function)：核心為ARM Cortex-M4F，運算速度可以達到80MHz(100DMIPS)，內建256KB靜態隨機存取記憶體(SRAM)，64KB電子式可抹除可程式化唯讀記憶體(EEPROM)與內部唯讀記憶體(Internal ROM)儲存週邊驅動程式(Peripheral driver lib)。

- 系統模組(System modules)：其他系統整合功能包括：微直接記憶體存取(μDMA)，一般用途計時器(General-Purpose Timer, GPTM)其中有4組16/32位元計時器，1組看門狗計時器(Watchdog Timer, WDT)，最多24支接腳的一般用途輸出入介面(General-Purpose Input/Output, GPIO)，冬眠模組(Hibernation Module, HIB)等。

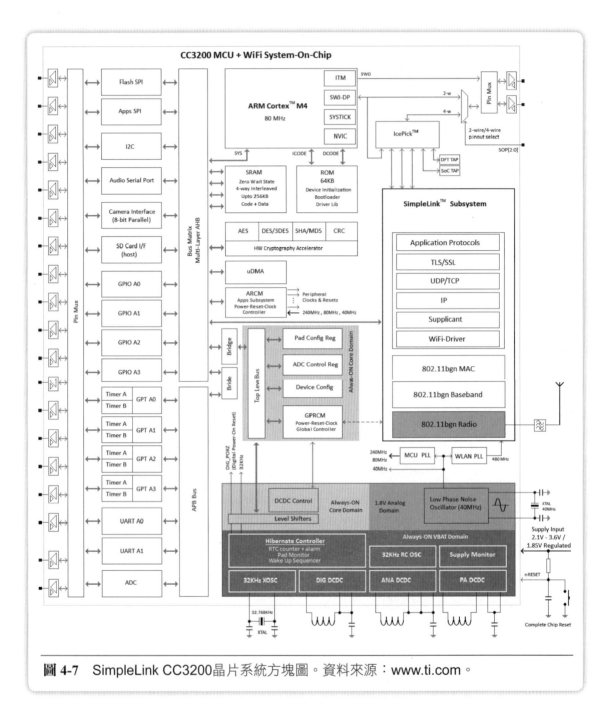

圖 4-7　SimpleLink CC3200晶片系統方塊圖。資料來源：www.ti.com。

◑ 通訊週邊(Communication peripherals)：通訊介面包括：1組McASP(可以設定
為2組I2S)，2組UART，1組SPI，1組I2C，SD記憶卡介面。

◑ 類比週邊(Analog peripherals)：其他類比週邊包括：1組8通道12位元的類比數
位轉換器(Analog to Digital Converter, ADC)，取樣頻率最大為62.5Ksps(sample
per second)。

◑ SimpleLink次系統(SimpleLink subsystem)：WiFi網路處理器(WiFi Network
Processor, WNP)包括802.11 b/g/n MAC、PHY、Radio，可以支援Station、
Access point、Wi-Fi Direct三種模式。

⊕ CC3200-LAUNCHXL開發板

CC3200-LAUNCHXL開發板的外觀與系統架構如圖4-8所示，功能包括：

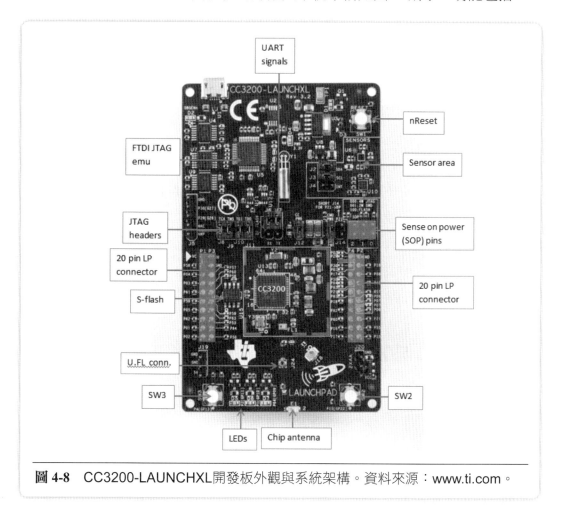

圖 4-8 CC3200-LAUNCHXL開發板外觀與系統架構。資料來源：www.ti.com。

115

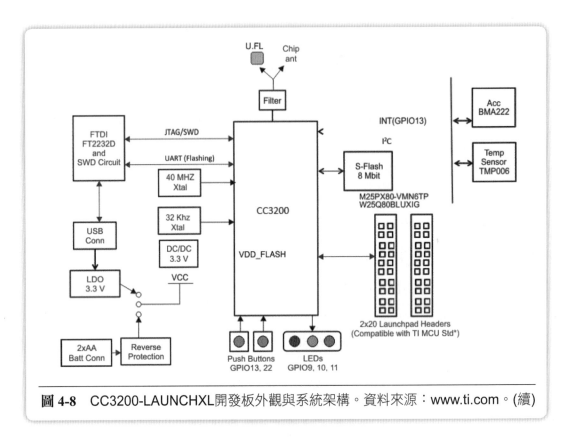

圖4-8 CC3200-LAUNCHXL開發板外觀與系統架構。資料來源：www.ti.com。(續)

- CC3200無線微控制器經由外部5V電源供電，而USB Micro-AB接頭(Power/ICDI)可以使用JTAG模擬器(JTAG emulator)進行程式開發。
- 2個開關，分別為重置開關，以及其他通用輸出入介面(GPIO)控制功能。
- 1個經由通用輸出入介面(GPIO)控制的使用者發光二極體(User LED)經由通用輸出入介面(GPIO)控制可以發出紅光、綠光、藍光。
- 長傳輸矩離與WiFi晶片天線(Chip antenna)。

4-3-2　BLE/Zigbee/6LoWPAN/RF4CE無線微控制器

　　CC2650晶片為48VQFN或32VQFN封裝，其中CC2650-SensorTag開發板所使用的晶片型號為CC2650，以及其他許多不同功能的微感測器，適合進行物聯網相關的應用開發。

❖ CC2650晶片主要功能

CC2650晶片使用ARM Cortex-M3核心，其規格簡單整理如下：

❶ 主要功能(Main function)：核心為ARM Cortex-M3，運算速度可以達到48MHz(60DMIPS)，內建128KB快閃記憶體(Flash memory)與30KB靜態隨機存取記憶體(SRAM)。

❶ 系統模組(System modules)：其他系統整合功能包括：微直接記憶體存取(μDMA)，一般用途計時器(General-Purpose Timer, GPTM)其中有1組16/32位元計時器，1組看門狗計時器(Watchdog Timer, WDT)，最多31支接腳的一般用途輸出入介面(General-Purpose Input/Output, GPIO)等。

❶ 通訊週邊(Communication peripherals)：通訊介面包括：1組I2S可以做為音訊通訊使用，1組UART，2組SPI，1組I2C。

❶ 類比週邊(Analog peripherals)：其他類比週邊包括：1組8通道12位元的類比數位轉換器(Analog to Digital Converter, ADC)，取樣頻率最大為200Ksps(sample per second)。

❶ 射頻核心(RF core)：內建ARM Cortex-M0微控制器連接類比射頻(Analog RF)與基頻電路，可以支援802.15.4通訊協定的BLE、ZigBee、6LoWPAN、RF4CE等技術。

❖ CC2650-SensorTag開發板

CC2650-SensorTag開發板的外觀與系統架構如圖4-9所示，功能包括：

❶ CC2650無線微控制器(Wireless MCU)經由外部電池供電，可以外接JTAG模擬器(JTAG emulator)進行程式開發。

❶ 1個開關，主要為重置開關，以及其他通用輸出入介面(GPIO)控制功能。

❶ 1個經由通用輸出入介面(GPIO)控制的使用者發光二極體(User LED)經由通用輸出入介面(GPIO)控制可以發出綠光。

❶ 紅外線與環境溫度感測器(Infrared and ambient temperature sensor)：為德州儀器公司所生產的元件型號TMP007，內建數位運算引擎(Math engine)。

❶ 環境光度感測器(Ambient light sensor)：為德州儀器公司所生產的元件型號OPT3001，可以精確量測可見光強度，不受紅外光影響。

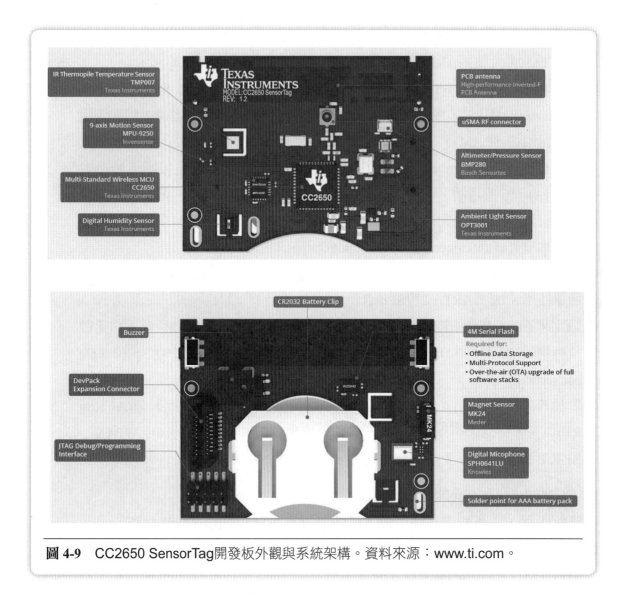

圖 4-9　CC2650 SensorTag開發板外觀與系統架構。資料來源：www.ti.com。

◗ 濕度感測器(Humidity sensor)：為德州儀器公司所設計生產的元件型號 HDC1000，內建溫度感測器可以結合電容感測元件量測精確的濕度。

◗ 大氣壓力感測器(Barometric pressure sensor)：為Bosch公司所生產的元件型號 BMP280，可以量測精確的絕對大氣壓力。

◑ 9軸移動感測器(9-axis motion tracking device)：包括加速度(Accelerometer)、
陀螺儀(Gyroscope)、電子羅盤(Compass)，為Invensense公司所生產的元件型
號MPU-9250。

◑ 磁力感測器(Magnet sensor)：為Meder公司所生產的元件型號MK24，可搭配
其他感測器來追蹤移動中的裝置其轉速及角度，透過磁場偵測功能可以用來
精確定位。

Chapter

5

CCS(Code Composer Studio) v5 整合開發環境

 本章重點

5-1　實驗說明

　　Code Composer Studio(CCS)在Cortex-M4F開發中扮演著非常重要的角色，所以在進行Cortex-M4F的實作練習之前，本章會先讓大家瞭解CCS開發環境，並以模擬器(Simulator)帶領大家練習如何建立一個CCS專案並且進行程式編譯及執行。

5-2　工作原理

　　Code Composer Studio(CCS)原為德州儀器公司(TI)針對DSP處理器的程式開發環境，為了讓CCS可以廣泛使用於各種嵌入式處理器的開發，德州儀器公司(TI)在CCS第四版(v4)開始做了很大的變革，捨棄原有的IDE，而改以Eclipse開放軟體框架為基礎。CCS所以會採用Eclipse框架為基礎，是因為Eclipse為開發環境提供了一個優異且共通的框架，是多數軟體開發廠所採用的標準框架。本書採用的CCSv5.4版本，同時整合了Eclipse軟體框架以及德州儀器公司(TI)強大的開發工具，為Cortex-M4F程式開發人員提供一個通用且強大的開發環境。

5-2-1　Eclipse 軟體框架

　　Eclipse是著名的跨平台整合開發環境(Integrated Development Environment, IDE)，做為各種程式語言開發的IDE，包含C/C++與Java等。1998年IBM公司開發了一個針對Java程式語言的開發環境，並於2001年與Borland等八家公司合作成立Eclipse協會，提供開放原始碼及免費授權的運作模式。雖然一開始是專門針對Java程式開發的IDE環境，但Eclipse的目標是希望成為各種程式語言的萬用開發環境。

　　根據Eclipse平台的結構，透過外掛程式(Plug-in)，它能擴充到任何語言

的開發。對想要開發Java程式的人員,可以直接使用Eclipse隨附的JDT(Java Development Tool)進行開發,而對C/C++程式的開發人員,則可以透過安裝 CDT(C/C++ Development Tool)外掛程式的方式整合至Eclipse IDE中。Eclipse專 案是一個開放原始碼的專案,任何人都可以下載它的原始碼,並且在此基礎上 開發自己的外掛程式,使用它的功能無限擴充,而且大家的開發環境IDE可以 有著相同的操作介面及管理方式,這對程式開發人員是相當吸引人的。

　　圖5-1為Eclipse平台的架構,主要由平台執行環境(Platform runtime)、工 作台(Workbench)、工作區(Workspace)、說明元件(Help component)與團隊元件 (Team component),各成員角色說明如下 :

⊕ 平台執行環境(Platform runtime)

　　這是一個運作核心,當啟動Eclipse時,先執行的元件就是平台執行環境 (Platform runtime),再由這個核心載入其它外掛程式。由於外掛程式數量可能 很多,因此在實際需要時才會真正載入外掛程式,以節省啟動時間與資源。

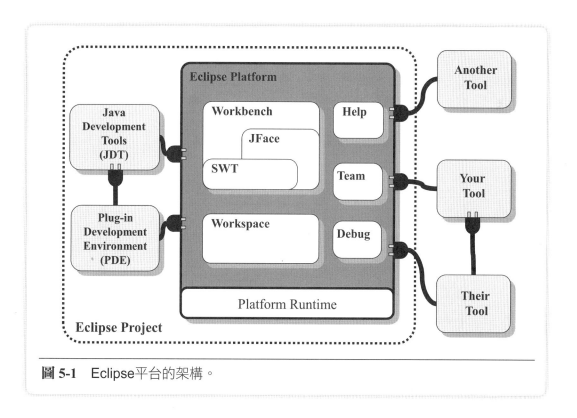

圖 5-1　Eclipse平台的架構。

◈ 工作區(Workspace)

工作區負責使用者資源的管理。當使用者建立專案(Project)來進行程式開發時，每個專案在工作區目錄中都會擁有自己的子目錄，所有專案相關的程式碼及資料夾都會存放在自己的子目錄下，以方便管理。

◈ 工作台(Workbench)

工作台是組成Eclipse平台的最基本元件，當你啟動Eclipse時，看到的主要圖形介面就是工作台，如圖5-2所示。它的工作很簡單，就是顯示各種工具列、選單和視窗，讓程式開發人員可以操作專案，因此也可將工作台視為Eclipse圖形操作介面。工作台是透過Eclipse的標準視窗工具箱(Standard Widget Toolkit, SWT)和JFace建構而成，其中JFace則是建立在SWT基礎上，用以提供使用者

圖 5-2　Eclipse圖形操作介面。

介面元件。通常工作台上的圖形操作介面包含多個不同類型的視圖(View)和一個編輯器(Editor)，不同的視圖(View)可以讓開發人員從不同方面來觀看專案，如圖5-2左上方視窗稱為專案瀏覽器視圖(Project explorer view)，它可以顯視工作區內所有專案及其程式碼。而右下角視窗稱為任務視圖(Task view)。編輯器(Editor)是一個特別的視窗，通常出現在工作台的中央，當你要打開文件或程式碼時，Eclipse會選定一個編輯器來開啟文件，如果是一般文件則使用內建文字編輯器，若是Java程式碼，則使用Java編輯器來開啟。

通常使用者不用自已去建構工作台上的圖形介面要包含怎樣的視圖(View)和編輯器(Editor)，Eclipse會提供幾個預先編排好的圖形介面，稱為視景(Perspective)，每一個視景(Perspective)會依據它的功能來組織所需要的視圖(View)和編輯器(Editor)。圖5-2所示的圖形介面稱為資源視景(Resource perspective)，它是第一次執行Eclipse時出現的視景。程式開發人員可依自已的需求切換視景(Perspective)。

⊕ 說明元件(Help component)

說明元件用以提供輔助說明，和Eclipse平台一樣，它也是具擴充性的文件系統。外掛程式可以使用XML格式的資料來提供HTML說明文件。

⊕ 團隊元件(Team component)

團隊元件負責提供版本控制和配置管理支援。

5-2-2 Code Composer Studio v5開發環境

在前面章節讓大家認識Eclipse IDE環境後，接下來本章節將介紹德州儀器公司(TI)基於Eclipse框架為基礎所開發出來的整合開發環境Code Composer Studio v5 (CCS v5)。Code Composer Studio v5 IDE 提供單一的使用者介面，可幫助開發人員完成應用程式開發流程的每個步驟。該版本包含一系列可為嵌入式應用簡化軟體設計的工具，能夠透過通用開發環境加速軟體程式碼開發、分析與除錯。CCS v5可支援大多數德州儀器公司(TI)嵌入式處理器產品，包括微

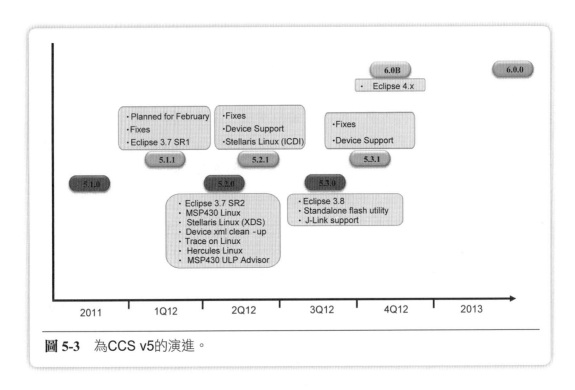

圖 5-3　為CCS v5的演進。

控制器、單核心及多核心數位訊號處理器 (DSP)、應用處理器等。圖5-3為CCS v5的演進及新增功能，CCS v5版本採用Eclipse3.x的框架，因此CCS v5的演進也會伴隨著Eclipse版本的更新。此外，更新後的版本所支援的平台也愈來愈完整。

⊕ CCS v5 程式開發工具

CCS v5整合開發環境提供程式開發人員兩個主要功能，首先，提供一個以Eclipse軟體框架為基礎的通用開發環境，讓使用者可以在單一的使用者介面下進行程式開發工作；第二個功能則是廣泛支援德州儀器公司(TI)各種類型嵌入式處理器的程式開發工具。圖5-4為CCS v5的程式開發流程，開發人員撰寫的C/C++語言程式碼(*.c)會經由C/C++編譯器(Compiler)進行編譯工作，而以組合語言撰寫的程式碼(*.asm)則會送到組譯器(Assembler)進行組譯，最後這些程式碼都會被轉換成COFF(Common Object File Format)或ELF(Extended Linker Format)格式的物件檔(*.obj)，然後再由連結器(Linker)依照連結命令檔(*.cmd)的記憶體配置進行連結，最後產生目標板(Target board)上的可執行檔(*.out)，該可執行

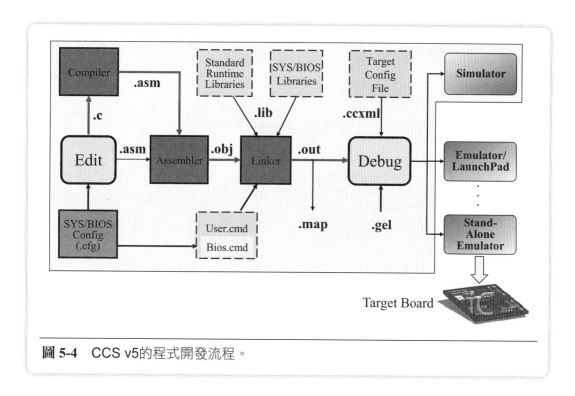

圖 5-4　CCS v5的程式開發流程。

檔經除錯器(Debugger)下載至目標板(Target board)。圖中SYS/BIOS配置檔(SYS/BIOS configuration file, *.cfg)，則是當使用者需要在程式中加入SYS/BIOS作業系統時，才會透過SYS/BIOS配置檔(*.cfg)對SYS/BIOS作業系統的各種功能進行設定。另外，在CCS v5中使用目標板配置檔(Target configuration file, *.ccxml)來設定處理器種類(Target device)及開發板的連接方式為模擬器(Simulator)或開發板(Emulator)，而關於硬體設定檔(*.gel)也需要在目標板配置檔(*.ccxml)中指定。圖5-5以Tiva平台為例，說明目標板配置檔內容，其中一般設定(General setup)負責連接方式(Connection)及裝置(Board or device)的設定，而硬體設定檔(*.gel)則由進階設定(Advanced setup)內的目標配置(Target configuration)選項來設定。

◉ CCS v5 IDE開發環境

　　基本上，CCS v5 IDE開發環境與一般Eclipse開發環境非常相近，依使用者的需求，CCS v5 定義了兩種預設的視景(Perspective)：編輯視景(Editor perspective)與偵錯視景(Debug perspective)。

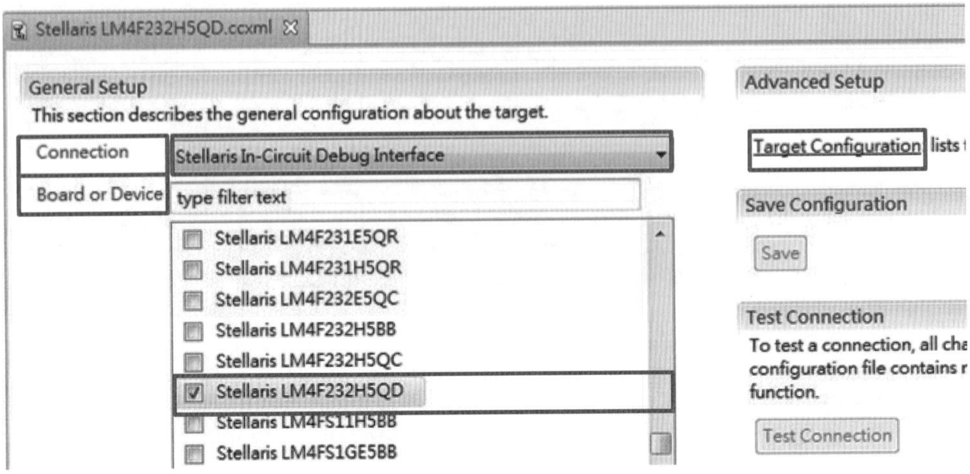

圖5-5　目標板配置檔(Target configuration file, *.ccxml)。

　　使用者在程式編輯的階段會採用編輯視景(Editor perspective)來進行程式開發，圖5-6為CCS v5編輯視景(Editor perspective)，常見的組成有瀏覽器視圖(Project explorer view)、編輯器(Editor)、控制台視圖(Console view)以及問題視圖(Problem view)，而視景右上角有一個切換視景(Perspective)的圖示來進行兩種視景(Perspective)間的切換。編輯視景(Editor perspective)各項組成說明如下：

◑ 專案瀏覽器視圖(Project explorer view)：負責專案管理工作，使用者可以由這個視圖中開啟多個專案，並且管理專案內各種檔案。圖5-7為專案瀏覽器中，原始碼(Source)、專案(Project)以及工作區(Workspace)間關係。工作區可以管理很多專案，而每一專案可以管理很多原始碼。

◑ 編輯器(Editor)：CCS v5會依開啟檔案類型，選擇合適的編輯器讓使用者進行內容編輯。

◑ 控制台視圖(Console view)：CCS v5的控制台視圖除了可做為輸出的顯示視窗，它也可以做為輸入的視窗。

◑ 問題視圖(Problem view)：顯示程式編譯過程中發生的錯誤(Error)及警告(Warning)訊息。

　　圖5-6中還有兩個很重要的工具圖示，編譯(Build)與偵錯(Debug)，當程式

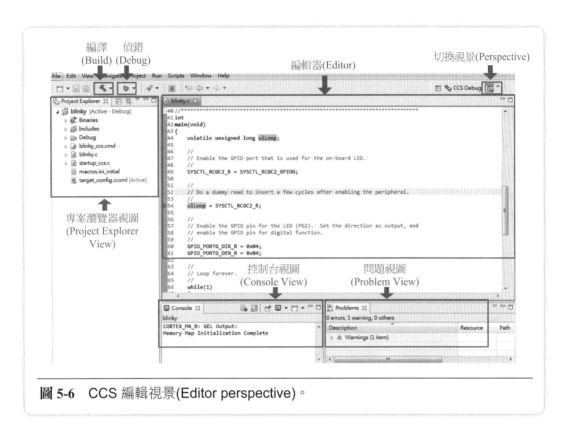

圖 5-6　CCS 編輯視景(Editor perspective)。

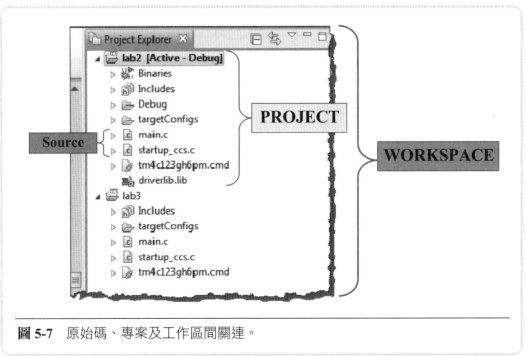

圖 5-7　原始碼、專案及工作區間關連。

開發人員完成程式撰寫後，就需要進行程式編譯和偵錯的工作。

◐ 編譯(Build)：完成專案程式撰寫後，將程式碼透過圖5-4開發工具來產生執行檔(*.out)的工作可以透過工具圖示「編譯(Build)」來完成，或是在工具列中選取Project➜ Build Project來進行。

◐ 偵錯(Debug)：「偵錯(Debug)」圖示的工作除了負責「編譯(Build)」圖示的程式編譯工作外，還提供了很多程式偵錯(Debug)功能。當使用者按下「偵錯(Debug)」圖示後，CCS v5會自動進行下列幾項工作 ：

1. 進行專案程式編譯(Build)工作。

2. 開啟偵錯器(Debugger)，並切換至偵錯視景(Debug perspective)。

3. 連接目標板(Target)。

4. 下載執行檔(*.out)至目標板(Target)。

5. 執行程式至main()函式處暫停。

　　若使用者想變更「偵錯(Debug)」圖示的工作項目，可由偵錯器選項(Debugger Option)來進行增刪動作。

　　當程式開發人員完成程式開發並按下「偵錯(Debug)」圖示後，CCS v5圖形介面就會切換成偵錯視景(Debug perspective)，如圖5-8所示。因為按下「偵錯(Debug)」圖示後，程式會執行至main()函式處暫停，圖中指令指標(Instruction point)會停在main()函式起始位置。與編輯視景(Editor perspective)最大的不同，在偵錯視景中加入偵錯視圖(Debug view)讓程式開發人員可以進行各種偵錯操作。偵錯視景主要成員介紹如下 ：

◐ 偵錯視圖(Debug view)：提供基本偵錯功能，主要圖示工作如表5-1

◐ 中斷點視圖(Breakpoint view)：程式偵錯時，通常會在程式碼中設定中斷點來暫停程式執行，以觀察階段性的結果是否符合預期。在程式碼中選擇要暫停程式的邊緣位置或行號，按滑鼠左鍵二下(Double click)，就會在該行程式邊緣的位置出現圓點代表新增中斷點完成，如圖5-8中所示。新增中斷點後，還可以針對中斷點的動作(Action)進行設定，CCS中斷點支援的動作除了可暫停(Remain halted)程式執行外，還可以執行其它功能，如檔案輸入/輸出(File I/O)、更新視窗(Refresh all windows)內容，設定方式如圖5-9所示，各步驟說明如下 ：

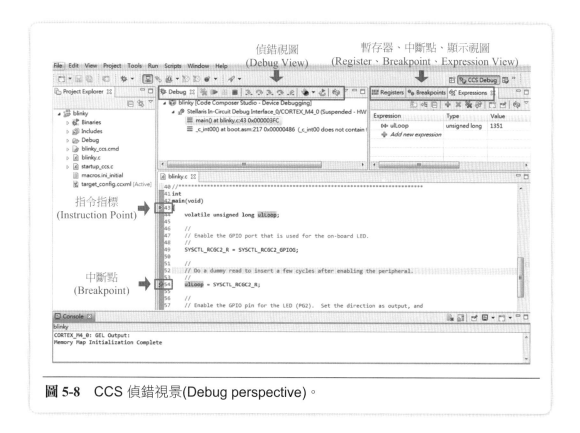

圖 5-8　CCS 偵錯視景(Debug perspective)。

表 5-1　偵錯視圖(Debug view)基本偵錯功能。

圖示	動作	說明
▯▶	Resume	繼續執行被暫停(Suspend)的目標板(Target)
▯▯	Suspend	暫停目標板的執行工作
▮	Terminate	終止目標板的執行工作
⤵	Step Into	單步執行，遇到副程式(Routine)時會進入並且繼續單步執行
⤷	Step Over	單步執行，遇到副程式(Routine)並不進入，而是將整個副程式當作一行程式碼。
⤶	Step Return	單步執行進入副程式時，可使用**Step Return**完成副程式剩下工作，並回到呼叫位置

1. 首先由中斷點視圖(Breakpoint view)中所選定的中斷點上按滑鼠右鍵。
2. 在選項視窗中，選定中斷點特性(Breakpoint properties)
3. 在動作(Action)下拉選單中，選擇該中斷點要執行的工作。

131

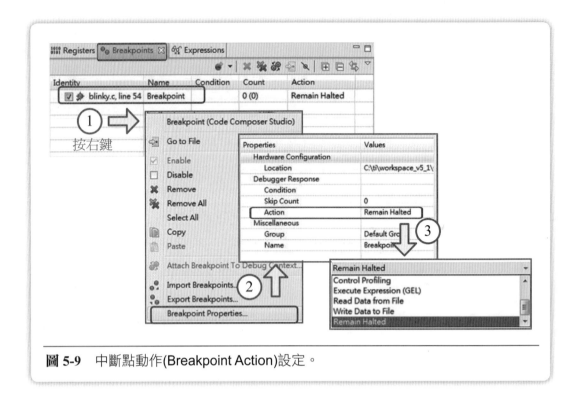

圖 5-9 中斷點動作(Breakpoint Action)設定。

❑ 暫存器視圖(Register view) ： 本視圖上可以觀察到處理器上的各種暫存器，
包含核心(Core)及週邊使用的暫存器，如圖5-10所示。圖中可以看到各種類
型的暫存器，並依照選定的暫存器類型，觀察各種暫存器的設定值。以圖

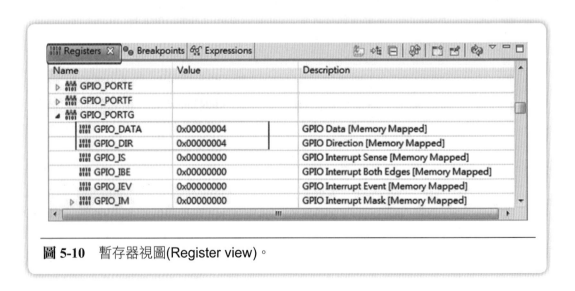

圖 5-10 暫存器視圖(Register view)。

5-10所示為例,圖中顯示GPIO模組中用以表現輸入或輸出的DIR暫存器以及設定值的DATA暫存器。

◑ 顯示視圖(Expression view):顯示欲觀察的變數值,如圖5-11中的變數ulLoop。將變數加入顯示視圖(Expression view)有兩種方式,使用者可以直接在顯示視圖中選擇加入新顯示成員(Add new expression),或是在程式中點選變數反白後,按滑鼠右鍵選擇加入觀察顯示(Add watch expression)。

　　編輯視景(Editor perspective)與偵錯視景(Debug perspective)中的成員都可以依使用者的需求自行增刪,如圖5-12所示,使用者可經由Window工作列選定自行設定視景內容(Customize perspective)來進行設定。

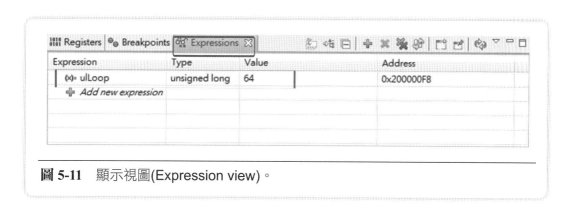

圖 5-11　顯示視圖(Expression view)。

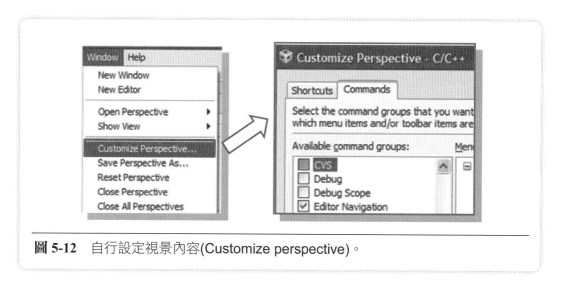

圖 5-12　自行設定視景內容(Customize perspective)。

5-2-3　Code Composer Studio v5安裝流程

Code Composer Studio軟體可由德州儀器公司(TI)網站下載最新版本,現在的CCS v5版本已可安裝在Windows或Linux作業系統主機上。配合本書內容,本書光碟片中提供支援Windows系統Code Composer Studio v5.4 的安裝檔。CCS v5為收費軟體,但同時也提供免費版本,免費版本則有使用時間或是平台及程式碼大小的限制。

取得CCS v5安裝檔(ccs_setup_5.xxxx.exe)後,接下來說明CCS v5軟體的安裝流程 :

1. 執行安裝檔並選擇安裝路徑

若無特殊需求,建議直接使用預設路徑C:\ti ,如圖5-13所示。記得不要勾選「Install CCS plugins into an existing Eclipse installation」,除非你電腦已安裝了Eclipse IDE環境,而想用外掛(Plugin)方式將CCS加入既有Eclipse IDE環境中。

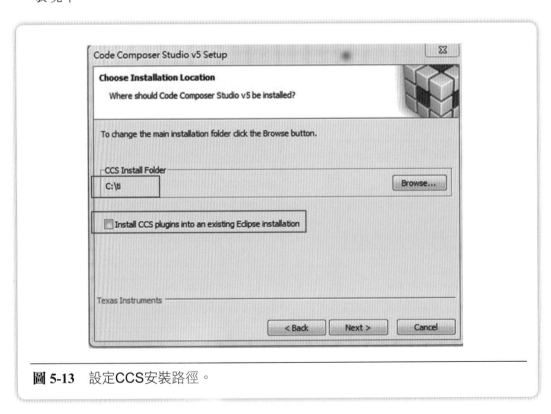

圖 5-13　設定CCS安裝路徑。

2. 選擇支援的處理器類型

使用者可依需求勾選CCS要支援的處理器類型，本書採用Cortex-M4F屬於 Tiva C系列，所以一定要勾選「Tiva C Series ARM MCUs」，如圖5-14所示。

3. 依指示完成安裝。

4. 第一次使用設定：工作區(Workspace)與授權(License)。

完成安裝後，第一次開啟CCS會出現圖5-15提示，要求使用者設定工作區 (Workspace)路徑，工作區(Workspace)路徑會成為未來CCS專案的預設路徑， 使用者可依自己需求選擇合適的路徑，注意不要有中文的路徑名稱，本書選 定的工作區(Workspace)為C:\ti\workspace_v5_4。

完成工作區設定後，接著還要進行CCS授權(License)設定，如圖5-16所 示，CCS v5提供收費及免費的授權方式，各種授權選項說明如下

◗ ACTIVATE：使用者已購得CCS v5授權，包含單機版(Node locked)或多機版 (Floating)都可使用本選項進行註冊

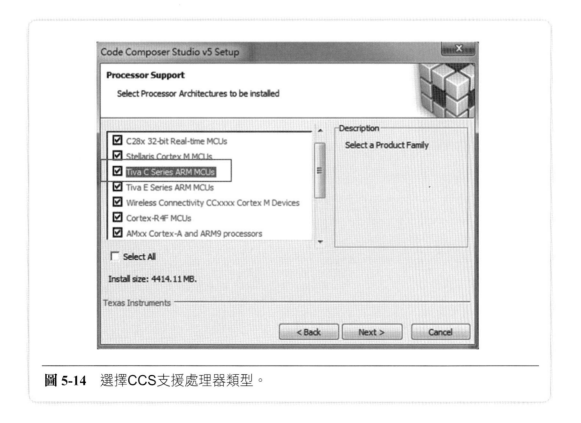

圖 5-14 選擇CCS支援處理器類型。

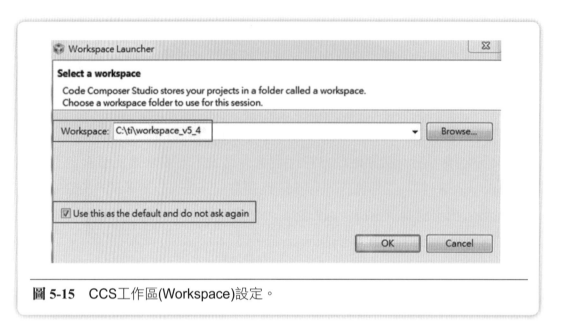

圖 5-15 CCS工作區(Workspace)設定。

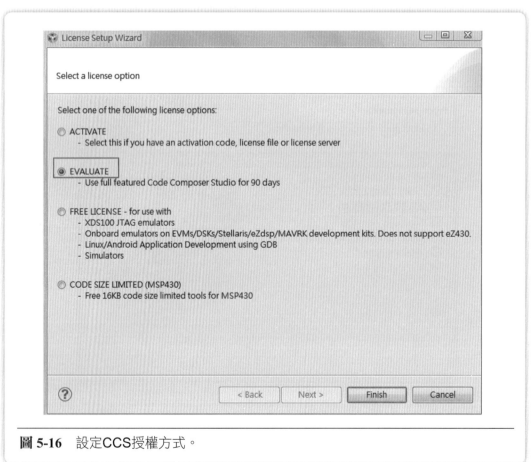

圖 5-16 設定CCS授權方式。

◑ EVALUATE：免費版本，可使用全部功能，但只能使用90天。

◑ FREE LICENSE：免費版本，但只能搭配特定開發板或搭配XDS100模擬器使用。

◑ CODE SIZE LIMITED (MSP430)：免費版本，但有程式碼大小限制。

　　配合本書Cortex-M4F實作練習，若沒有購得CCS v5授權者，可先採用「EVALUATE」授權方式進行實作。

5-2-4　Code Composer Studio v5基本操作

　　CCS v5上的工作都跟專案(Project)緊密結合，每個專案(Project)包含程式開發所需要的各種檔案，其中包含原始碼(*.c或*.asm)、標頭檔(*.h)、目標板配置檔(*.ccxml)以及連結命令檔(*.cmd)等等。因此學習CCS v5第一件功課就是要知道怎麼載入(Import)一個既有的CCS專案(Project)來進行程式編譯並執行。

　　本書已提供一「Hello world」的範例，本章節利用這個範例帶領讀者學習CCS v5基本操作。因此在使用CCS v5前，先在CCS v5安裝目錄下建立一子目錄「Mylabs」，並將範例程式「Hello world」複製到目錄C:\ti\Mylabs中。為方便管理，本書使用目錄C:\ti\Mylabs做為實作練習程式的存放目錄。接下來說明如何由CCS v5載入專案、編譯程式以及執行的各項步驟。

1. 載入專案(Import Project)

CCS選單中選擇File➔Import➔CCS Project，然後指定載入專案型態為「Existing CCS Eclipse Projects」，如圖5-17所示。

2. 選擇載入專案「Hello world」

在圖5-18視窗中選擇載入專案的路徑以及專案名稱，路徑選定C：\ti\Mylabs\Hello world後，即會自動出現該目錄的專案Hello world。另外，開發人員可以自行決定是否勾選複製該專案到工作區(Copy projects into workspace)中。

3. 程式編譯

載入專案後，即可在CCS看到Hello world專案的內容，如圖5-19視窗，包含專案所需的各種檔案，此時視窗為編輯視景(Editor perspective)。接著按下偵

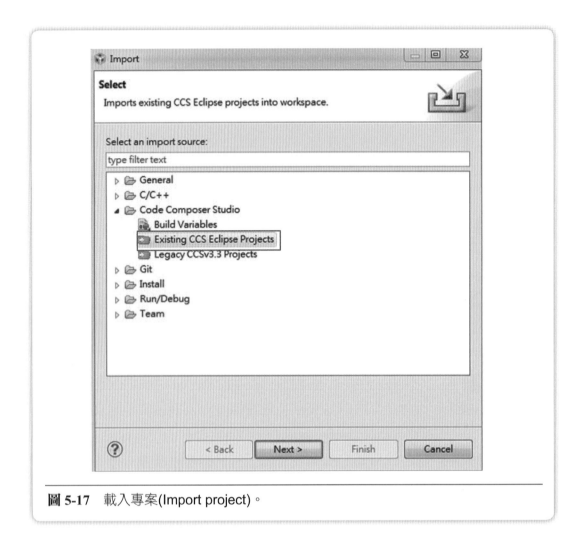

圖 5-17　載入專案(Import project)。

錯(Debug) 圖示，便會自動進行程式編譯、下載及執行至main()函式並且切換至除錯視景(Debug perspective)。

4. 程式結果

在偵錯視圖(Debug view)中按下繼續(Resume)執行圖示，即可在控制台視圖(Console view)中看到「hello world!」字串，如圖5-20所示。

藉由載入「Hello world」專案來熟悉CCS v5基本操作後，接下來後面的實驗步驟會進一步練習如何建立一個Cortex-M平台的新專案來進行程式開發，並且學習使用中斷點(Breakpoint)及顯示視圖(Expression view)來協助程式偵錯的工作。

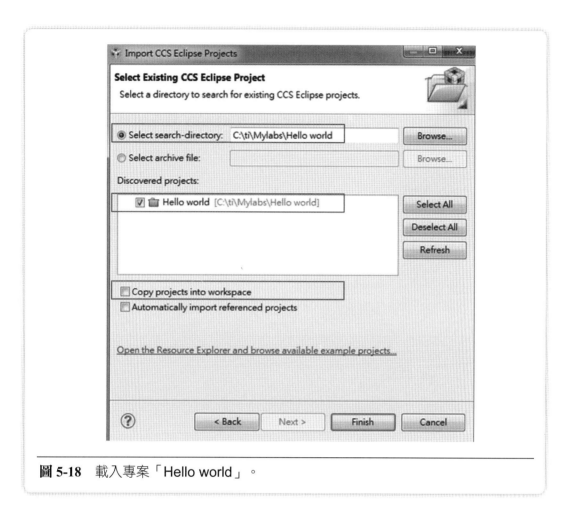

圖 5-18 載入專案「Hello world」。

圖 5-19 「Hello world」專案內容。

圖 5-20 「Hello world」專案執行結果。

5-3 實驗步驟

⊕ 建立一新工作目錄Chap05

1. 在檔案總管中的C：\ti\Mylabs目錄中新增一子目錄Chap05。

⊕ 在CCS中建立一新專案Chap05

2. 在CCS選單中選取File→New→CCS Project，並依圖5-21與圖5-22所示完成新專案Chap05的設定。圖5-21中基本設定的選項說明如下：

◑ 專案名稱(Project name)：新建專案的名稱，依專案名稱會有對映的工作目錄，本專案名稱設為Chap05。

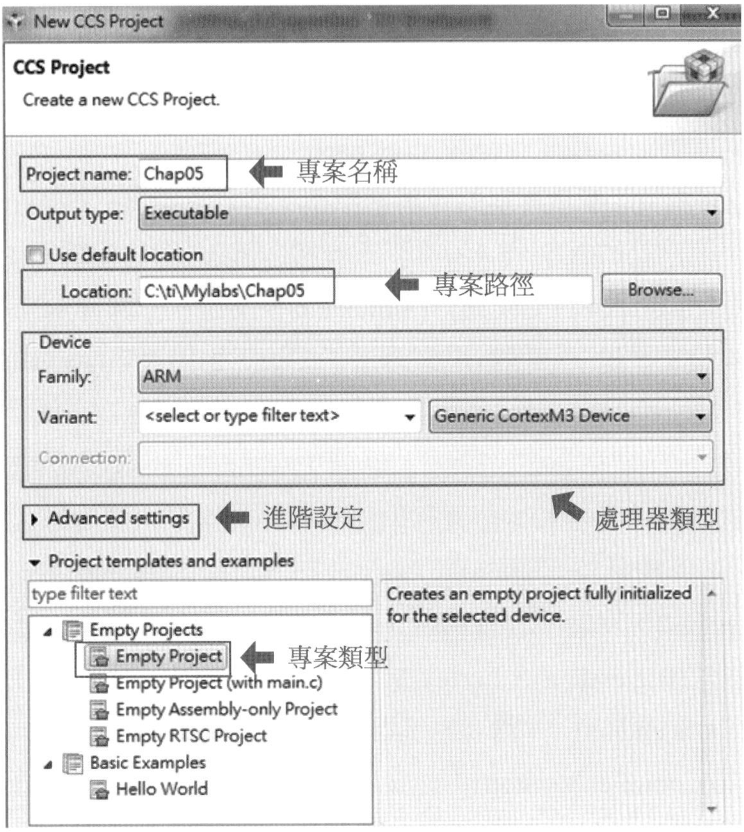

New CCS Project

CCS Project
Create a new CCS Project.

Project name: Chap05 ← 專案名稱

Output type: Executable

☐ Use default location

Location: C:\ti\Mylabs\Chap05 ← 專案路徑　　Browse...

Device

Family: ARM

Variant: <select or type filter text>　　Generic CortexM3 Device

Connection:

▶ Advanced settings ← 進階設定　　　　　← 處理器類型

▼ Project templates and examples

type filter text

▲ 📁 Empty Projects　　　　Creates an empty project fully initialized
　📄 Empty Project ← 專案類型　for the selected device.
　📄 Empty Project (with main.c)
　📄 Empty Assembly-only Project
　📄 Empty RTSC Project
▲ 📁 Basic Examples
　📄 Hello World

圖 5-21 新增專案Chap05的基本設定。

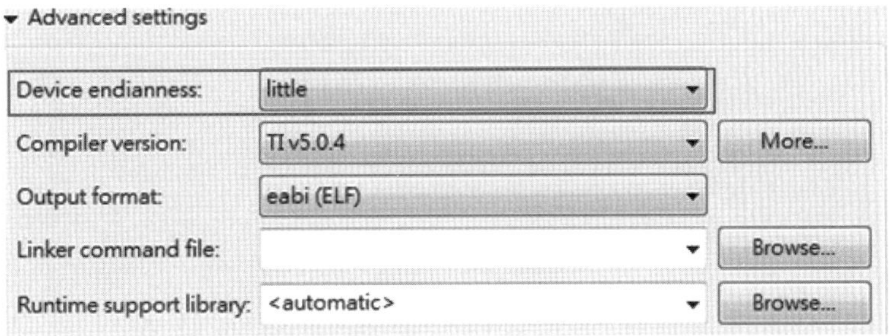

▼ Advanced settings

Device endianness: little

Compiler version: TI v5.0.4　　　More...

Output format: eabi (ELF)

Linker command file:　　　　　Browse...

Runtime support library: <automatic>　　Browse...

圖 5-22 新增專案Chap05的進階設定(Advanced settings)。

◕ 輸出類型(Output type)：新建專案編譯輸出的檔案類型，可以為可執行檔
(Executable)或函式庫(Library)，本專案使用預設可執行檔(Executable)類型。

◕ 專案路徑(Location)：存放新建專案的路徑，本書不採用預設的路徑，而選定
步驟1中建立的工作目錄C:\ti\Mylabs\Chap05。

◕ 裝置類型(Device)：新建專案的處理器類型，本專案選擇「Generic CortexM3
Device」，因目前的CCS v5.4版本尚未支援Cortex-M4的模擬器(Simulator)，
所以本章採用Cortex-M3的模擬器(Simulator)來進行實作練習。

　　除了基本設定，建立一個新專案時還需要留意進階設定(Advanced settings)
選項，如圖5-22所示，相關選項說明如下 ：

◕ 裝置儲存次序(Device endianness)：儲存次序(Endianness)是指處理器儲存變
數至記憶體時高位元組和低位元組的排列順序。當資料寬度超過一個位元組
(Byte)時，將其中低位元組的部份，存放在記憶體的低位址處，稱為小端模
式(Little endian)。反之，若將高位元組的部份存放在記憶體的低位址處，則
稱為大端模式(Big endian)，Cortex-M4處理器可工作在大端模式(Bit endian)或
小端模式(Little endian)，本專案設定為小端模式(Little endian)。

◕ 編譯器版本(Compiler version)：設定程式編譯器的版本，若無特殊需求，通
常採用預設的版本。

◕ 輸出格式(Output format)：設定輸出物件檔(*.obj)格式，目前只有ARM系列處

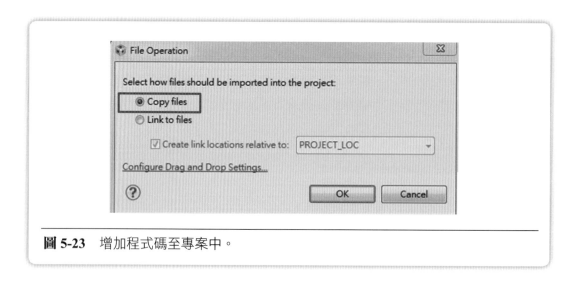

圖 5-23　增加程式碼至專案中。

理器支援「eabi(ELF)格式」。

❶ 連結命令檔(Linker command file)：可以保留空白，之後再自行加入專案中。

❶ 標準函式庫(Runtime support library)：通常使用預設<automatic>選項，讓編譯
工具自動選擇合適的函式庫。

⊙ 加入程式碼：hello.c與hello.cmd

3. 在CCS選單中選取Project➔Add files，然後直接由Hello world專案目錄中將程
式碼hello.c與連結命令檔hello.cmd加至Chap05專案中。新增檔案至專案中的
方式有兩種，如圖5-23所示。可以選擇複製檔案(Copy files)至專案中，也可
用連結檔案(Link to files)的方式將檔案連結至專案中。

⊙ 新增目標板配置檔(*.ccxml)

4. 在CCS選單中選取File➔New➔Target configuration files，設定檔名hello.
ccxml，如圖5-24所示。圖5-24中若勾選「Use shared location」選項，則這個
配置檔則可以讓其它專案共同，在本專案中，我們不勾選。

5. 設定目標板配置檔hello.ccxml，配置檔中連接方式(Connection)及裝置
(Device)設定如圖5-25所示，本專案使用Cortex-M3模擬器(Simulator)且工作
在小端模式(Little endian)。

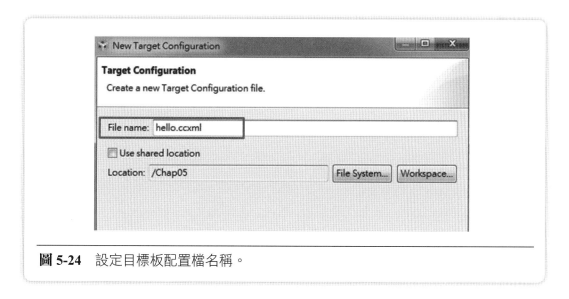

圖 5-24　設定目標板配置檔名稱。

圖 5-25 目標板配置檔hello.ccxml設定。

⊙ 檢視程式碼 ： **hello.c**

6. 建立Chap05專案後，接著來檢視一下程式碼hello.c的內容，程式碼內容如下
   所示：

```c
#include <stdio.h>
#define BUFSIZE 30
void main()
{
#ifdef FILEIO
  int     i;
  char    scanStr[BUFSIZE];
  char    fileStr[BUFSIZE];
  size_t  readSize;
  FILE    *fptr;
#endif
```

```
    /* 輸出字串*/
    puts("hello world!\n");

#ifdef FILEIO
    /* 清除矩陣內容 */
    for (i = 0; i < BUFSIZE; i++) {
        scanStr[i] = 0          /* deliberate syntax error */
        fileStr[i] = 0;
    }

    /* 由輸入字串 */
    scanf("%s", scanStr);

    /*輸出字串至檔案中 */
    fptr = fopen("file.txt", "w");
    fprintf(fptr, "%s", scanStr);
    fclose(fptr);
    /* 開啟檔案並讀取字串 */
    fptr = fopen("file.txt", "r");
    fseek(fptr, 0L, SEEK_SET);
    readSize = fread(fileStr, sizeof(char), BUFSIZE, fptr);
    printf("Read a %d byte char array： %s \n", readSize, fileStr);
    fclose(fptr);
#endif
}
```

　　程式碼中將工作分為兩部份，第一部份只是輸出「hello world!」的字串，而第二部份則由「FILEIO」定義的程式內容，也就是說只有開發人員定義

「FILEIO」字串，編譯器才會對這段程式碼進行編譯。前面章節執行「Hello World」範例時，因為沒有定義「FILEIO」字串，所以程式只有執行第一部份。當程式中定義「FILEIO」字串，完整的程式內容才會被執行。與第一部份工作相比，第二部份主要新增的三件工作：

◐ 輸入字串：使用scanf()函式，讓開發人員輸入字串並儲存至矩陣 scanStr中。

◐ 輸出字串至檔案：新增file.txt檔案，並將scanStr矩陣內容寫至檔案file.txt中，然後關閉檔案。

◐ 開啟檔案並讀取字串：重新開啟file.txt檔案，讀取檔案內容並輸出至控制台(Console)視窗。

⊕ 加入FILEIO定義

7. 在專案Chap05上按右鍵並選擇「Properties」後進入建立選項(Build Options)。點選建立選項(Build Options)➔ARM編譯器(ARM compiler)➔進階選項(Advanced Options)➔預先定義字母(Predefined Symbols)，然後加入「FILEIO」字串，如圖2-26所示。

8. 按下偵錯(Debug)圖示進行程式編譯，此時會出現一個錯誤訊息，本實驗程式故意在程式中留下一個小錯誤。觀察問題視圖(Problem view)顯示的錯誤訊息，如圖5-27所示。在錯誤訊息上按滑鼠左鍵二下(Double click)即可自動跳到程式錯誤的地方，修正錯誤後即可重新按下偵錯(Debug) 圖示進行程式編譯。

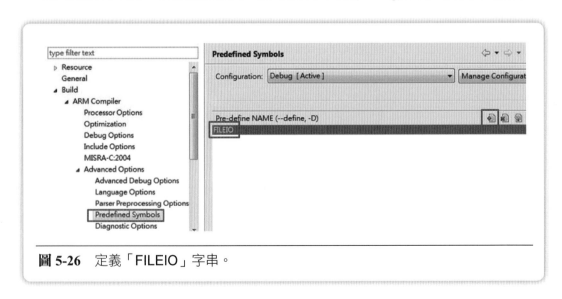

圖 5-26　定義「FILEIO」字串。

圖 5-27　問題視圖中的錯誤訊息。

⊕ 設定中斷點和觀察變數

9. 為了暫停程式並在顯示視圖(Expression view)中觀察輸入字串為何，我們先在程式碼fprintf(fptr, "%s", scanStr)位置新增一個中斷點。

10. 在程式中點選變數scanStr反白後，按滑鼠右鍵選擇加入觀察顯示(Add watch expression)，此時即可新增scanStr變數至顯示視圖(Expression view)。

11. 按下繼續執行(Resume)圖示後，如圖5-28所示，先由控制台(Console)輸入字串「goodbye」，接著即可在顯示視圖(Expression view)中觀察到變數scanStr存放了剛輸入的字串。

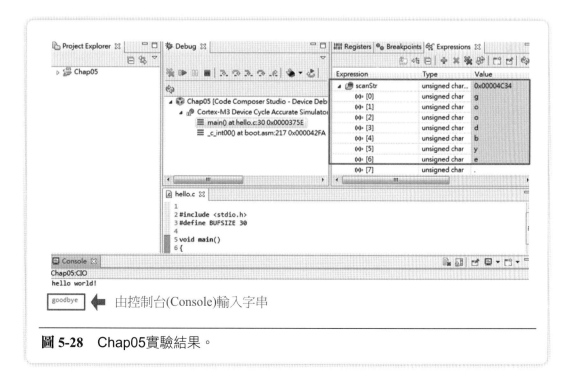

圖 5-28　Chap05實驗結果。

嵌入式微控制器開發—ARM Cortex-M4F架構及實作演練

148

開發環境下載及安裝

6-1 軟體安裝與設定

德州儀器公司推出的Tiva TM4C ARM Cortex-M4F平台所使用的軟體稱為「TivaWare」，它是免授權而且完全免費的程式，讓客戶可以很容易地使用Cortex-M4晶片，本節將介紹TivaWare的功能與安裝方法。

6-1-1　TivaWare簡介

TivaWare主要是Cortex-M4晶片的驅動程式與範例應用程式，讓客戶可以立刻上手開發自己的產品，主要提供下列功能：

⊕ 週邊驅動函式庫(Peripheral driver library)

在我們開發自己的應用程式時一定會用到Cortex-M4晶片內部與週邊介面，例如：FPU、Flash、EEPROM、ROM、Timer、WDT、Hibernate、EPI、I2C、SSI、CAN、Comparator、ADC、PWM、GPIO、UART、QEI、Ethernet等，使用這些內部與週邊介面必須要使用驅動程式才能使晶片正常工作，德州儀器公司將這些驅動程式寫成一個函式(driverlib.lib)。

⊕ USB函式庫(USB library)

某些Cortex-M4晶片支援USB Host/Device/OTG，而這些USB介面的驅動程式比較複雜，因此德州儀器公司將這些驅動程式寫成一個函式(usblib.lib)，這些函式的內容包括：

❶ USB做為主控端(Host)時：必須支援MSC(Mass Storage Class)協定，所以當使用者將隨身碟插入開發板的USB介面時，Cortex-M4晶片可以讀寫隨身碟；必須支援HID((Human Interface Device)協定，所以當使用者將鍵盤或滑鼠插入開發板的USB介面時，Cortex-M4晶片可以認得鍵盤或滑鼠，並且由鍵盤或滑鼠來控制輸入文字或數字。

❶ USB做為被控端(Device)時：必須支援MSC(Mass Storage Class)協定，所以當

使用者將開發板的USB介面連接到電腦的USB介面時，電腦會認定Cortex-M4晶片是一個儲存元件(類似一個隨身碟)，可以讀寫資料。

此外，根據USB規範的規定，所有的USB設備都必須具有供應商識別碼(Vendor ID, VID)與產品識別碼(Product ID, PID)，主機經由不同的VID和PID來區別不同的設備，其中VID由供應商向USB執行論壇申請，每個供應商的VID是唯一的，PID由供應商自行決定，理論上來說，不同的產品、相同產品的不同型號、相同型號不同設計的產品最好使用不同的PID，以便區別相同廠家的不同設備，由於向USB執行論壇申請VID/PID要支付US\$2K，對小公司來說並不那麼方便，因此德州儀器公司提供USB的VID/PID分享計畫(VID/PID sharing program)，可以直接與德州儀器公司申請分享VID/PID，詳細內容請自行下載以下文件：http://www.ti.com/lit/ml/spml001/spml001.pdf

⊕ 圖形函式庫(Graphics library)

某些Cortex-M4晶片支援圖形輸出，可以經由GPIO連接顯示器，在每秒畫面數目不需要太多的條件下，輸出簡單的圖形做為人機介面(HMI)使用，如果要客戶自行設計這些圖形其實還蠻花時間的，別擔心，德州儀器公司替客戶設計了圖形函式(grlib.lib)，客戶可以自行呼叫使用函式裡的圖形，包括：Canvas、Checkbox、Container、Push Button、Radio Button、Slider、ListBox等，如圖6-1所示，沒想到使用一個小小的控制器也可以擁有這麼華麗的人機介面吧！

⊕ 系統內可程式化(In-system programming)

在工廠量產產品時可能沒有JTAG模擬器(JTAG emulator)，在沒有使用JTAG介面的情況下，要如何把應用程式燒錄到Cortex-M4晶片內的快閃記憶體(Flash)呢？德州儀器公司提供TivaWare Boot Loader，就是在Cortex-M4晶片出廠前，就已經先在晶片內的快閃記憶體(Flash)燒錄一段程式，當晶片通電後會執行這段程式使UART(預設)、I2C、SSI、USB或Ethernet介面可以通訊，所以使用者可以利用這些介面來將應用程式燒錄到Cortex-M4晶片內的快閃記憶體，而不必經由JTAG介面，記得燒錄時的起始位置必須避開這段程式，如果不小

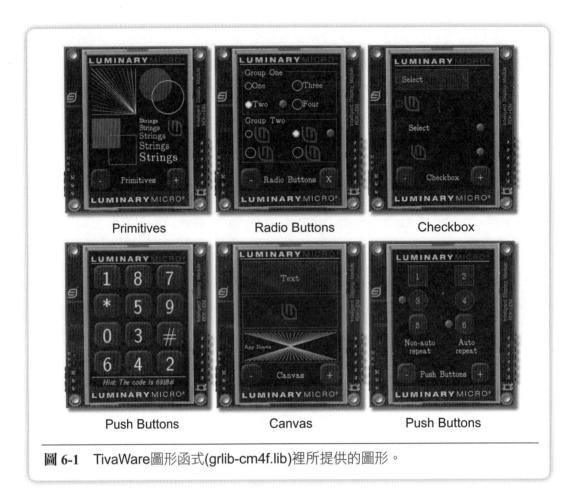

| Primitives | Radio Buttons | Checkbox |

| Push Buttons | Canvas | Push Buttons |

圖 6-1 TivaWare圖形函式(grlib-cm4f.lib)裡所提供的圖形。

心將這段程式覆蓋,那Cortex-M4晶片通電後這些介面就無法通訊,如果使用者不小心將這段程式抹除,可以自行使用JTAG模擬器將這段程式(flashloader.bin)燒錄回去,TivaWare Boot Loader主要是提供這些介面來進行應用程式升級(Update)與更新快閃記憶體(Flash)內的應用程式,詳細內容請自行下載以下文件:http://www.ti.com/lit/ug/spmu301/spmu301.pdf

6-1-2 TivaWare的下載與安裝

接下來我們可以開始動手安裝TivaWare，同時來看看到底週邊驅動函式庫(Peripheral driver library)、USB函式庫(USB Library)、圖形函式庫(Graphics library)裡有那些東西吧！

⊕ TivaWare的下載

請大家先到德州儀器公司網站上，下載最新版的TivaWare，並且安裝在自己的電腦上，下載網址為：http://www.ti.com/tool/sw-tm4c，如圖6-2(a)所示，

我們選擇下載SW-TM4C TivaWare for C Series Software (Complete)，則會進入下載畫面，如圖6-2(b)所示，再依照我們所使用的開發板下載需要的軟體：

◑ 使用DK-TM4C123G開發板，請下載SW-DK-TM4C123G-version.exe。

◑ 使用EK-TM4C123GXL開發板，請下載SW-EK-TM4C123GXL-version.exe。

◑ 使用DK-TM4C129X開發板，請下載SW-DK-TM4C129X-version.exe。

◑ 使用EK-TM4C1294XL開發板，請下載SW-EK-TM4C1294XL-version.exe。

其中version是版本編號，目前最近的版本為2.1.0.12573，可能會因為更新的版本而有更大的數字。

⊕ TivaWare的安裝

下載完成以後，我們開始安裝TivaWare，請依照下列步驟，同時參考圖6-3的畫面自行動手操作：

◑ 使用DK-TM4C123G開發板，則安裝SW-DK-TM4C123G-version.exe，請直接使用檔案管理員，依下列步驟進行安裝：

1. 檔案名稱SW-DK-TM4C123G-version.exe上點兩下即可執行進入安裝畫面。

2. 顯示目前安裝的TivaWare版本訊息，請點選「下一步(Next)」繼續安裝。

3. 顯示軟體授權範圍，請閱讀後點選「下一步(Next)」繼續安裝。

4. 顯示軟體授權範圍，請閱讀後點選「我同意(I agree to the terms in the License Agreement)」，再點選「下一步(Next)」繼續安裝。

5. 選擇安裝目錄，預設目錄為「C:\ti\TivaWare_C_Series-version」，建議使用這

嵌入式微控制器開發─ARM Cortex-M4F架構及實作演練

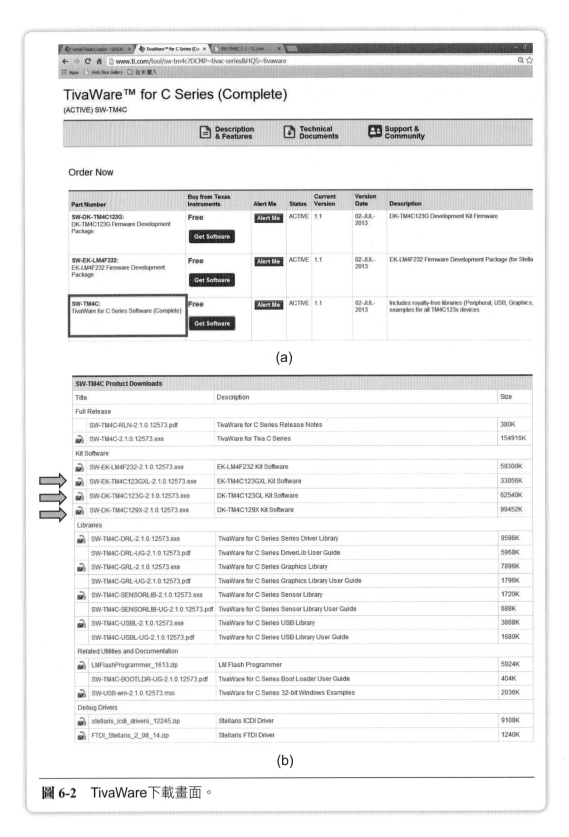

圖 6-2 TivaWare下載畫面。

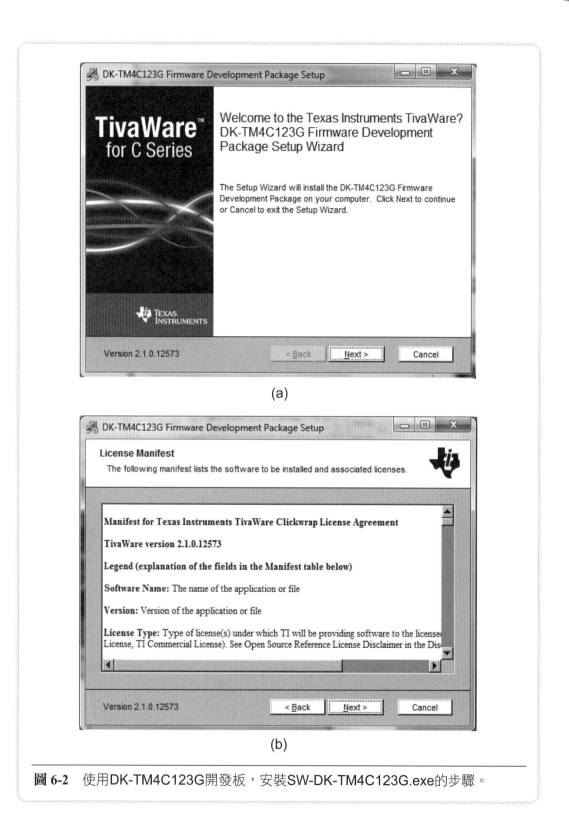

(a)

(b)

圖 6-2 使用DK-TM4C123G開發板，安裝SW-DK-TM4C123G.exe的步驟。

(c)

(d)

圖 6-2 使用DK-TM4C123G開發板，安裝SW-DK-TM4C123G.exe的步驟。(續)

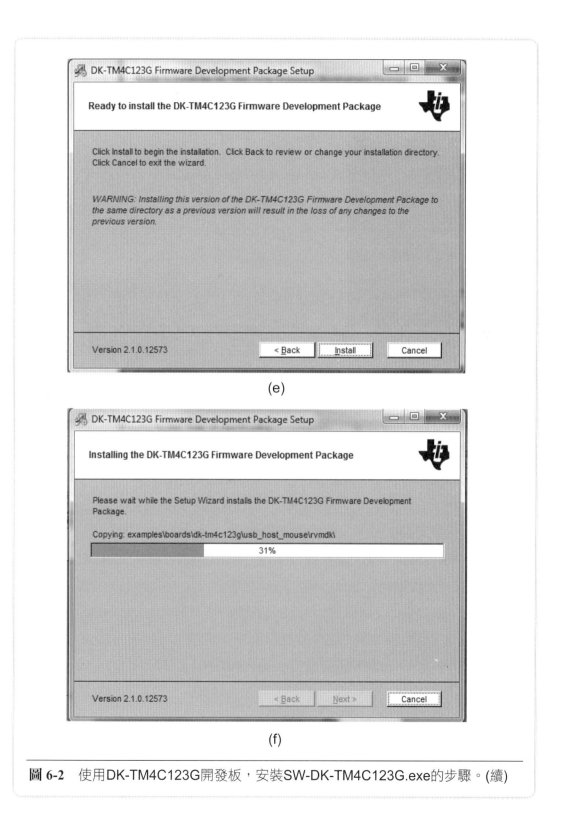

(e)

(f)

圖 **6-2** 使用DK-TM4C123G開發板，安裝SW-DK-TM4C123G.exe的步驟。(續)

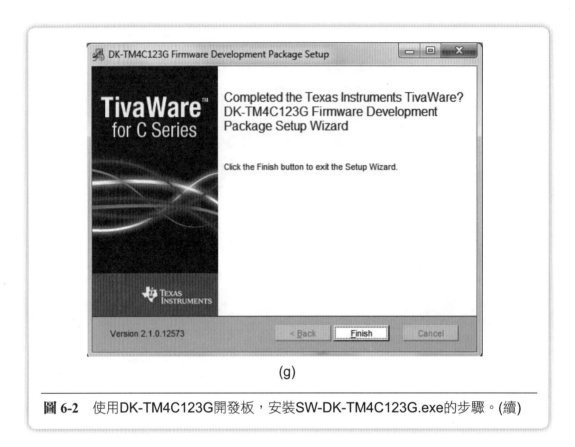

(g)

圖 6-2 使用DK-TM4C123G開發板,安裝SW-DK-TM4C123G.exe的步驟。(續)

個預設目錄來進行實驗,請點選「下一步(Next)」繼續安裝。

6. 請點選「開始安裝(Install)」進行安裝,TivaWare安裝時會顯示完成百分比。

7. 請點選「完成安裝(Finish)」完成安裝動作。

❶ 如果使用EK-TM4C123GXL開發板,則下載SW-EK-TM4C123GXL-version. exe,請直接使用檔案管理員,依上述步驟進行安裝,這裡不再重覆描述。

❶ 如果使用DK-TM4C129X開發板,則下載SW-DK-TM4C129X-version.exe,請 直接使用檔案管理員,依上述步驟進行安裝,這裡不再重覆描述。

❶ 如果使用EK-TM4C1294XL開發板,請下載SW-EK-TM4C1294XL-version. exe,請直接使用檔案管理員,依上述步驟進行安裝,這裡不再重覆描述。

⊕ TivaWare裡有那些東西?

安裝完成以後,所有TiveWare支援DK-TM4C123G開發板的軟體都會被放 在目錄C:\ti\TivaWare_C_Series-version下面,我們來看看有什麼東西吧!

◑ \boot_loader：這個目錄下是Boot Loader的原始程式碼，提供給大家參考，如果有需要設計一個自己專用的Boot Loader可以自行修改使用。

◑ \docs：這個目錄下有所有TivaWare相關的軟體說明文件，其中比較重要的包括：SW-DK-TM4C123G-UG-version.pdf用來說明DK-TM4C123G開發板上的軟體範例；SW-TM4C-DRL-UG-version.pdf說明週邊驅動函式的使用方法，這也是接下來我們會常常用到的文件；SW-TM4C-USBL-UG-version.pdf說明USB函式的使用方法；SW-TM4C-GRL-UG-version.pdf說明圖形函式的使用方法等。

◑ \driverlib：這個目錄下有週邊驅動函式(driverlib.lib)的原始程式碼，如果有需要設計一個自己專用的週邊驅動函式可以自行修改使用。

◑ \examples\boards\dk-tm4c123g：如果安裝SW-DK-TM4C123G-version.exe，則可以看到這個目錄下有許多範例程式提供DK-TM4C123G開發板使用，包括：bitband、blinky、boot_demo1、boot_demo2、boot_serial、boot_usb、can、drivers、hello、hibernate、interrupts、mpu_fault、qs-logger、sd_card、sine_demo、softuart_echo、timers、uart_echo、udma_demo、usb_dev_bulk、usb_dev_keyboard、usb_dev_msc、usb_dev_serial、usb_host_audio、usb_host_keyboard、usb_host_mouse、usb_host_msc、usb_stick_demo、usb_stick_update、watchdog等，光是看到這些名稱，大家應該也猜出來這些都是DK-TM4C123G開發板相關的範例程式吧！

◑ \examples\boards\dk-tm4c129x：如果安裝SW-DK-TM4C129X-version.exe，則可以看到這個目錄下有許多範例程式提供DK-TM4C129X開發板使用，大部分範例程式與dk-tm4c123g類似，但是多出最重要的enet_io、enet_lwip、enet_uip提供給乙太網路使用。

◑ \grlib：這個目錄下有所有圖形函式(grlib.lib)的原始程式碼，包括字型相關的檔案，如果有需要設計一個自己專用的圖形函式可以自行修改使用。

◑ \int：這個目錄下是所有週邊驅動函式相關的標頭檔(Header file)。

◑ \IQmath：這個目錄下有數學函式(IQmathLib.lib)的原始程式碼，提供使用者可以自行修改使用。

◑ \third_party：這個目錄下有一些合作廠商(3rd party)提供的軟體，這些軟體是在Cortex-M4上執行的，例如：FreeRTOS是免費的小型作業系統可以在Cortex-M4上執行；fonts提供了可以在Cortex-M4上執行的字型；lwip與uip提供了可以在Cortex-M4上執行的網路通訊協定等。

◑ \tools：這個目錄下有一些合作廠商(3rd party)提供的工具程式。

◑ \usblib：這個目錄下有USB函式(usblib.lib)的原始程式碼，如果有需要設計一個自己專用的USB函式可以自行修改使用。

◑ \windows_drivers：這個目錄下有Windows作業系統的驅動程式，主要是用來驅動開發板與相關的週邊硬體。

6-1-3　週邊驅動函式庫(Peripheral driver library)

前面介紹的週邊驅動函式(driverlib.lib)的原始程式碼就在TivaWare內的下列目錄中：C:\ti\TivaWare_C_Series-version\driverlib，讓我們先使用CCS打開這個函式的原始程式碼，請依照下列步驟，同時參考圖6-4的畫面自行動手操作：

1. 由CCS上方選單Project➜Import Existing CCS Eclipse Project。

2. 請以滑鼠點選Browse➜C:\ti\TivaWare_C_Series-version\driverlib\ccs，再勾選driverlib，按下Finish即可。

3. 我們先簡單觀察一下這個週邊驅動函式有那些內容，接下來我們試著重新編譯這個函式，請以滑鼠點選driverlib，按右鍵選擇Project➜Build All，此時CCS開始重新編譯，大約需要1分鐘可以完成程式編譯。

4. 看看我們重新編譯好的函式，請使用檔案管理員，可以在下列目錄找到：

C:\ti\TivaWare_C_Series-version\driverlib\ccs\Debug\driverlib.lib，待會兒我們寫的程式裡如果使用任何Cortex-M4的週邊介面，一定要記得把它include進來連結器(Linker)才找得到唷！

使用者可以選擇直接使用這個週邊驅動函式，或是自行修改函式的原始程式碼再使用，此外，週邊驅動函式已經預先燒錄在晶片的唯讀記憶體(ROM)內，使用者可以直接呼叫使用，不需要再將週邊驅動函式燒錄在快閃記憶體

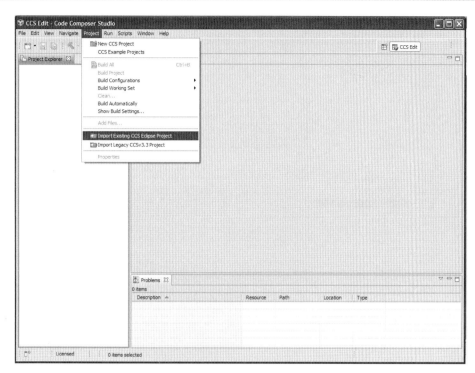

(a)

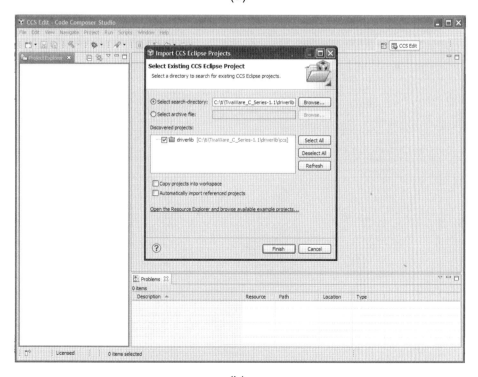

(b)

圖 6-4 週邊驅動函式(driverlib.lib)的原始程式碼與編譯步驟。

嵌入式微控制器開發—ARM Cortex-M4F架構及實作演練

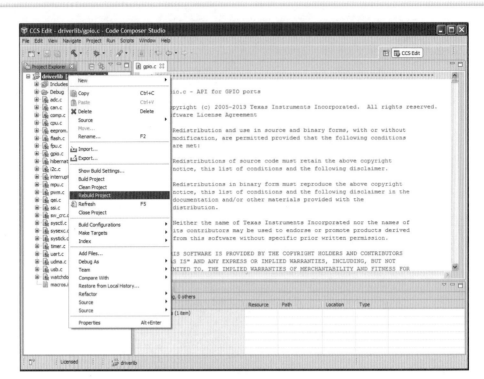

(c)

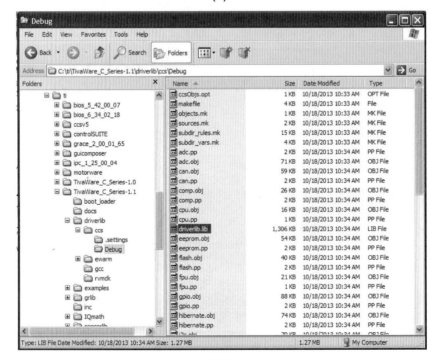

(d)

圖 6-4 週邊驅動函式(driverlib.lib)的原始程式碼與編譯步驟。(續)

(Flash)中，這樣可以節省快閃記憶體的空間保留給客戶的應用程式使用。週邊驅動函式的定義與每個欄位參數的設定請參考下列文件：

C:\ti\TivaWare_C_Series-version\docs\SW-TM4C-DRL-UG-version.pdf

其中version是版本編號，目前最近的版本為2.0.1.11577，後面的實驗我們會詳細介紹如何使用週邊驅動函式，再來詳細介紹這份文件。

6-1-4　USB函式庫(USB library)

前面介紹的USB函式(usblib.lib)的原始程式碼就在TivaWare內的下列目錄中：C:\ti\TivaWare_C_Series-version\usblib，讓我們先使用CCS打開這個函式的原始程式碼，請依照下列步驟，同時參考圖6-5的畫面自行動手操作：

1. 由CCS上方選單Project→Import Existing CCS Eclipse Project。
2. 請以滑鼠點選Browse→C:\ti\TivaWare_C_Series-version\usblib\ccs，再勾選usblib，按下Finish即可。
3. 我們先簡單觀察一下這個週邊驅動函式有那些內容，接下來我們試著重新編譯這個函式，請以滑鼠點選usblib，按右鍵選擇Project→Build All，此時CCS開始重新編譯，大約需要1分鐘可以完成程式編譯。
4. 看看我們重新編譯好的函式，請使用檔案管理員，可以在下列目錄找到：

C:\ti\TivaWare_C_Series-version\usblib\ccs\Debug\usblib.lib，待會兒我們寫的程式裡如果使用任何Cortex-M4的USB介面，一定要記得把它include進來連結器(Linker)才找得到唷！

使用者可以選擇直接使用這個USB函式，或是自行修改函式的原始程式碼再使用。USB函式的定義與每個欄位參數的設定請參考下列文件：

C:\ti\TivaWare_C_Series-1.1\docs\SW-TM4C-USBL-UG-version.pdf

其中version是版本編號，目前最近的版本為2.0.1.11577，後面的實驗我們會詳細介紹如何使用USB函式，再來詳細介紹這份文件。

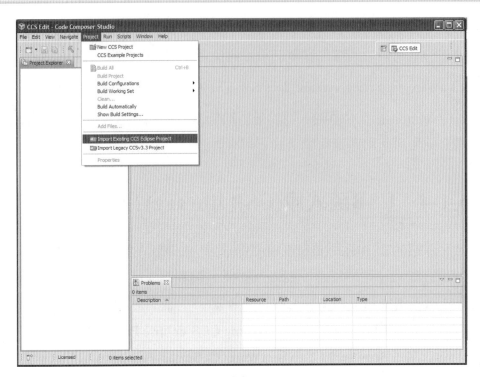

(a)

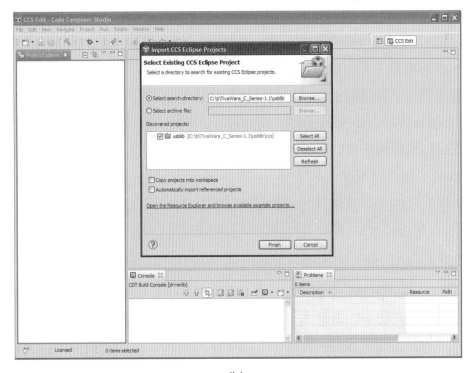

(b)

圖 6-5 USB函式(usblib.lib)的原始程式碼與編譯步驟。

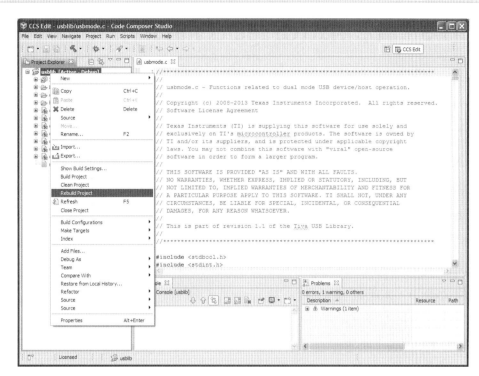

(c)

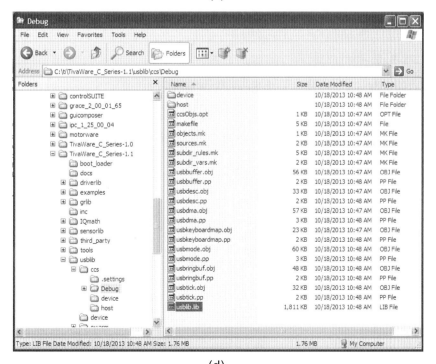

(d)

圖 6-5 USB函式(usblib.lib)的原始程式碼與編譯步驟。(續)

6-1-5　圖形函式(Graphics library)

前面介紹的圖形函式(grlib.lib)的原始程式碼就在TivaWare內的下列目錄中：C:\ti\TivaWare_C_Series-version\grlib，讓我們先使用CCS打開這個函式的原始程式碼，請依照下列步驟，同時參考圖6-6的畫面自行動手操作：

1. 由CCS上方選單Project➔Import Existing CCS Eclipse Project。

2. 請以滑鼠點選Browse➔C:\ti\TivaWare_C_Series-version\grlib\ccs，再勾選grlib，按下Finish即可。

3. 我們先簡單觀察一下這個週邊驅動函式有那些內容，接下來我們試著重新編譯這個函式，請以滑鼠點選grlib，按右鍵選擇Project➔Build All，此時CCS開始重新編譯，大約需要1分鐘可以完成程式編譯。

4. 看看我們重新編譯好的函式，請使用檔案管理員，可以在下列目錄找到：

C:\ti\TivaWare_C_Series-version\grlib\ccs\Debug\grlib.lib，待會兒我們寫的程式裡如果使用任何Cortex-M4的圖形介面，一定要記得把它include進來連結器(Linker)才找得到唷！

使用者可以選擇直接使用這個圖形函式，或是自行修改函式的原始程式碼再使用。圖形函式的定義與每個欄位參數的設定請參考下列文件：

C:\ti\TivaWare_C_Series-1.1\docs\SW-TM4C-GRL-UG-version.pdf

其中version是版本編號，目前最近的版本為2.0.1.11577，後面的實驗我們會詳細介紹如何使用圖形函式，再來詳細介紹這份文件。

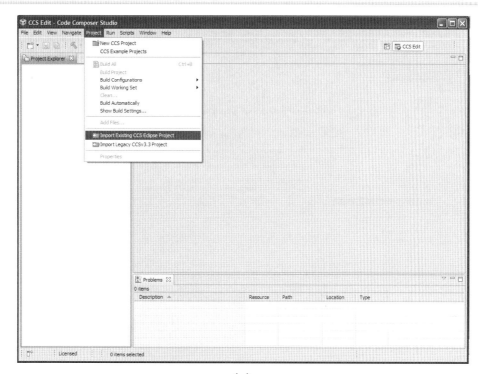

(a)

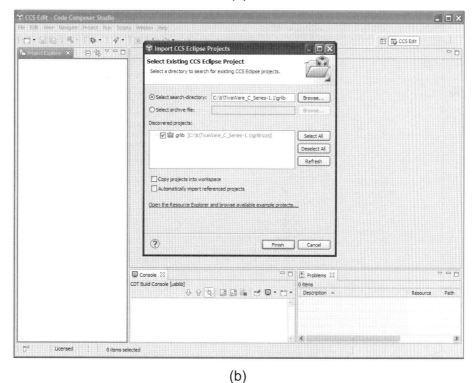

(b)

圖 6-6 圖形函式(grlib.lib)的原始程式碼與編譯步驟。

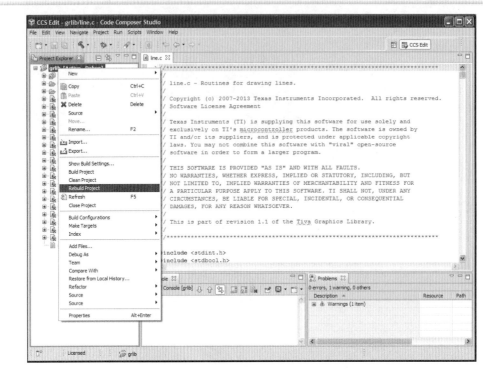

(a)

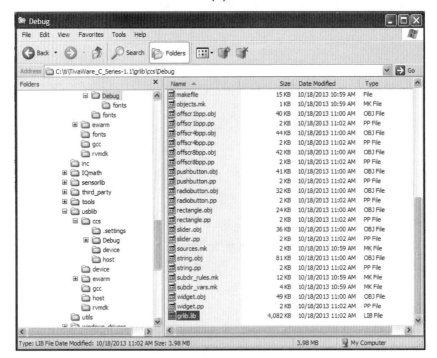

(b)

圖 6-6　圖形函式(grlib.lib)的原始程式碼與編譯步驟。(續)

6-2　TM4C123G開發板安裝與設定

　　Tiva TM4C總共有四種不同的開發板，包括：DK-TM4C123G支援USB與CAN通訊介面；EK-TM4C123GXL支援USB通訊介面；DK-TM4C129X支援乙太網路、USB與CAN通訊介面；EK-TM4C1294XL支援乙太網路與USB通訊介面，本節將介紹這些開發板的硬體與設定。

6-2-1　DK-TM4C123G開發板

　　DK-TM4C123G開發板使用TM4C123GH6PGE晶片(144-LQFP)，售價US$149，配合的TivaWare名稱為SW-DK-TM4C123G-version.exe，主要的特性是支援USB與CAN通訊介面，也是本書主要介紹的對象。

⊕ ICDI Drivers下載與安裝

　　由於所有Tiva ARM Cortex-M4的開發板上都配置有JTAG模擬器(JTAG emulator)，當我們將開發板的USB傳輸線連接到電腦上時，Windows作業系統必須找到這個ICDI(In-Circuit Debug Interface)驅動程式，才能夠使用開發板上的JTAG模擬器。如果電腦裡已經安裝了CCS5.5以後的版本，則驅動程式已經安裝完成，可以省略這個步驟。

　　請大家先到德州儀器公司網站上，下載最新版的ICDI Drivers，並且安裝在自己的電腦上，下載網址為：http://www.ti.com/tool/stellaris_icdi_drivers，請大家下載後解壓縮然後放在C:\ti\TivaWare_C_Series-version目錄內，待會將開發板連接到電腦時系統會自動要求安裝驅動程式，記得要將路徑指定到這裡唷！

⊕ DK-TM4C123G開發板的硬體設定

　　開發板放在手邊好久了，該動手玩一玩了吧！請大家依照下列步驟操作：

1. 拿起DK-TM4C123G開發板，如圖6-7所示，將USB傳輸線一端連接電腦，一端連接開發板的「JTAG插座(JTAG/UART介面)」，請注意，開發板上有二個

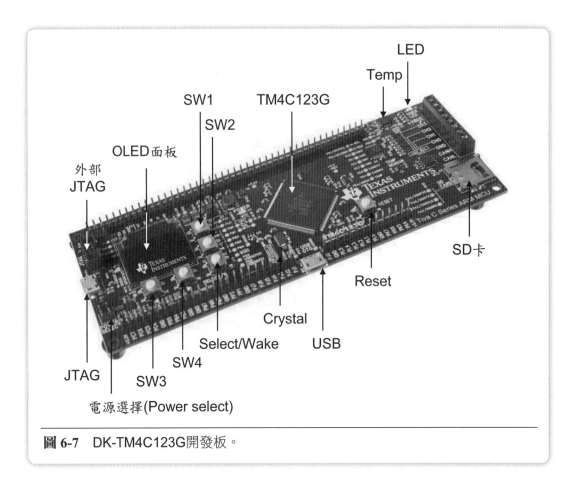

圖 6-7　DK-TM4C123G開發板。

USB插座；一個是專門給JTAG/UART介面使用的，另外一個是專門給USB介面使用的，千萬別插錯囉！

○ 檢查電源選擇開關(PWS)是否已設定在「DEBUG」，請注意，當開發板上的電源選擇(Power select)設定在ICDI時表示目前由JTAG插座(JTAG/UART介面)供電；設定在OTG時表示目前由USB插座(USB介面)供電，我們現在要使用JTAG來撰寫應用程式，因此必須設定在「ICDI」。

○ USB介面轉JTAG：DK-TM4C123G開發板的背面有一個積體電路LM3S3601可以將USB介面轉JTAG介面，當我們將開發板上方的「ICDI插座(JTAG/UART介面)」連接到電腦的USB插座上，其實是使用JTAG/UART介面與電腦溝通，而不是USB介面唷！

❶ 發光二極體(LED)：DK-TM4C123G開發板上的LED可以發出綠色的光，經由GPIO來控制，後面我們會再詳細介紹如何使用GPIO來控制LED發光。

❶ 有機發光二極體面板(OLED)：DK-TM4C123G開發板上具有一個小尺寸的OLED面板，可以經由GPIO控制顯示簡單的文字與圖形。

❶ 石英振盪器(Crystal)：提供32768Hz的外部頻率，使Cortex-M4微控制器在冬眠模式(Hibernate mode)下還能夠精確的計時。

❶ 重置(Reset)：可以將Cortex-M4微控制器重新開機。

❶ 選擇／喚醒開關(Select/Wake)：可以選擇功能或喚醒Cortex-M4微控制器。

❶ 開關1~4(SW1~4)：由GPIO控制可以配合程式進行按鍵輸入訊號。

◉ DK-TM4C123G開發板的驅動程式安裝步驟

　　DK-TM4C123G開發板的JTAG插座(JTAG/UART介面)是一個複合介面，同時包含下列三種介面：

❶ ICDI JTAG/SWD介面：可以用來除錯與燒錄應用程式。

❶ ICDI DFU Device介面：DFU是指Device Firmware Update，意思是可以經由這個介面來進行應用程式升級(Update)。

❶ Virtual Serial Port：可以用來連接Cortex-M4晶片上的UART與電腦的COM介面，在電腦上可以使用HyperTerminal(Windows XP)或PuTTY(Windows 7)等應用程式與Cortex-M4晶片溝通。

　　當USB傳輸線接好以後，電腦會要求安裝驅動程式，請依照下列步驟，同時參考圖6-8的畫面自行動手操作，總共要安裝三個驅動程式，如果電腦裡已經安裝了CCS5.5以後的版本，則驅動程式已經安裝完成，可以省略這個步驟：

1. 選擇「No, not this time」。

2. 選擇「Install from a list or specific location (Advanced)」。

3. 選擇「Include this location in the search」，同時指定驅動程式目錄為：C:\ti\TivaWare_C_Series-1.1/stellaris_icdi_drivers

4. 等待大約一分鐘進行Tiva Virtual Serial Port驅動程式安裝。

6. 選擇「Finish」，則完成Stellaris Virtual Serial Port的安裝。

7. 重覆步驟1~6等待大約一分鐘進行Stellaris ICDI JTAG/SWD驅動程式安裝。

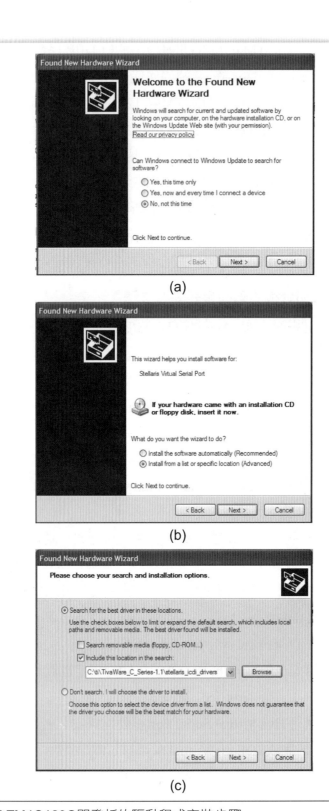

圖 **6-8** DK-TM4C123G開發板的驅動程式安裝步驟。

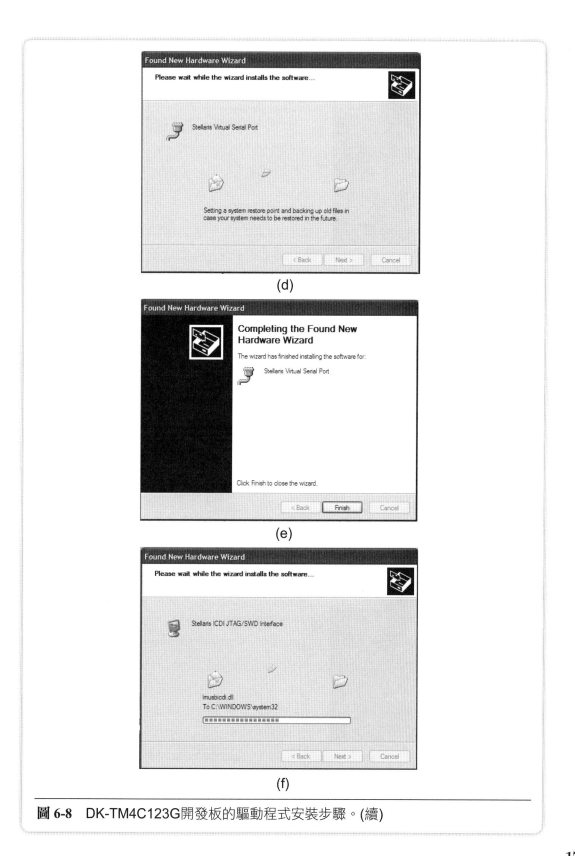

圖 **6-8**　DK-TM4C123G開發板的驅動程式安裝步驟。(續)

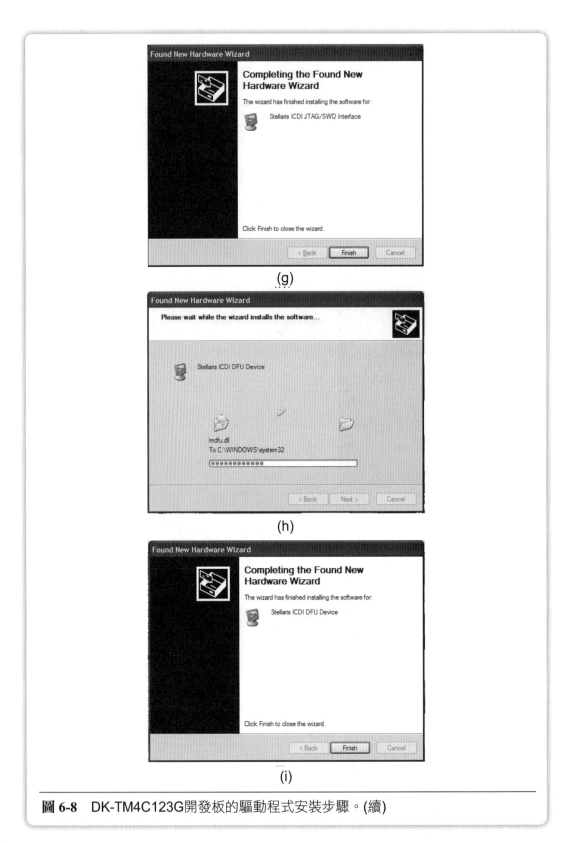

(g)

(h)

(i)

圖 6-8 DK-TM4C123G開發板的驅動程式安裝步驟。(續)

8. 選擇「Finish」，則完成Stellaris ICDI JTAG/SWD安裝。

9. 重覆步驟1~6等待大約一分鐘進行Stellaris ICDI DFU Device驅動程式安裝。

10. 選擇「Finish」，則完成Stellaris ICDI DFU Device安裝。

　　驅動程式安裝完成以後，我們可以到裝置管理員看看，就會發現多了Stellaris In-Circuit Debug Interface包含ICDI JTAG/SWD與ICDI DFU Device，以及Stellaris Virtual Serial Port等三個裝置，如圖6-9所示。

⊕ LM Flash Programmer的安裝與操作

　　第五章曾經介紹過我們是利用CCS來進行應用程式的撰寫與除錯(Debug)，同時也可以利用CCS將應用程式燒錄到Cortex-M4晶片的快閃記憶體(Flash)，但是工廠內不可能在生產線上每一個機台安裝CCS進行程式燒錄，而且安裝功能強大的CCS只是為了燒錄應用程式也沒有意義，因此德州儀器公司另外提供一個工具程式「LM Flash Programmer」，可以安裝在Windows作業系統上，直接經由JTAG、UART或SSI介面將編譯好的應用程式執行檔(檔案名稱.bin)燒錄到

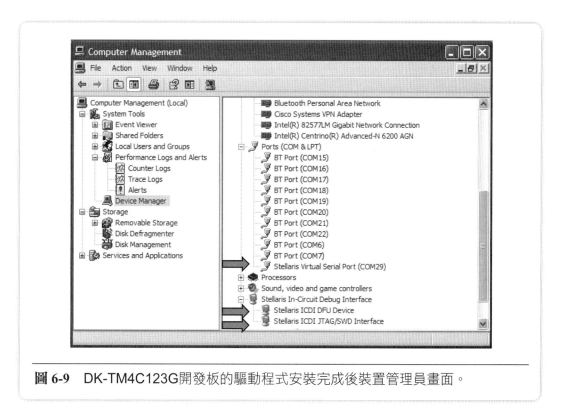

圖 6-9 DK-TM4C123G開發板的驅動程式安裝完成後裝置管理員畫面。

嵌入式微控制器開發─ARM Cortex-M4F架構及實作演練

Cortex-M4晶片內的快閃記憶體(Flash)。

◑ LM Flash Programmer下載與安裝：請大家先到德州儀器公司網站上下載最新版的程式，網址為：http://www.ti.com/tool/lmflashprogrammer，解壓縮然後安裝在電腦上。

◑ LM Flash Programmer的使用步驟：LM Flash Programmer可以將編譯好的應用程式執行檔(檔案名稱.bin)燒錄到Cortex-M4晶片內的快閃記憶體(Flash)，我們現在就來動手燒錄一個驅動DK-TM4C123G開發板的應用程式吧！請依照下列步驟，同時參考圖6-10的畫面自行動手操作：

1. 點選桌面上的「LM Flash Programmer」開啟程式。

2. 選擇Configuration➔Quick Set，選擇正確的開發板TM4C123G Development Board，其他設定保持不變。

3. 選擇Program➔Browse，指向目錄：

   C:\ti\TivaWare_C_Series-version\examples\boards\dk-tm4c123g\qs-logger\ccs\Debug\qs-logger.bin

4. 選擇「Erase Entire Flash – (faster)」表示燒錄前先將整個快閃記憶體抹除為1。

5. 選擇「Verify After Program」表示燒錄後檢查是否正確。

6. 選擇「Reset MCU After Program」表示燒錄後重新啟動MCU。

7. 「Program Address Offset」是指由那一個位址開始燒錄程式，可以使用這個設定，來避免將Flash Loader覆蓋掉，這裡我們設定「0x0」表示從起始位置開始燒錄，因為我們並沒有要避免Flash Loader覆蓋掉。

8. 按下「Program」，開始燒錄程式，燒錄完成後開發板上的顯示器會出現我們燒錄的程式qs-logger.bin的預設畫面。

6-2-2 EK-TM4C123GXL開發板

EK-TM4C123GXL開發板使用TM4C123GH6PM晶片(64-LQFP)，售價US$12.99，配合的軟體為SW-EK-TM4C123GXL-version.exe，主要的特性是支援USB通訊介面，又稱為「TM4C123G LaunchPad」，是低價的開發板，適合

(a)

(b)

圖 6-10　LM Flash Programmer 的使用步驟。

學校購買再分發給每一位學生帶回家練習,也讓使用者很容易購買。

⊕ EK-TM4C123GXL開發板的硬體設定

開發板放在手邊好久了,該動手玩一玩了吧!請大家依照下列步驟操作:

● 拿起EK-TM4C123GXL開發板,如圖6-11所示,將USB傳輸線一端連接電腦,一端連接開發板的「USB插座(JTAG/UART介面)」,請注意,開發板上有二個USB插座;一個是專門給JTAG/UART介面使用的,另外一個是專門給USB介面使用的,千萬別插錯囉!

● 檢查電源選擇開關(PWS)是否已設定在「DEBUG」,請注意,當開發板上的電源選擇開關(PWS)設定在DEBUG時表示目前由USB插座(JTAG/UART介面)供電;設定在DEVICE時表示目前由USB插座(USB介面)供電,我們現在要使

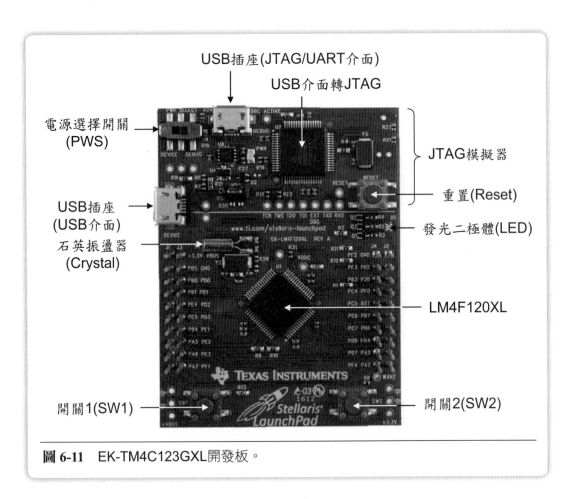

圖 6-11 EK-TM4C123GXL開發板。

用JTAG來撰寫應用程式，因此必須設定在「DEBUG」。

◑ USB介面轉JTAG：EK-TM4C123GXL開發板的上方有一個積體電路(IC)可以將USB介面轉JTAG，因此當我們將開發板上方的「USB插座(JTAG/UART介面)」連接到電腦的USB插座上，其實是使用JTAG/UART介面與電腦溝通，而不是USB介面唷！

◑ 發光二極體(LED)：EK-LM4F120XL開發板上的LED可以產生紅色(R)、綠色(G)、藍色(B)等三種顏色，經由不同的GPIO接腳來控制，後面我們會再詳細介紹如何使用GPIO接腳來控制LED發光。

◑ 石英振盪器(Crystal)：提供32768Hz的外部頻率，使Cortex-M4微控制器在冬眠模式(Hibernate mode)下還能夠精確的計時。

◑ 重置(Reset)：可以將Cortex-M4微控制器重新開機。

◑ 開關1~2(SW1~2)：由GPIO控制可以配合程式進行按鍵輸入訊號。

◉ EK-TM4C123GXL開發板的驅動程式安裝步驟

EK-TM4C123GXL開發板的驅動程式安裝步驟與DK-TM4C123G開發板完全相同，請自行參考前一節的內容介紹與操作步驟，驅動程式安裝完成以後，我們可以到裝置管理員看看，就會發現多了Stellaris In-Circuit Debug Interface包含ICDI JTAG/SWD與ICDI DFU Device，以及Stellaris Virtual Serial Port等三個裝置，如圖6-8所示。

◉ LM Flash Programmer的安裝與操作

LM Flash Programmer下載和安裝與DK-TM4C123G開發板完全相同，請自行參考前一節的內容介紹與操作步驟，我們現在就來動手燒錄一個讓LED閃爍的應用程式吧！請依照下列步驟，同時參考圖6-10的畫面自行動手操作：

1. 點選桌面上的「LM Flash Programmer」開啟程式。

2. 選擇Configuration➜Quick Set，選擇正確的開發板TM4C123G LaunchPad，其他設定保持不變。

3. 選擇Program➜Browse，指向目錄：

C:\ti\TivaWare_C_Series-version\examples\boards\dk-tm4c123gxl\qs-rgb\ccs\

Debug\qs-rgb.bin

4. 選擇「Erase Entire Flash – (faster)」表示燒錄前先將整個快閃記憶體抹除為1。

5. 選擇「Verify After Program」表示燒錄後檢查是否正確。

6. 選擇「Reset MCU After Program」表示燒錄後重新啟動MCU。

7. 「Program Address Offset」是指由那一個位址開始燒錄程式，可以使用這個設定，來避免將Flash Loader覆蓋掉，這裡我們設定「0x0」表示從起始位置開始燒錄，因為我們並沒有要避免Flash Loader覆蓋掉。

⊕ 實驗範例程式下載與安裝

請大家先到德州儀器公司網站下載最新版的實驗範例程式(Workshop lab files)，並且安裝在自己的電腦上，下載網址為：

http://www.ti.com/TM4C123G-Launchpad-Workshop

安裝完成以後會發現有實驗計畫在下列錄目：

C:\TM4C123G_LaunchPad_Workshop

這個目錄裡面有本書所有實驗所需要使用的程式，這些程式都沒有完成，留給大家依照操作手冊一步一步完成它吧！

⊕ 實驗說明文件下載

請大家先到德州儀器公司網站下載最新版的實驗說明文件(Workbook)，這份文件詳細的說明了實驗步驟，您可以直接依照本書的操作步驟來進行實驗，也可以自行參考這份原文的實驗說明文件，下載網址為：

http://www.ti.com/TM4C123G-Launchpad-Workshop

文件檔名為TM4C123G_LaunchPad_Workshop_Workbook.pdf。

6-2-3 DK-TM4C129X開發板

DK-TM4C129X開發板使用TM4C129XNCZAD晶片(212-BGA)，售價US$199，配合的軟體為SW-DK-TM4C129X-version.exe，主要的特性是支援乙太網路、USB與CAN通訊介面介面。

6-2-4 DK-TM4C1294XL開發板

EK-TM4C1294XL開發板使用TM4C1294NCPDT晶片(64-LQFP)，售價US$12.99，配合的軟體為SW-EK-TM4C1294XL-version.exe，主要的特性是支援乙太網路與USB通訊介面，又稱為「TM4C1234XL LaunchPad」，是低價的開發板，適合學校購買再分發給每一位學生帶回家練習，也讓使用者很容易購買。

Chapter **7**

時脈(Clock)與
通用輸出入(GPIO)控制實

 本章重點

7-1 實驗說明

本實驗不同於第七章實驗中藉由延遲函式SysCtlDelay()來控制LED的閃爍頻率,而改為使用Cortex-M4F中斷及計時器功能,依使用者的需求設定計數時間,再由計時器發出中斷需求,最後再由使用者撰寫的中斷服務程式(ISR)來切換LED的亮與暗。

7-2 工作原理

本實驗使用Cortex-M4F中兩個重要模組(Module):時脈(Clock)與通用輸出入(GPIO),關於這兩個模組的工作原理介紹如下:

7-2-1 時脈(Clock)

時脈(Clock)是在同步電路中提供的基礎頻率,單位為「赫茲(Hz)」,通常是使用石英晶體共振器(Quartz crystal resonator):簡稱為「Crystal」或「Xtal」或石英晶體振盪器(Quartz crystal oscillator):簡稱為「Oscillator」或「OSC」振盪產生時脈訊號,圖7-1為TM4C123GH6PM的時脈樹(Clock tree)。

基本時脈來源(Fundamental clock sources)

TM4C123GH6PM的基本時脈來源有下列四種,可以選擇其中之一來提供處理器核心與週邊介面使用:

◑ PIOSC(Precision Internal Oscillator):TM4C123GH6PM晶片內建一個16MHz的振盪器可以提供高頻時脈在電源重置(Power On Reset, POR)時使用,室溫下精確度大約±1%,在不同溫度下精確度大約±3%。

◑ Internal Oscillator (IOSC):TM4C123GH6PM晶片內建一個頻率30KHz的

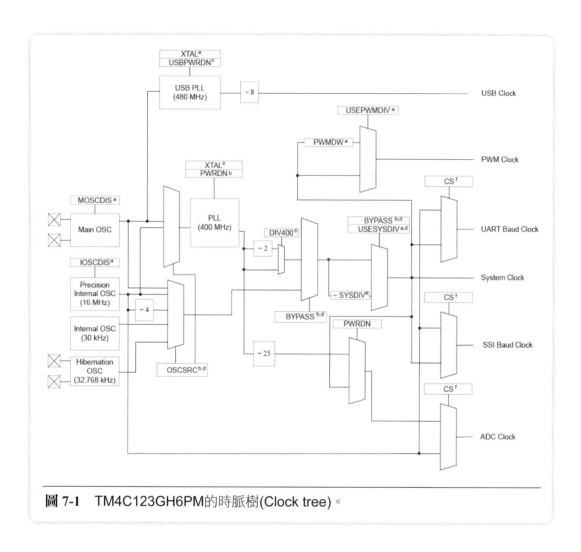

圖 7-1 TM4C123GH6PM的時脈樹(Clock tree)。

振盪器可以提供低頻時脈，誤差大約±50%，可以在深度睡眠模式時使用，但是精確度不高，如果要求系統提供精確的時鐘則必須外掛石英晶體共振器才行。

● Main Oscillator (MOSC)：由外部單端訊號(Single-ended)的石英晶體共振器(Crystal)給OSC0輸入接腳(Input pin)，或石英晶體振盪器(Oscillator)提供系統工作所需時脈給OSC0輸入接腳(Input pin)與OSC1輸出接腳(Output pin)。

● Hibernation Oscillator (HOSC)：由外部32,768Hz的石英晶體共振器(Crystal)提供精準的時脈，在系統進入冬眠模式(Hibernation mode)時可以提供系統即時時脈來源(Real time clock source)，也就是SysClkSources。

系統時脈來源(System clock source)

TM4C123GH6PM的系統(處理器)時脈來源有下列六種，如表7-1所示：

◐ 由晶片內建的PIOSC振盪器直接提供16MHz給系統時脈使用。

◐ 由晶片內建的PIOSC/4振盪器直接提供4MHz給系統時脈使用。

◐ 由晶片內建的IOSC振盪器直接提供30KHz給系統時脈使用。

◐ 由外部的石英晶體共振器(Crystal)連接到MOSC，再提供振盪頻率給系統時脈使用。

◐ 由外部32,768Hz的石英晶體共振器(Crystal)連接到HOSC，再提供振盪頻率給系統時脈使用。

◐ 由晶片內部的相位鎖定迴路(Phase-Locked Loop, PLL)直接提供時脈給系統。

由表7-1中可以看出只有PIOSC與MOSC可以驅動相位鎖定迴路(PLL)，而上述六種方法都可以提供系統時脈來源。

時脈是由RCC(Run-mode Clock Configuration)暫存器RCC2(Run-mode Clock Configuration 2)的參數來設定，如圖7-1所示，可以提供睡眠模式(Sleep mode)與深度睡眠模式(Deep sleep mode)的時脈，系統時脈由內建的相位鎖定迴路(PLL)或其他時脈來源提供，可以打開或關閉石英晶體振盪器(Oscillator)與相位鎖定迴路(PLL)、選擇時脈來源、決定要除頻多少，例如：由圖7-1中也可以看出，經由相位鎖定迴路(PLL)傳送出來的時脈訊號會先被除以2，再由暫存器SYSDIV決定要除頻多少，後面的實驗裡我們是設定SYSDIV=5，因此總共是除以10。

表 7-1 Cortex-M4F系統(處理器)時脈來源。

Clock source	驅動PLL	做為系統時脈使用
Internal 16MHz	Yes	Yes
Internal 16MHz/4	No	Yes
Main Oscillator	Yes	Yes
Internal 30KHz	No	Yes
Hibernation Module	No	Yes
PLL	—	Yes

7-2-2 通用輸出入(GPIO)

通用輸出入介面(General Purpose Input/Output, GPIO)是微控制器的接腳(Pin)可以提供使用者由程式控制自由使用，接腳依可以做為通用輸入(General purpose input)或通用輸出(General purpose output)，同時可以使用暫存器用來設定這些功能。Tiva Cortex-M4F的通用輸出入包含14個GPIO區塊(Block)，每一個區塊負責獨立的GPIO埠(Port A～Port P)，通用輸出入(GPIO)介面的特性包括：

❶ 最多支援105個可程式化(Programmable)的輸入與輸出接腳(Pin)。

❶ 高度靈活的接腳共用(Pin muxing)可以設定為GPIO或其他週邊功能。

❶ 5V的輸入電壓耐受(5V tolerant)，但是輸出電壓最高為3.3V。

❶ 可以高速觸發(Toggle)，其中AHB匯流排(Advanced High-performance Bus)每一個時脈可以觸發一次，APB匯流排(Advanced Peripheral Bus)每二個時脈可以觸發一次。

❶ 可以產生中斷，進行邊緣觸發(Edge-trigger)產生在上升邊緣(Rising)或下降邊緣(Falling)，或同時產生在上升邊緣(Rising)與下降邊緣(Falling)。

❶ 經由位址線(Address line)讀取與寫入均提供位元遮罩(Bit masking)。

❶ 可以用來起始ADC與微直接記憶體存取(μDMA)。

❶ 在冬眠模式(Hibernation mode)可以保留GPIO接腳的狀態(State)。

❶ 可以提供2mA、4mA、8mA驅動能力，而且可以控制扭轉率(Slew rate)。

7-3 操作函式

雖然藉由各種暫存器的設定可以有效操作時脈(Clock)及通用輸出入介面(GPIO)，但是使用時必須瞭解各種暫存器功能及欄位定義，相當麻煩，為了簡化使用者使用Tiva Cortex-M4F處理器內的Clock及GPIO模組，德州儀器公司(TI)在TivaWare函式庫中提供了豐富的操作API函式，本節將會詳細介紹。TivaWare函式庫的使用說明書是我們在寫程式時必須常常查詢的文件，在以下檔案中可

以看到，DRL代表「Driver Library」，UG代表「User Guide」：

C:\ti\TivaWare_C_Series-version\docs\SW-TM4C-DRL-UG- version.pdf

7-3-1　時脈(Clock)的API函式

時脈(Clock)的API函式主要是用來設定系統的工作時脈，在TivaWare函式庫中時脈(Clock)的API函式的參數定義在下列標頭檔中：

C:\ti\TivaWare_C_Series-version\driverlib\sysctl.h

SysCtlClockSet( )
功能：設定系統的工作時脈
語法：void SysCtlClockSet(uint32_t ui32Config);
說明：這個函式可以設定系統的工作時脈，包括輸入的外部石英晶體振盪器與共振器(Crystal或Oscillator)的頻率、相位鎖定迴路(PLL)、系統時脈除數(Divider)等，ui32Config參數的數值可以使用邏輯OR來設定許多不同的數值：

❶ 系統時脈除數(Divider)可以設定為SYSCTL_SYSDIV_1、SYSCTL_SYSDIV_2、 SYSCTL_SYSDIV_3、 ... SYSCTL_SYSDIV_64。

❶ 相位鎖定迴路(PLL)可以選擇SYSCTL_USE_PLL或SYSCTL_USE_OSC。

❶ 外部石英晶體振盪器與共振器(Crystal或Oscillator)的頻率可以設定為 SYSCTL_XTAL_4MHZ、SYSCTL_XTAL_4_09MHZ、SYSCTL_XTAL_4_91MHZ、
SYSCTL_XTAL_5MHZ、SYSCTL_XTAL_5_12MHZ、SYSCTL_XTAL_6MHZ、SYSCTL_XTAL_6_14MHZ、SYSCTL_XTAL_7_37MHZ、SYSCTL_XTAL_8MHZ、
SYSCTL_XTAL_8_19MHZ、SYSCTL_XTAL_10MHZ、SYSCTL_XTAL_12MHZ、
SYSCTL_XTAL_12_2MHZ、SYSCTL_XTAL_13_5MHZ、SYSCTL_XTAL_14_3MHZ、SYSCTL_XTAL_16MHZ、SYSCTL_XTAL_16_3MHZ、

SYSCTL_XTAL_18MHZ、SYSCTL_XTAL_20MHZ、SYSCTL_
XTAL_24MHZ或SYSCTL_XTAL_25MHz，當相位鎖定迴路(PLL)工作時則其
數值不可以低於SYSCTL_XTAL_5MHZ。

◑ 內部石英晶體共振器(Oscillator)的頻率可以設定為SYSCTL_OSC_MAIN、
SYSCTL_OSC_INT、SYSCTL_OSC_INT4、SYSCTL_OSC_INT30或
SYSCTL_OSC_EXT32，其中控制器的睡眠模組(Hibernate module)有作用時
才可以使用SYSCTL_OSC_EXT32。

◑ 內部石英晶體共振器(Oscillator)可以使用SYSCTL_INT_OSC_DIS與
SYSCTL_MAIN_OSC_DIS來關閉。

◑ 由外部石英晶體振盪器與共振器(Crystal或Oscillator)提供系統的時脈可以使
用SYSCTL_USE_OSC | SYSCTL_OSC_MAIN

◑ 由內部石英晶體共振器(Oscillator)提供系統的時脈可以使用
SYSCTL_USE_OSC | SYSCTL_OSC_MAIN

◑ 由相位鎖定迴路(PLL)提供系統的時脈可以使用
SYSCTL_USE_PLL | SYSCTL_OSC_MAIN

⊕ SysCtlPeripheralEnable( )

功能：啟動系統週邊(Peripherals)

語法：void SysCtlPeripheralEnable(uint32_t ui32Peripheral);

說明：這個函式可以啟動系統週邊，在控制器啟動時所有的週邊都是在關閉的
狀態，因此必須使用這個函式來啟動我們所需要的週邊：

SYSCTL_PERIPH_ADC0, SYSCTL_PERIPH_ADC1,
SYSCTL_PERIPH_CAN0, SYSCTL_PERIPH_CAN1, SYSCTL_PERIPH_CCM0,
SYSCTL_PERIPH_COMP0, SYSCTL_PERIPH_EEPROM0, SYSCTL_PERIPH_
EMAC0,
SYSCTL_PERIPH_EPHY, SYSCTL_PERIPH_EPI0, SYSCTL_PERIPH_GPIOA,
SYSCTL_PERIPH_GPIOB, SYSCTL_PERIPH_GPIOC, SYSCTL_PERIPH_
GPIOD,

SYSCTL_PERIPH_GPIOE, SYSCTL_PERIPH_GPIOF, SYSCTL_PERIPH_
GPIOG,

SYSCTL_PERIPH_GPIOH, SYSCTL_PERIPH_GPIOJ, SYSCTL_PERIPH_
GPIOK,

SYSCTL_PERIPH_GPIOL, SYSCTL_PERIPH_GPIOM, SYSCTL_PERIPH_
GPION,

SYSCTL_PERIPH_GPIOP, SYSCTL_PERIPH_GPIOQ, SYSCTL_PERIPH_
GPIOR,

SYSCTL_PERIPH_GPIOS, SYSCTL_PERIPH_GPIOT, SYSCTL_PERIPH_
HIBERNATE,

SYSCTL_PERIPH_I2C0, SYSCTL_PERIPH_I2C1, SYSCTL_PERIPH_I2C2,

SYSCTL_PERIPH_I2C3, SYSCTL_PERIPH_I2C4, SYSCTL_PERIPH_I2C5,

SYSCTL_PERIPH_I2C6, SYSCTL_PERIPH_I2C7, SYSCTL_PERIPH_I2C8,

SYSCTL_PERIPH_I2C9, SYSCTL_PERIPH_LCD0, SYSCTL_PERIPH_
ONEWIRE0,

SYSCTL_PERIPH_PWM0, SYSCTL_PERIPH_PWM1, SYSCTL_PERIPH_QEI0,

SYSCTL_PERIPH_QEI1, SYSCTL_PERIPH_SSI0, SYSCTL_PERIPH_SSI1,

SYSCTL_PERIPH_SSI2, SYSCTL_PERIPH_SSI3, SYSCTL_PERIPH_TIMER0,

SYSCTL_PERIPH_TIMER1, SYSCTL_PERIPH_TIMER2, SYSCTL_PERIPH_
TIMER3,

SYSCTL_PERIPH_TIMER4, SYSCTL_PERIPH_TIMER5, SYSCTL_PERIPH_
TIMER6,

SYSCTL_PERIPH_TIMER7, SYSCTL_PERIPH_UART0, SYSCTL_PERIPH_
UART1,

SYSCTL_PERIPH_UART2, SYSCTL_PERIPH_UART3, SYSCTL_PERIPH_
UART4,

SYSCTL_PERIPH_UART5, SYSCTL_PERIPH_UART6, SYSCTL_PERIPH_
UART7,

SYSCTL_PERIPH_UDMA, SYSCTL_PERIPH_USB0, SYSCTL_PERIPH_WDOG0,

SYSCTL_PERIPH_WDOG1, SYSCTL_PERIPH_WTIMER0, SYSCTL_PERIPH_WTIMER1,

SYSCTL_PERIPH_WTIMER2, SYSCTL_PERIPH_WTIMER3,

SYSCTL_PERIPH_WTIMER4, or SYSCTL_PERIPH_WTIMER5

⊕ SysCtlDelay( )

功能：產時延遲時間

語法：void SysCtlDelay(uint32_t ui32Count);

說明：這個函式可以使用系統執行3個指令週期來產生延遲時間，ui32Config參數的數值就是延遲時間的長度，但是這個延遲時間並不精確，如果要產生精確的延遲時間必須使用計時器(Timer)。

7-3-2　通用輸出入(GPIO)的API函式

　　通用輸出入(GPIO)的API函式主要作用是用來設定系統通用輸出入(GPIO)的接腳是處於高位準(High)或低位準(Low)，在TivaWare函式庫中通用輸出入(GPIO)的API函式的參數定義在下列標頭檔中：

C:\ti\TivaWare_C_Series-version\driverlib\gpio.h

⊕ GPIOPinTypeGPIOOutput( )

功能：設定通用輸出入(GPIO)的接腳為輸出(Output)

語法：void GPIOPinTypeGPIOOutput(uint32_t ui32Port, uint8_t ui8Pins);

說明：這個函式可以設定通用輸出入(GPIO)的那一個連接埠(Port)的第幾支接腳(Pin)為輸出(Output)，參數的數值定義如下：

◑ ui32Port：設定通用輸出入(GPIO)的那一個連接埠(Port)的基底位置。

◑ ui8Pins：設定通用輸出入(GPIO)連接埠(Port)的第幾支接腳(Pin)。

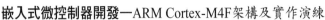

⊕ GPIOPinWrite( )

功能：設定通用輸出入(GPIO)的接腳是處於高位準(High)或低位準(Low)

語法：void GPIOPinWrite(uint32_t ui32Port, uint8_t ui8Pins, uint8_t ui8Val);

說明：這個函式可以設定通用輸出入(GPIO)的那一個連接埠(Port)的第幾支接腳(Pin)處於高位準(High)或低位準(Low)，參數的數值定義如下：

◑ ui32Port：設定通用輸出入(GPIO)的那一個連接埠(Port)的基底位置。

◑ ui8Pins：設定通用輸出入(GPIO)連接埠(Port)的第幾支接腳(Pin)。

◑ ui8Val：設定寫入通用輸出入(GPIO)的數值(Value)。

7-4 實驗步驟

⊕ 建立一新工作目錄Chap07

1. 在檔案總管中的C:\ti\Mylabs目錄中新增一子目錄Chap07。

⊕ 在CCS中建立一新專案Chap07

2. 在CCS選單中選擇File➔New➔CCS Project，並依圖7-2所示完成新專案Chap07下設定。

⊕ 撰寫程式碼內容：main.c

3. 加入標頭檔(Header files)定義以便使用TivaWare API函式，程式碼如下所示：

```
#include <stdbool.h>
#include <stdint.h>
#include "inc/hw_memmap.h"
#include "inc/hw_types.h"
#include "driverlib/sysctl.h"
#include "driverlib/gpio.h"
```

圖 7-2　新增Chap07專案設定。

各個標頭檔說明如下：

◐ hw_memmap.h：定義Tiva TM4C123GH6PGE處理器的記憶體映射，包括通用
輸出入介面(GPIO)的基底位址(Base address)的值GPIO_PORTF_BASE。

◐ hw_types.h：定義基本的型態(Type)與巨集(Macro)。

◐ sysctl.h：系統時脈(System clock)週邊驅動函式(Driver Lib)的定義與巨集。

◐ gpio.h：通用輸出入(GPIO)週邊驅動函式(Driver Lib)的定義與巨集。

嵌入式微控制器開發─ARM Cortex-M4F架構及實作演練

4. 加入主函式Main()，程式碼如下所示：

int main(void)

{

}

5. 設定系統時脈(System clock)，依下列設定來產生40MHz的系統時脈，

◑ 主要振盪器(Main oscillator)：16MHz

◑ 鎖相迴路(PLL)：400MHz

◑ 除頻器 (Divider)：5(加上原有2倍除頻，可達10倍除頻)

程式碼如下所示：

SysCtlClockSet(SYSCTL_SYSDIV_5|SYSCTL_USE_PLL|SYSCTL_
XTAL_16MHZ|SYSCTL_OSC_MAIN);

6. 設定GPIO來設定連接至USER LED的接腳(PIN)，包含致能該接腳並設定為輸出狀態，程式碼如下所示：

SysCtlPeripheralEnable(SYSCTL_PERIPH_GPIOG);
GPIOPinTypeGPIOOutput(GPIO_PORTG_BASE, GPIO_PIN_2);

7. 接下來我們可以設定一個While(1)無限迴圈來送出1與0的訊號到通用輸出入(GPIO)，這裡我們直接使用SysCtlDelay()來產生一個簡單的延遲(Delay)時間，就可以控制USER LED的閃爍，但是這個延遲時間並不精確。

while(1)

{

// Turn on the LED

GPIOPinWrite(GPIO_PORTG_BASE, GPIO_PIN_2, 0x04);

// Delay for a bit

SysCtlDelay(400000);

// Turn off the LED

GPIOPinWrite(GPIO_PORTG_BASE, GPIO_PIN_2, 0x00);

// Delay for a bit

SysCtlDelay(400000);

}

⊕ 設定程式建立選項(Build Options)

8. 新增標頭檔搜尋路徑(Include search path)：因為程式中使用了TivaWare提供的各種API函式，為了讓編譯器(Compiler)找到這些API函式的標頭檔(Include file)，在對程式進行編譯前，需要先在程式建立選項(Build Options)中指定TivaWare目錄存放路徑。首先在專案Chap07上按右鍵並選擇「Properties」，由程式建立選項(Build Options)中ARM編譯器(ARM Compiler)➔標頭檔選項(Include Options)➔標頭檔搜尋路徑(Include Search Path)新增路徑C:/ti/TivaWare_C_Series-version，新增流程如圖7-3所示。

9. 新增函式庫搜尋路徑(File Search Path)：除了標頭檔路徑外，使用TivaWare提供的各種API函式，還需要在程式建立選項(Build Options)中指定使用的函式庫，由程式建立選項(Build Options)中ARM連結器(ARM linker)➔函式庫搜尋路徑(File search path)➔加入函式庫檔案(Include library file)中新增"C:\ti\TivaWare_C_Series-version\driverlib\ccs\Debug\driverlib.lib"函式庫，完成後如圖7-4所示：

10. 建立(Build)及執行(Run)程式：按下Debug鍵進行程式編譯，接著便自動下載執行檔至DK-TM4C123G開發板上的TM4C123G晶片內Flash記憶體中，並且自動執行至main()。接著由Degug透視圖(Perpective)中按下Resume鍵 ，此時可以看到USER LED閃爍。

嵌入式微控制器開發─ARM Cortex-M4F架構及實作演練

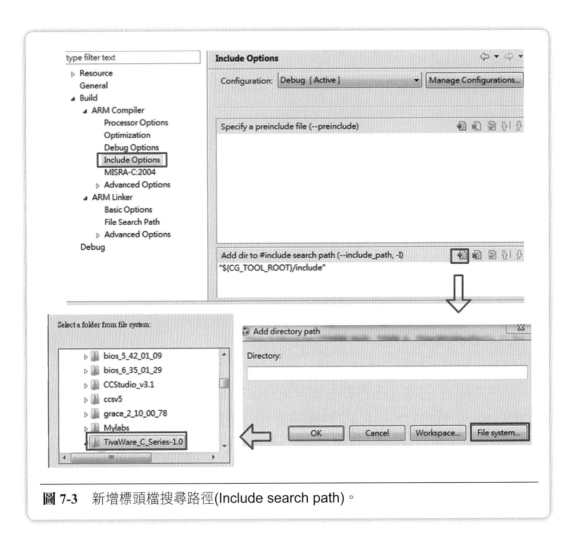

圖 7-3 新增標頭檔搜尋路徑(Include search path)。

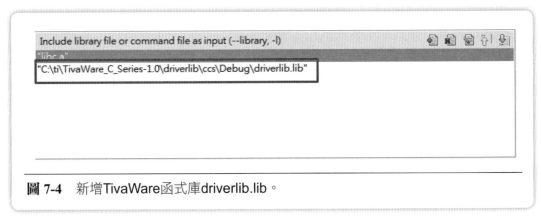

圖 7-4 新增TivaWare函式庫driverlib.lib。

7-5 進階實驗

⊕ 顯示LED狀態

在程式中，常使用標準字串輸出函式來顯示工作狀態，在本實驗中也可以用來顯示LED目前的工作狀態。程式碼及標頭檔如下：

```
#include <stdio.h>
puts("Turn on the LED! \n");
puts("Turn off the LED!\n");
```

值得注意的是因為這個輸出函式會使用到heap區段空間，若無配置適當的空間，則無法順利從Console視窗看到顯示字串。

⊕ 變更工作頻率至80MHz及100MHz

使用函式SysCtlClockSet()調整工作頻率並利用函式SysCtlClockGet()讀取系統工作頻率進行確認。

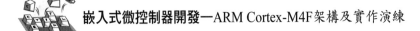

中斷與計時器控制實作
(Interrupt and Timer)

 本章重點

【前言】

中斷功能在嵌入式系統中一直扮演著重要角色，本章將結合中斷與計時器的使用，讓讀者瞭解中斷的工作原理及如何實作一個中斷處理程式。

8-1　實驗說明

不同於第七章實驗中藉由延遲函式SysCtlDelay()來控制LED的閃爍頻率，本章我們將說明如何使用Cortex-M4F中斷及計時器功能，依使用者的需求設定計數時間，再由計時器發出中斷需求，最後由使用者撰寫的中斷服務程式(ISR)來切換LED的亮與暗。

8-2　工作原理

本實驗使用Cortex-M4F中兩個重要模組：中斷(Interrupt)與計時器(Timer)，關於這兩個模組的工作原理介紹如下：

8-2-1　例外(Exception)與中斷(Interrupt)處理

例外(Exception)和中斷(Interrupt)處理在嵌入式系統中扮演著相當重要的角色，讓系統可以即時的處理各種突發狀況，例如系統發生問題或是外部產生動作。例外(Exception)可以泛指需要中止指令正常執行的各種情形，可以包含各種錯誤(Fault)，例如記憶體存取產生的錯誤；也可包含由外部週邊觸發的中斷(Interrupt)，或是藉由軟體指令產生的陷阱中斷(Trap)。各種類型的例外簡介如下：

錯誤(Fault)

因為錯誤或非法指令所造成的中斷,可視為內部硬體中斷,下列幾種情況都可視為錯誤例外(Fault exception):

- 匯流排錯誤(Bus fault):在指令擷取、資料讀取/寫入、中斷向量擷取及中斷堆疊處理過程中發生記憶體存取錯誤,即會產生匯流排錯誤。
- 記憶體管理錯誤(Memory management fault):違反記憶體保護單元(MPU)的保護設定或是進行非法記憶體存取時,即會產生記憶體管理錯誤。
- 使用錯誤(Usage fault):程式中執行未定義指令或是除以零(Divided by zero)等不正確使用,即會產生使用錯誤。
- 硬體錯誤(Hard fault):當匯流排錯誤、記憶體管理錯誤,以及使用錯誤服務程式無法被執行時,即會產生硬體錯誤。

中斷(Interrupt)

因為外部週邊觸發事件而改變處理器正常執行流程,可視為外部硬體中斷,又可再細分為可遮罩中斷(Maskable interrupt)與不可遮罩中斷(Non-Maskable Interrupt, NMI)兩種。可遮罩中斷是指可以被CPU指令禁止或允許的中斷。由於中斷的發生是不可預期的,處理器執行的工作隨時可能被打斷,若處理器正在進行某些重要的運算,則可能因為中斷服務程式(ISR)的介入而造成執行產生錯誤結果,藉由中斷遮罩的設定可以確保關鍵的工作不受中斷影響;而不可遮罩中斷(NMI)則不管遮罩與否都不受影響。

陷阱(Trap)

使用處理器中斷指令,例如SWI指令,來改變處理器正常執行流程,屬於軟體中斷。

中斷(Interrupt)發生時處理器處理工作流程

為了簡化表示,在本書後面章節中,除特別說明,否則以中斷(Interrupt)泛指需要中止指令正常執行的各種情形,如同例外(Exception)。當中斷(Interrupt)發生時,處理器的工作流程如下:

1. 暫停目前工作。

2. 推入(PUSH)暫存器內容至堆疊(Stack)中，包含R0、R1、R2、R3、R12、LR、PC等8個暫存器。

3. 依據中斷類型，擷取中斷向量表內對映之處理程式位址。

4. 執行中斷處理程式(Interrupt handler)工作。

5. 從堆疊(Stack)中取出(POP)原來8個暫存器的內容。

6. 繼續執行原來工作。

　　Cortex-M4F的設計中，把外部中斷(External interrupt)視為一種特殊的例外處理。如表8-1所示，Cortex-M4F支援的例外處理包含了固定數量的系統例外(System exception)與最高240個的外部中斷(External interrupt)。各家處理器廠家可依需求自行設計外部中斷的輸入數目，以德州儀器公司Tiva Cortex-M4F為例，它支援96個外部中斷以及8種優先等級(Priority)。

　　表8-1中例外編號1-15作為系統例外使用，而編號16以上作為外部中斷IRQ使用，其中只有編號1-3的系統例外擁有固定優先等級，其它例外可由程式設定其優先等級，等級數字愈小代表優先等級愈高。

表 8-1　Cortex M4F例外種類。

編號	例外類型	優先等級	說明
1	Reset	-3	重置(Reset)
2	NMI	-2	不可遮罩中斷 (由外部輸入)
3	Hard Fault	-1	硬體錯誤，當相關錯誤異常(Fault Exception)未被正常執行
4	MemManage	可程式化	違反MPU定義的存取規則
5	Bus Fault	可程式化	匯流排錯誤
6	Usage Fault	可程式化	使用錯誤
7-10	Reserved		保留
11	SVCall		SVC指令呼叫之軟體中斷
12	Debug Monitor	可程式化	
13	Reserved		保留
14	PendSV	可程式化	
15	SysTick	可程式化	系統計時器(Timer)產生之中斷
16以上	Interrupts	可程式化	外部中斷

◐ 編號1為重置(Reset)例外：是優先等級最高的例外(-3等級)，當系統開機(Power on)或重置(Reset)時，會產生(Reset)信號至處理器並呼叫重置例外處理程式(Interrupt handler)進行系統的初始工作，包含配置記憶體及設定堆疊指標(Stack point)

◐ 編號2為不可遮罩中斷(NMI)例外：擁有-2優先等級，通常NMI可以連接到看門狗計時器(Watchdog timer)或電壓監控方塊，以便在電壓值下降到危險準位時可以警告處理器。

◐ 編號3為硬體錯誤(Hard fault)例外：擁有-1優先等級，當系統錯誤產生時，卻沒有適當的例外處理程式被執行，則會產生硬體錯誤(Hard fault)例外訊號。

　　和早期ARM處理器的例外處理機制相比，Cortex-M4F有了一些不同，首先，它保留傳統的中斷請求(Interrupt Request, IRQ)處理外部中斷，但是因為內建的巢狀向量中斷控制器(NVIC)已經支援巢狀中斷及優先等級，所以取消了快速中斷請求(Fast Interrupt Request, FIQ)。對於軟體中斷功能，它取消了SWI(Software Interrupt)指令，而改用SVC(Supervisor Call)指令來呼叫。此外，在進行例外處理時，Cortex-M4F採用向量表(Vector table)來存放中斷服務程式(ISR)的起始位址，由於不需透過軟體來決定位址，因此也可以加快處理中斷服務程式的速度。

⊕ 中斷向量表(Interrupt vector table)

　　Cortex-M4F向量表(Vector table)定義如表8-2所示，向量表可視為在記憶體中定義的一個資料型別為字組(Word)的陣列，每個字組(Word)代表一個起始位址，其中只有偏移值(Offset)0x00的位址存放主要堆疊指標(MSP)的初始值，其餘皆存放例外服務程式的位址。向量表具有可重新定位的特點，重新定位偏移值則由巢狀向量中斷控制器(NVIC)中的向量表偏移暫存器(Vector Table Offset Register, VTOR)來設定。當系統重置時，重新定位偏移值設定為0，亦即向量表存放於位址0x00，此時重置例外的服務程式位址則存放於0x04，而NMI例外的服務程式位址則存放於0x08，一旦中斷被接受之後，處理器即可透過指令匯流排界面從向量表中獲取位址。

表 8-2 Cortex-M4F向量表(Vector Table)定義。

例外向量	位址偏移值
MSP初始值	0x00
Reset	0x04
NMI	0x08
Hard Fault	0x0C
MemManage	0x10
Bus Fault	0x14
Usage Fault	0x18
Reserved	0x1C - 0x28
SVCall	0x2C
Debug Monitor	0x30
Reserved	0x34
PendSV	0x38
SysTick	0x3C
IRQ #0-239	0x40 - 0x3FF

8-2-2 巢狀向量中斷控制器(NVIC)

Cortex-M4F處理器核心中內建了巢狀向量中斷控制器(Nested Vectored Interrupt Controller，NVIC)來對所有的例外進行優先等級設定及處理。參照Cortex-M4F記憶體配置，可以查得NVIC的設定可藉由存取位址0xE000E000來達成。Cortex-M4使用NVIC來處理中斷事件，當中斷發生時，處理器的暫存器狀態會自動儲存至堆疊(Stack)，同時會透過指令匯流排擷取(Fetch)中斷服務程式(ISR)指令，因此當完成狀態儲存後，就可以直接執行中斷服務程式(ISR)，如此可以降低中斷延遲時間。NVIC能為處理器提供出色的中斷處理能力，主要是透過下列的多種重要中斷技術來達成：

巢狀中斷(Nested interrupt)

NVIC支援巢狀中斷(Nested interrupt)，它允許CPU在執行中斷服務程式(ISR)狀態下還可以回應其他的中斷要求，可以有效減少中斷延遲。採用巢狀

中斷的方式，NVIC會把新中斷要求的優先等級與正在執行的中斷服務優先等級進行比較，若新的中斷擁有較高的優先等級，則CPU會先暫停目前的中斷服務，而跳到新的中斷服務程式去執行，結束後再回到原來的中斷服務程式(ISR)。反之，若較低優先等級之中斷發生時，CPU會先將其忽略，待目前中斷服務程式完成後再處理。如圖8-1所示，當主程式執行至時間點A時發生中斷1事件，CPU便跳至中斷1服務程式執行，而當CPU執行中斷服務程式至時間點B時，另一擁有較高優先等級的中斷2事件發生，此時CPU便會先完成中斷2服務再回去執行中斷1服務。

向量中斷(Vectored interrupt)

NVIC支援向量中斷(Vectored interrupt)，當一個中斷請求被接受後，中斷服務程式(ISR)的位址便可自動從記憶體中的向量表(Vector table)來寫入，而不需要由軟體來決定位址，如此可以有效縮短中斷延遲時間(Interrupt delay)。

末尾連鎖中斷(Tail-chaining)

與傳統ARM7處理器相比，Cortex-M4F提升了推入(PUSH)與取出(POP)的速度至12時脈週期，此外，在處理背對背(Back-to-back)中斷情況，傳統的方法

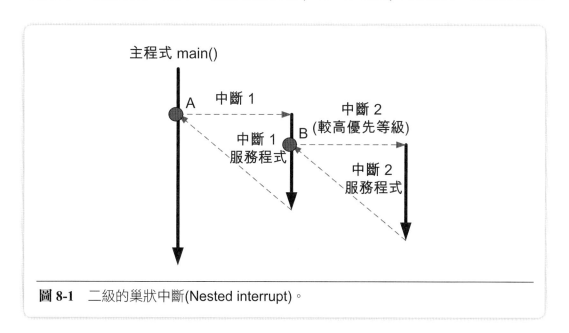

圖 8-1 二級的巢狀中斷(Nested interrupt)。

會重復將處理器狀態推入(PUSH)和取出(POP)過程進行兩次，導致延遲增加。在Cortex-M4F處理器中，則採用了末尾連鎖中斷(Tail-chaining)機制來優化中斷延遲。如圖8-2所示，當兩個中斷被觸發時，處理器會優先處理等級較高的中斷1，在處理完中斷1後，才會進行中斷2的處理工作。使用ARM7傳統方法，當完成中斷1處理程式要切換至中斷2處理程式時，需要花費42時脈週期來進行8個暫存器值恢復(POP)與保存(PUSH)。若採用末尾連鎖中斷(Tail Chaining)時，當中斷1處理程式完成要進入中斷2處理程式時，並不需要將8個暫存器的值保存(PUSH)及再恢復(POP)，因為這樣並不會影響堆疊內容。如此一來，只需要花費6時脈週期取得中斷向量值後，即可進入中斷2處理程式執行。

⊙ 遲到中斷(Late Arrival)

一般而言，一個優先等級低的中斷處理進行時，優先等級高的中斷可以打斷它並執行，只是需要先保存(PUSH) 優先等級低中斷的狀態。如圖8-3所示，當優先等級較低的中斷2被觸發，但尚未開始進入處理程式執行階段，則優先等級較高的中斷1處理程式則可以在中斷1完成保存(PUSH)後直接被執行，而此

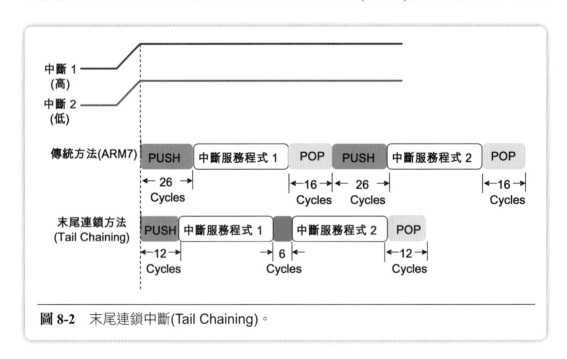

圖 8-2 末尾連鎖中斷(Tail Chaining)。

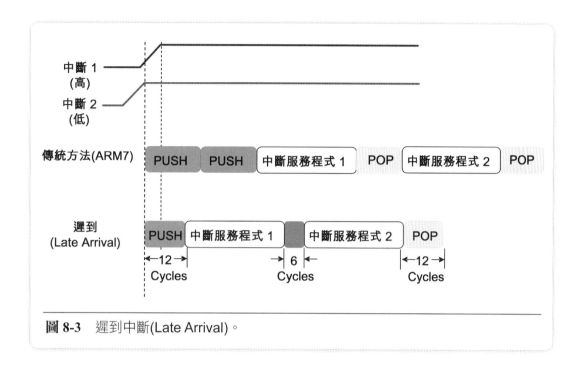

圖 8-3 遲到中斷(Late Arrival)。

時保存(PUSH)的動作可視為中斷2所做。而當中斷2處理程式完成後,則可以採用末尾連鎖中斷(Tail Chaining)方式來完成中斷1處理程式。

8-2-3 中斷暫存器

與Cortex-M4F中斷工作相關的暫存器主要有兩類,第一類為Cortex-M4F核心的特殊暫存器,例如:PRIMASK暫存器、FAULTMASK暫存器、BASEPRI暫存器等這些中斷遮罩暫存器(Interrupt mask register),第二類則為巢狀向量中斷控制器(NVIC)內的暫存器,如表8-3所示。

⊕ 特殊暫存器

Cortex-M4核心的特殊暫存器在中斷處理流程中負責的工作如下:

◐ 中斷遮罩暫存器(Interrupt mask register)

這些暫存器是用來抑止各種中斷,PRIMASK暫存器用來對NMI和硬體錯誤(Hard fault)以外的中斷做遮罩除能的動作,它能將目前工作的優先等級設

表 8-3 巢狀向量中斷控制器(NVIC)內的暫存器。

位址	名稱	型態	說明
0xE000E100- 0xE000E110	EN0- EN4	RW	中斷致能暫存器
0xE000E180- 0xE000E190	DIS0- DIS4	RW	中斷清除致能暫存器
0xE000E200- 0xE000E210	PEND0- PEND4	RW	中斷等待暫存器
0xE000E280- 0xE000E290	UNPEND0- UNPEND4	RW	中斷清除等待暫存器
0xE000E300- 0xE000E310	ACTIVE0- ACTIVE4	RO	中斷活動狀態暫存器
0xE000E400- 0xE000E310	PRI0-PRI34	RW	中斷優先等級暫存器
0xE000EF00	SWTRIG	WO	軟體觸發中斷暫存器
0xE000ED08	VTABLE	RW	中斷向量表偏移值暫存器

定為0，亦即只有NMI和硬體錯誤(Hard fault)中斷高於現行工作的優先等級；FAULTMASK暫存器工作與PRIMASK暫存器相似，但它將目前工作的優先等級設定為-1，亦即連硬體錯誤(Hard fault)中斷也將被遮罩除能，只剩下NMI中斷可被執行；BASEPRI暫存器則用來設定除能優先等級低於特定等級的中斷，例如若設定BASEPRI暫存器為0x30，則所有低於或等於0x30優先等級的中斷事件都會被除能。

⊕ 巢狀向量中斷控制器(NVIC)內的暫存器

Cortex-M4核心的巢狀向量中斷控制器(NVIC)內的暫存器在中斷處理流程中負責的工作如下：

◐ 中斷致能暫存器(Interrupt set-enable register)與中斷清除致能暫存器(Interrupt clear-enable register)：中斷的致能與除能可以分別設定中斷致能暫存器(EN0~EN4)與中斷清除致能暫存器(DIS0~DIS4)來完成，這兩個暫存器皆為32位元，暫存器中每一位元代表一個中斷輸入的致能及除能。

◐ 中斷等待暫存器(Interrupt set-pending register)與中斷清除等待暫存器

(Interrupt clear-pending register)：中斷發生時，若遇到較高等級的中斷服務正在執行時，則無法立即被回應，而會處於等待(Pending)狀態，中斷等待狀態可以藉由中斷等待暫存器(PEND0~PEND4) 與中斷清除等待暫存器(UNPEND0~UNPEND4)來設定。

◑ 中斷活動狀態暫存器(Interrupt active bit registers)：每個中斷都有其活動狀態位元，當執行中斷服務程式時，則其對映位元會被設定1，若完成中斷服務程式，則該位元會被清除為0。

◑ 中斷優先等級暫存器(Interrupt priority register)：每個中斷都有其優先等級設定，而這暫存器即由中斷優先等級暫存器負責，每個優先等級由3~8位元來表示。

◑ 軟體觸發中斷暫存器(Software trigger interrupt register)：讓程式軟體可以藉由寫入軟體觸發中斷暫存器(STIR)來觸發一個中斷(Interrupt)。

◑ 中斷向量表偏移暫存器(Interrupt vector table register)：Cortex-M4中斷向量表是可以重新定位的(Re-locatable)，重新定位的位址可以由NVIC內的中斷向量表偏移暫存器來指定偏移地址，系統初始時偏移地址值被設定為0，所以存放服務程式的中斷向量表會存放於位址0X00000000，亦即MSP起始值存放於0x00000000，而重置服務程式(Reset ISR)存放於0x00000004，依此類推。若想將中斷向量表指定到SRAM區，則可透過這個偏移暫存器來指定。

8-2-4 通用型計時器模組(GPTM)

德州儀器公司為Tiva Cortex-M4F提供了一個功能強大的通用型計時器模組(General-Purpose Timer Module, GPTM)，除了支援傳統的16/32位元計時器外，還新增了32/64位元計時器功能，這些定時器可工作在多種模式，各種工作模式支援的功能如表8-4所示，各種工作模式介紹如下：

計時器模式(Timer mode)

計時器的基本功能為計數，包含遞增(Up)計數和遞減(Down)計數，Tiva Cortex-M4F以系統時脈(System clock)做為計數節拍，當作為遞增計數器時，由

表 8-4 通用型計時器(General-Purpose Timer Module)。

工作模式		使用方式	方向	計時大小	
				16/32位元	32/64位元
計時器模式	單次觸發	整合	雙向	32	64
		獨立	雙向	16	32
	週期	獨立	雙向	32	64
		獨立	雙向	16	32
	即時時脈	整合	遞增	32	64
捕捉模式	邊緣計數	獨立	雙向	16	32
	邊緣計時	獨立	雙向	16	32
PWM模式	PWM	獨立	遞減	16	32

0開始,逐步加1,直到計數到設定的預設值;反之,若為遞減計數器時,則由預設值開始,逐步減1,直到計數到0。當計數完成時可以觸發中斷。計時器模式有三種工作模式:單次觸發模式(One shot mode)、週期模式(Periodic mode)、即時時脈模式(RTC mode),其中單次觸發模式只能計數一次,如果需要再次計數則需要重新配置,而週期模式會自動從重新計數,而在即時時脈模式下,計時器會被配置成一個32/64位元的遞增計數器,而且輸入時脈(Input clock)必須由CCP腳位輸入32.768KHz時脈,藉由內建的RTC除頻器進行32768除頻來產生1Hz時脈,亦即每過一秒鐘RTC計數次數就會增加1。

⊕ 捕捉模式(Capture mode)

除了自動計數外,通用型計時器模組(GPTM)也可以透過I/O接腳的訊號位準變化來進行計數,這樣的方式稱為邊緣計數模式(Edge count)。總共支援三種訊號邊緣(Edge)變化類型:上升邊緣(Rising edge)、下降邊緣(Falling edge)、雙向邊緣(Both)。除了使用邊緣位準變化進行計數,通用型計時器模組(GPTM)還可以使用邊緣位準變化進行計時工作,這樣的方式稱為邊緣計時(Edge time)模式。

⊕ 脈寬調變模式(PWM mode)

通用型計時器模組(GPTM)可以設定為脈寬調變模式(PWM mode)來產生簡

單的脈寬調變(PWM)信號，這時計時器必須工作在16位元模式。

　　配合本章的實作練習，後面的介紹以計時器模式使用說明為主，Tiva Cortex-M4F微控制器的通用型計時器模組(GPTM)包含六個16/32位元區塊和六個32/64位元區塊，每個16/32位元區塊可以拆為兩個單獨工作的16位元計時器，分別稱為「計時器A(Timer A)」和「計時器B(Timer B)」，或整合為一32位元計時器。32/64位元的區塊亦是如此，可以拆為兩個單獨的32位元計時器A(Timer A)和計時器B(Timer B)，也可以整合為一64位元計時器。當計時器A(Timer A)和計時器B(Timer B)整合為一個計時器時，只需設定計時器A(Timer A)即可。

◉ 通用型計時器模組(GPTM)的暫存器

　　通用型計時器模組(GPTM)的工作模式可以透過設定GPTMCFG暫存器、GPTMTAMR暫存器和GPTMTBMR暫存器來完成：

◗ GPTMCFG(GPTM configuration)暫存器：這個暫存器主要用以設定計時器工作在32位元或64位元的整合模式(Concatenated timer)，或是16或32位元獨立模式(Individual timer)，例如若工作在獨立模式(Individual timer)則將此暫存器值設為0x4。

◗ GPTMTAMR(GPTM Timer A Mode)暫存器：這個暫存器會依GPTMCFG暫存器的設定狀態來設定GPTM模組，若GPTMCFG暫存器設定的工作狀態為獨立模式(Individual mode)，這個暫存器則用來控制計時器A(Timer A)工作模式。反之，若GPTMCFG暫存器設定為整合模式(Concatenated mode)，這個暫存器則同時控制計時器A(Timer A)和計時器B(Timer B)工作模式，此時GPTMTBMR暫存器的設定則會被忽略。

◗ GPTMTBMR(GPTM Timer B Mode)暫存器：這個暫存器用來控制計時器B(Timer B)工作模式，但在整合模式(Concatenated mode)下，暫存器的設定則會被忽略。

8-2-5 通用型計時器模組(GPTM)模組初始與設定

本節以通用型計時器模組(GPTM)工作在單次觸發模式(One shot mode)與週期性模式(Periodic mode)工作模式為例說明如何設定相關暫存器，流程如下：

1. 變更設定前，先確定計時器為除能狀態(確認GPTMCTL暫存器內TAEN/TBEN位元為0)。

2. PTMCFG(GPTM Configuration)暫存器寫入值0x00000000。

3. 設定GPTMTAMR/GPTMTBMR (GPTM Timer A/B Mode Register)暫存器內的TAMR/TBMR欄位來決定其工作模式：0x1為單次觸發模式(One shut mode)，0x2為週期模式(Periodic mode)。

⊕ 通用型計時器模組(GPTM)的暫存器

通用型計時器模組(GPTM)的各個暫存器說明如下：

◑ GPTMCTL(GPTM Control)暫存器：GPTMCTL暫存器是配合GPTMCFG與GMTMTnMR暫存器用以微調計時器設定，例如致能計時器A可藉由設定位元0(TAEN位元)為1(0為除能)，而致能計時器B可藉由設定位元8(TBEN位元)為1(0為除能)。

◑ GPTMTAMR/ GPTMTBMR (GPTM Timer A/B Mode Register)暫存器：GPTMTAMR/ GPTMTBMR暫存器會依據GPTMCFG暫存器設定進一步來設定GPTM模組，例如藉由TAMR/TBMR欄位(位元1:0)設定來決定工作模式，欄位值代表模式如下：0x0為保留值，0x1為單次觸發模式(One shot mode)，0x2為週期模式(Periodic mode)，0x3為捕捉模式(Capture mode)。

◑ GPTMTAILR/ GPTMTBILR(GPTM Timer A/B Interval Load)暫存器：當計時器設定為遞減計數時，這樣暫存器就用來載入起始值。反之若設定為遞增計數時，這暫存器就用來載入上限值。

◑ GPTMIMR(GPTM Interrupt Mask)暫存器：這個暫存器讓使用者用來致能或除能GPTM模組觸發中斷。

8-3 操作函式

雖然藉由各種暫存器的設定可以有效操作巢狀向量中斷控制器(NVIC)及通用型計時器模組(GPTM)，但是使用時必須瞭解各種暫存器功能及欄位定義，相當麻煩。為了簡化使用者使用Tiva Cortex-M4F處理器內的NVIC及GPTM模組，德州儀器公司(TI)在TivaWare函式庫中提供了豐富的操作API函式。本節將會有詳細介紹。

💛 8-3-1 槽狀向量中斷控制器(NVIC)的API函式

巢狀向量中斷控制器(NVIC)的API函式主要作用是用來管理中斷控制器內的中斷向量表(Interrupt vector table)，以便回應各種中斷請求，支援功能包含中斷的禁止和致能、優先等級的設定以及註冊中斷處理程式(Interrupt handler)等，而註冊中斷處理程式也就是將中斷處理程式的位址填入中斷向量表中，當處理器接收中斷請求後，NVIC就可直接將中斷處理程式的位址傳送給處理器，以節省中斷處理時間。中斷請求發生時，中斷向量表會被預設成一個指向無窮迴圈的指標，當沒有已註冊的中斷處理程式來回應中斷時，則會出現一個中斷錯誤，因此中斷源必須在完成中斷處理程式註冊後才能被致能，而且中斷源必須在處理程式被註銷前先被禁止。

中斷處理程式的註冊和註銷可使用IntRegister()和IntUnregister()來管理，個別的中斷源可以使用IntEnable()和IntDisable()來致能和禁止，而處理器中斷則可使用IntMasterEnable()和IntMasterDisable()來致能和禁止。每個中斷源的優先等級可以使用IntPrioritySet()和IntPriorityGet()來設定或查詢，Tiva Cortex-M4F共支援8種優先等級，而且支援群組優先等級(Priority grouping)。

實務上，中斷處理程式(Interrupt handler)可以採用兩種方式進行註冊：編譯期間的靜態配置與執行期間的動態配置。採用靜態配置時，中斷處理程式可以藉由編輯啟動程式(Startup code)內的中斷處理表(Interrupt handler table)來完成

註冊,並且必須在程式中使用IntEnable()啟動後,處理器才會回應這個中斷;若是採用動態配置,則可以在程式執行期間藉由IntRegister()來註冊中斷處理程式。採用靜態配置方式時,若中斷處理表(Interrupt handler table)儲存於快閃記憶體(Flash)中,則從Flash擷取指令(Fetch)和狀態存放(PUSH)至靜態隨機存取記憶體(SRAM)的動作可以平行進行來加速中斷處理。

巢狀向量中斷控制器(NVIC)的API函式原始碼定義在下列檔案中:TivaWare/driverlib/interrupt.c,而interrupt.h為標頭檔,其中主要函式說明如下:

 IntEnable ( )

功能:致能一個中斷

語法:void IntEnable(uint32_t ui32Interrupt);

說明:指定中斷控制器中需要被致能的中斷,而參數ui32Interrupt則是要被致能的中斷編號。

IntDisable( )

功能:禁止一個中斷

語法:void IntDisable(uint32_t ui32Interrupt);

說明:指定中斷控制器中需要被禁止的中斷,而參數ui32Interrupt則是要被禁止的中斷編號。

IntMasterEnable ( )

功能:致能處理器中斷

語法:bool IntMasterEnable(void);

說明:允許處理器接受中斷,這不會影響中斷控制器中已經被致能的中斷,它只是控制中斷控制器到處理器間的單一中斷。

IntMasterDisable ( )

功能:禁止處理器中斷

語法:bool IntMasterDisable(void);

說明：禁止處理器接受中斷，這不會影響中斷控制器中已經被致能的中斷，它只是控制中斷控制器到處理器間的單一中斷。

⊕ IntPrioritySet ( )

功能：設定一個中斷的優先等級

語法：void IntPrioritySet(uint32_t ui32Interrupt, uint8_t ui8Priority);

說明：設定一個中斷的優先等級，第一個參數ui32Interrupt指定要設定的中斷編號，第二個參數ui8Priority用以設定優先等級，Tiva Cortex-M4 只實作三個較高位元的優先等級，優先等級值為0~7，數字愈小表優先等級愈高。

⊕ IntPriorityGet ( )

功能：取得一個中斷的優先等級

語法：int32_t IntPriorityGet(uint32_t ui32Interrupt);

說明：取得一個中斷的優先等級設定。

⊕ IntRegister ( )

功能：註冊一個用以回應中斷的處理程式

語法：void IntRegister(uint32_t ui32Interrupt,void (*pfnHandler)(void));

說明：當指定的中斷對處理器提出中斷請求時，處理器則呼叫其註冊的中斷處理程式來處理。當中斷發生時，如果它已經透過IntEnable()致能，則會呼叫相對映的處理程式。第一個參數ui32Interrupt用以指定中斷，而pfnHandler用以指定要被呼叫的中斷處理程式

⊕ IntUnregister ( )

功能：註銷一個用以回應中斷的處理程式

語法：void IntUnregister(uint32_t ui32Interrupt);

說明：這個函式用來註銷一個指定中斷的處理程式，當該中斷對處理器提出中斷請求時，則不會呼叫處理程式。而參數ui32Interrupt則是指定中斷的編號。

8-3-2 計時器(Timer)的API函式

計時器API提供一組函式來處理通用型計時器模組(General Purpose Timer Module, GPTM)模組,這些函式可以用來設定和控制計時器、修改計時及計數值,以及處理計時器中斷。計時器模組提供二個32/16位元計時器,可以單獨使用,也可整合為一個64/32位元計時器。

相對於前面章節介紹使用暫存器來進行計時器初始及設定動作,接下來將介紹如何藉由TivaWare提供的API函式來簡化計時器的使用。通常使用計時器API函式讓計時器運作起來需要以下幾個步驟:

1. 啟動GPTM模組

使用SysCtlPeripheralEnable()函式啟動GPTM模組,如下列範例程式碼,用以啟動64/32位元計時器0(Wide Timer 0)。

```
SysCtlPeripheralEnable(SYSCTL_PERIPH_WTIMER0);
```

在TivaWare中,32/16位元計時器命名為TIMER,而64/32位元計時器命名為WTIMER(Wide Timer)。

2. 設定計時器工作模式

使用TimerConfigure()函式設定計時器的工作模式,如下列範例程式碼,用以將64/32位元計時器2(Wide Timer 2)中的計時器A設定為單次觸發(One-Shot)模式,而計時器B設定為週期(Periodic)模式。

```
TimerConfigure(WTIMER2_BASE, TIMER_CFG_SPLIT_PAIR |
TIMER_CFG_A_ONE_SHOT | TIMER_CFG_B_PERIODIC);
```

3. 設定計時器計數範圍

使用TimerLoadSet()和TimerLoadSet64()函式來設定計數範圍。設定整合使用的64/32位元計時器則需使用TimerLoadSet64()函式,其它的情況則使用TimerLoadSet()函式。如下列範例程式碼中,用以設定64/32位元計時器3(Wide Timer 3)計數範圍為0到80000。

TimerLoadSet64(TIMER3_BASE, 80000);

4. 啟動計時器

　　使用TimerEnable()函式來啟動計時器進行計數工作，如下列範例程式碼中，用以啟動64/32位元計時器3(Wide Time 3)中的計時器B

TimerEnable(WTIMER3_BASE, TIMER_B);

5. 中斷設定

　　一般計時器可設計來產生一中斷事件，並進行中斷服務程式處理。TivaWare函式庫中，用TimerIntRegister()向系統註冊一中斷服務程式，用TimerIntEnable()來致能計時器的中斷要求。需要注意的是，TimerIntEnable()函式只是讓計時器產生的特定事件能觸發一個中斷事件，Cortex-M4F處理器中斷致能的工作還是要由IntMasterEnable()來完成，而定時器中斷的致能則是要由IntEnable()函式來完成。下列範列程式碼中，當計時器B(Timer B)完成計數後產生中斷請求，再由中斷處理程式WTimer0BIntHandler()來完成中斷處理工作。

TimerIntRegister(WTIMER0_BASE, TIMER_B, WTimer0BIntHandler);
IntMasterEnable();
TimerIntEnable(WTIMER0_BASE, TIMER_TIMB_TIMEOUT);
IntEnable(INT_WTIMER0B);

　　計時器API函式原始碼定義在TivaWare/driverlib/ timer.c檔案中，而timer.h為其標頭檔，其中主要函式說明如下：

⊕ TimerConfigure( )

功能：設定計時器工作模式

語法：void TimerConfigure(uint32_t ui32Base,uint32_t ui32Config);

說明：在呼叫TimerConfigure()設定計時器前，必須先確定計時器為除能狀態。第一個參數ui32Base用以指定計時器基址(Base address)，Tivaware中Cortex-M4F基址定義如下：TIMER0_BASE: 16/32-bit Timer 0 (0x4003.0000)

TIMER1_BASE: 16/32-bit Timer 1 (0x4003.1000)

TIMER2_BASE: 16/32-bit Timer 2 (0x4003.2000)

TIMER3_BASE: 16/32-bit Timer 3 (0x4003.3000)

TIMER4_BASE: 16/32-bit Timer 4 (0x4003.4000)

TIMER5_BASE: 16/32-bit Timer 5 (0x4003.5000)

WTIMER0_BASE: 32/64-bit Wide Timer 0 (0x4003.6000)

WTIMER1_BASE: 32/64-bit Wide Timer 1: (0x4003.7000)

WTIMER2_BASE: 32/64-bit Wide Timer 2: (0x4004.C000)

WTIMER3_BASE: 32/64-bit Wide Timer 3: (0x4004.D000)

WTIMER4_BASE: 32/64-bit Wide Timer 4: (0x4004.E000)

WTIMER5_BASE: 32/64-bit Wide Timer 5: (0x4004.F000)

計時器的第二個參數ui32Config則是用來指定計時器的設定，設定選項如下所列：

TIMER_CFG_ONE_SHOT：單次觸發(One-Shot)模式。

TIMER_CFG_ONE_SHOT_UP：單次觸發(One-Shot)且遞增模式。

TIMER_CFG_PERIODIC：週期(Periodic)模式。

TIMER_CFG_PERIODIC_UP：週期(Periodic)且遞增模式。

TIMER_CFG_RTC：RTC模式。

TIMER_CFG_SPLIT_PAIR：獨立模式(Individual mode)，用來設定計時器A與計時器B獨立工作。

若使用TIMER_CFG_SPLIT_PAIR選項時，因工作在獨立模式(Individual mode)，則需要分別指定計時器A與計時器B工作模式，如TIMER_CFG_A_ONE_SHOT選項指定計時器A工作在單次觸發(One-Shot)模式。

⊕ TimerLoadSet( )

功能：載入計時器計數範圍

語法：void TimerLoadSet(uint32_t ui32Base,uint32_t ui32Timer,uint32_t ui32Value);

說明：第一個參數ui32Base用以指定計時器基址(Base address)，第二個參數ui32Timer用來指定要調整的是計時器A或計時器B或兩者，第三個參數ui32Value則為要載入的計數值。若使用64/32位元整合模式的計時器則需使用TimerLoadSet64()函式。

⊕ **TimerEnable( )**

功能：致能計時器

語法：void TimerEnable(uint32_t ui32Base, uint32_t ui32Timer);

說明：第一個參數ui32Base用以指定計時器基址(Base address)，第二個參數ui32Timer用來指定要調整的是計時器A(TIMER_A)或計時器B(TIMER_B)或兩者(TIMER_BOTH)。

⊕ **TimerIntEnable( )**

功能：致能計時器中斷的來源

語法：void TimerIntEnable(uint32_t ui32Base, uint32_t ui32IntFlags);

說明：這個函式用來致能計時器中斷的來源，只有被致能的計時器中斷來源才會反應到處理器的中斷，被除能的來源則不會對處理器中斷造成影響。第一個參數ui32Base用以指定計時器基址(Base address)，第二個參數ui32IntFlags指定計時器中斷的來源，可以是下列事件其中一項或是組合。

TIMER_CAPA_EVENT：計時器A捕捉模式邊緣(Edge)事件中斷。

TIMER_CAPA_MATCH：計時器A捕捉模式匹配中斷。

TIMER_TIMA_TIMEOUT：計時器A超時(Timeout)中斷。

TIMER_CAPB_EVENT：計時器B捕捉模式邊緣(Edge)事件中斷。

TIMER_CAPB_MATCH：計時器B捕捉模式匹配中斷。

TIMER_TIMB_TIMEOUT：計時器B超時(Timeout)中斷。

TIMER_RTC_MATCH：RTC匹配中斷。

⊕ **TimerIntRegister( )**

功能：註冊計時器中斷的中斷處理程式

語法：void TimerIntRegister(uint32_t ui32Base,uint32_t ui32Timer,void (*pfnHandler)(void));

說明：雖然TimerIntRegister()函式中使用IntRegister()函式來註冊計時器中斷
處理程式，並呼叫IntEnable()來致能NVIC控制器內的定時器中斷，但呼叫
TimerIntRegister()函式後，仍需再藉由TimerIntEnable()來致能計時器中斷的
來源。第一個參數ui32Base用以指定計時器基址(Base address)，第二個參數
ui32Timer用來指定要調整的是計時器A(TIMER_A)或計時器B(TIMER_B)或兩
者(TIMER_BOTH)，第三個參數pfnHandler為中斷處理程式的指標。

⊕ TimerIntClear( )

功能：清除計時器中斷的來源

語法：TimerIntClear(uint32_t ui32Base,uint32_t ui32IntFlags);

說明：TimerIntClear()用以清除致能計時器中斷的來源，這個函式需要在計時器
中斷處理程式中被呼叫來避免中斷又被觸發。第一個參數ui32Base用以指定計
時器基址(Base address)，第二個參數ui32IntFlags指定計時器中斷的來源，會和
TimerIntEnable()函式中致能的來源相同。

8-4 實驗步驟

⊕ 建立一新工作目錄Chap08

1. 在檔案總管中的C:\ti\Mylabs目錄中新增一子目錄Chap08。

⊕ 在CCS中建立一新專案Chap08

2. 在CCS選單中選擇File➜New➜CCS Project，並依圖8-4所示完成新專案
   Chap08下設定。

⊕ 撰寫程式碼內容：main.c

3. 加入標頭檔(Header files)定義以便使用TivaWare API函式，程式碼如下所示：

   #include <stdint.h>

   #include <stdbool.h>

```
#include "inc/tm4c123gh6pge.h"
#include "inc/hw_memmap.h"
#include "inc/hw_types.h"
#include "driverlib/sysctl.h"
#include "driverlib/interrupt.h"
#include "driverlib/gpio.h"
#include "driverlib/timer.h"
```

各個標頭檔說明如下：

◑ tm4c123gh6pge.h：定義Tiva TM4C123GH6PGE處理器中斷和暫存器的配置。

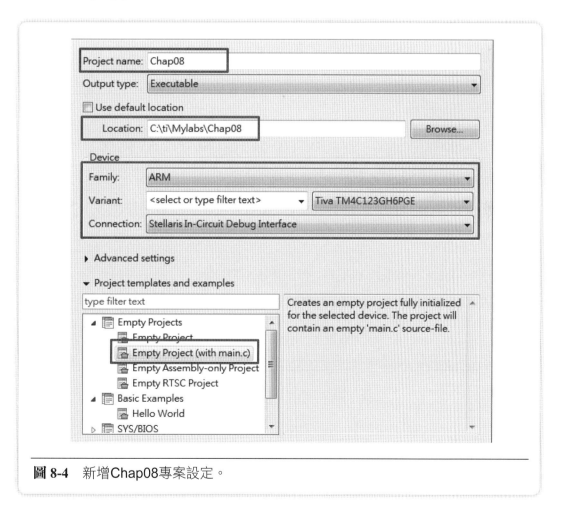

圖 8-4 新增Chap08專案設定。

◑ interrupt.h：NVIC控制器API函式的定義與巨集。

◑ timer.h：計時器API函式的定義與巨集。

4. 加入主函式Main()，並且定義型態為32位元無號整數的變數ui32Period來存放計時器計數次數以達到需要的延遲時間，程式碼如下所示：

```
int main(void)
{
    uint32_t ui32Period;
}
```

5. 設定系統時脈(System clock)，依下列設定來產生40MHz的系統時脈，

◑ 主要振盪器(Main oscillator)：16MHz

◑ 鎖相迴路(PLL)：400MHz

◑ 除頻器 (Divider)：5(加上原有2倍除頻，可達10倍除頻)

程式碼如下所示：

```
SysCtlClockSet(SYSCTL_SYSDIV_5|SYSCTL_USE_PLL|SYSCTL_
XTAL_16MHZ|SYSCTL_OSC_MAIN);
```

6. 設定GPIO來連接至USER LED的接腳(PIN)，包含致能該接腳並設定為輸出狀態，程式碼如下所示：

```
SysCtlPeripheralEnable(SYSCTL_PERIPH_GPIOG);
GPIOPinTypeGPIOOutput(GPIO_PORTG_BASE, GPIO_PIN_2);
```

7. 設定計時器(Timer)，包含致能計時器並設定計時器工作模式，設定計時器0 (Timer 0)為32位元計時器且工作在週期模式(Periodic mode)，程式碼如下所示：

```
SysCtlPeripheralEnable(SYSCTL_PERIPH_TIMER0);
TimerConfigure(TIMER0_BASE, TIMER_CFG_PERIODIC);
```

8. 計算延遲時間(Delay)，來達到10Hz的LED閃爍週期，且明亮占空比(Duty cycle)50%，即明暗時間相同，如圖8-5所示，為達到10Hz閃爍頻率，必須設

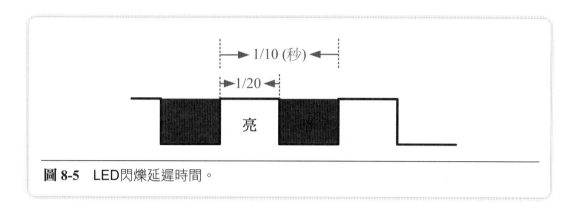

圖 8-5 LED閃爍延遲時間。

定計時器(Timer)每(1/10)/2秒產生一次中斷請求。接著依系統時脈(Clock)算出計時器需要設定的計時次數,程式中可以呼叫SysCtlClockGet()函式取得目前系統工作時脈。

程式碼如下所示:

ui32Period = (SysCtlClockGet() / 10) / 2;

TimerLoadSet(TIMER0_BASE, TIMER_A, ui32Period -1);

ui32Period為計時器需要載入的計時次數,接著使用TimerLoadSet()函式將計時次數載入GPTMTAILR暫存器中,因為在週期模式(Periodic mode)需要額外的1個工作時脈將計時次數值重新載入,所以程式中載人計時次數為ui32Period減1。

9. 致能中斷(Interrupt enable):要致能計時器中斷功能,需要同時致能計時器模組還有NVIC控制器,程式碼如下所示:

IntEnable(INT_TIMER0A);

TimerIntEnable(TIMER0_BASE, TIMER_TIMA_TIMEOUT);

IntMasterEnable();

Cortex-M4F處理器中斷致能的工作由IntMasterEnable()來完成,而IntEnable(INT_TIMER0A)用以致能NVIC控制器中Timer0A的中斷功能,TimerIntEnable()函式用以致能計時器Timer0A產生的超時(Timeout)中斷。

10. 致能計時器(Timer enable)：啟動計時器Timer0A開始進行計數工作，完成計數後便會觸發中斷，程式碼如下所示：

TimerEnable(TIMER0_BASE, TIMER_A);

11. 主迴圈(Main loop)：新增while()迴圈，程式會一直在迴圈中等待計時器中斷產生，程式碼如下所示：

while(1)
{
}

12. 計時器中斷處理程式 (Timer interrupt handler)：本實驗LED的閃爍是由計時器中斷來驅動的，所以必須將LED明暗控制的程式撰寫成計時器的中斷服務程式Timer0IntHandler()，中斷服務程式可放置於主程式main()後面，程式碼如下所示：

```c
void Timer0IntHandler(void)
{
    // Clear the timer interrupt
    TimerIntClear(TIMER0_BASE,TIMER_TIMA_TIMEOUT);

    // Read the current state of the GPIO pin and
    // write back the opposite state
    if(GPIOPinRead(GPIO_PORTG_BASE, GPIO_PIN_2))
    {
      GPIOPinWrite(GPIO_PORTG_BASE, GPIO_PIN_2, 0);
    }
    else
    {
    GPIOPinWrite(GPIO_PORTG_BASE, GPIO_PIN_2, 4);
    }
}
```

13. 儲存main.c程式內容。

◉ 撰寫程式碼內容：startup_ccs.c

14. 在CCS選單中選擇File➔New Source File，新增啟動程式startup_ccs.c，如圖
    8-6所示。(注意：若CCS已自動載入啟動程式，則省略本步驟，避免兩個啟
    動程式重覆定義問題)

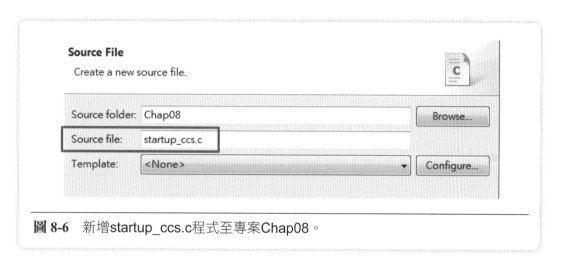

圖 8-6　新增startup_ccs.c程式至專案Chap08。

15. 撰寫啟動程式startup_ccs.c內容：startup_ccs.c內容可先由TivaWare內範例
    blinky或hello專案內的startup_ccs.c複製過來，再進行修改。本實驗需要修改
    啟動程式內的中斷向量表內容來定義計時器中斷服務程式(ISR)。我們先在
    中斷向量表找到計時器0A(Timer 0 subtimer A)中斷服務程式位址，原來的中
    斷服務程式IntDefaultHandler()只工作在無窮迴圈中，我們需將其換成我們
    前面撰寫的計時器中斷服務程式Timer0IntHandler()，如下所示：

```
IntDefaultHandler,                    // ADC Sequence 2
IntDefaultHandler,                    // ADC Sequence 3
IntDefaultHandler,                    // Watchdog timer
Timer0IntHandler,                     // Timer 0 subtimer A
IntDefaultHandler,                    // Timer 0 subtimer B
IntDefaultHandler,                    // Timer 1 subtimer A
```

此外，我們還需要宣告Timer0IntHandler()為外部函式，可以宣告在c_int00()
函式下面，如下所示：

```
37  // External declaration for the reset handler that is to be called when the
38  // processor is started
39  //
40  //*****************************************************************************
41  extern void _c_int00(void);
42  extern void Timer0IntHandler(void);
43
44  //*****************************************************************************
```

16. 儲存startup_ccs.c程式內容。

⊕ 設定程式建立選項(Build Options)

17. 新增標頭檔搜尋路徑(Include Search Path)：因為程式中使用了TivaWare 提供的各種API函式，為了讓編譯器(Compiler)找到這些API函式的標頭 檔(Include file)，在對程式進行編譯前，需要先在程式建立選項(Build Options)中指定TivaWare目錄存放路徑。首先在專案Chap08上按右鍵並 選擇 "Properties"，由程式建立選項(Build Options)中ARM編譯器(ARM Compiler)➔標頭檔選項(Include Options)➔標頭檔搜尋路徑(Include Search Path)新增路徑C:/ti/TivaWare_C_Series-1.0，新增流程如圖8-7所示。

18. 新增函式庫搜尋路徑(File Search Path)：除了標頭檔路徑外，使用TivaWare 提供的各種API函式，還需要在程式建立選項(Build Options)中指定使用的函 式庫，由程式建立選項(Build Options)中ARM連結器(ARM linker)➔函式庫 搜尋路徑(File search path)➔加入函式庫檔案(Include library file)中新增"C:\ti\ TivaWare_C_Series-1.0\driverlib\ccs\Debug\driverlib.lib"函式庫，完成後如圖 8-8所示。

19. 建立(Build)及執行(Run)程式：按下Debug鍵 進行程式編譯，接著便自動 下載執行檔至DK-TM4C123G開發板的Flash記憶體中，並且自動執行至 main()。接著由Degug透視圖(Perpective)中按下Resume鍵，此時就可以看到 USER LED閃爍。

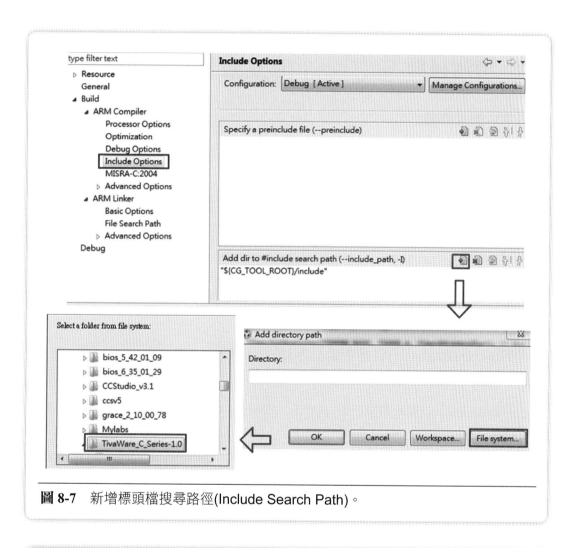

圖 8-7 新增標頭檔搜尋路徑(Include Search Path)。

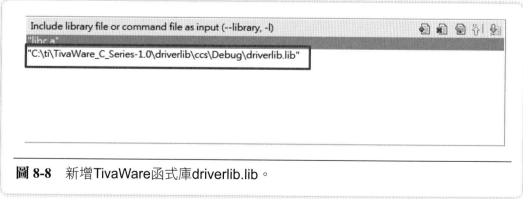

圖 8-8 新增TivaWare函式庫driverlib.lib。

8-5 進階實驗

⊕ 觀察中斷暫存器

1. 中斷致能暫存器
2. 中斷向量表偏移值暫存器
3. 中斷活動狀態暫存器
4. 中斷優先等級暫存器

⊕ 調整計時器中斷週期：LED閃爍週期為3秒

1. 計算中斷延遲時間
2. 計算計時器設定次數

⊕ 用TimerIntRegister()註冊中斷服務程式(不修改startup_ccs.c)

1. 宣告 void Timer0IntHandler(void)
2. 使用TimerIntRegister(TIMER0_BASE, TIMER_A, Timer0IntHandler)註冊中斷服務程式。

⊕ 使用WTIMER 3B於工作單次觸發(One-Shot)模式，3秒後點亮LED

8-6 EK-TM4C123GXL開發板開發板實作

　　與DK-TM4C123G開發板最大的不同，EK-TM4C123GXL開發板上有三個USER LED且對映的GPIO不同，故程式中除了修改處理器型號外，還需修正GPIO設定。

● 標頭檔(Header Files)
　　因使用處理器不同，所以標頭檔需修正，

　　原始：#include "inc/tm4c123gh6pge.h"

修正：#include "inc/tm4c123gh6pm.h"

◗ 設定GPIO (GPIO Configuration)

EK-TM4C123GXL開發板上的USER LED是連接至GPIO的Port F，所以程式需修正如下：

原始：ysCtlPeripheralEnable(SYSCTL_PERIPH_GPIOG);

GPIOPinTypeGPIOOutput(GPIO_PORTG_BASE, GPIO_PIN_2);

修正：SysCtlPeripheralEnable(SYSCTL_PERIPH_GPIOF);

GPIOPinTypeGPIOOutput(GPIO_PORTF_BASE, GPIO_PIN_2);

◗ 中斷服務程式(Timer Interrupt Handler)

因USER LED對映的GPIO的Port不同，因此中斷服務程式亦需修正如下：

```
void Timer0IntHandler(void)
{
    // Clear the timer interrupt
    TimerIntClear(TIMER0_BASE, TIMER_TIMA_TIMEOUT);
    // Read the current state of the GPIO pin and
    // write back the opposite state
    if(GPIOPinRead(GPIO_PORTF_BASE, GPIO_PIN_2))
    {
        GPIOPinWrite(GPIO_PORTF_BASE, GPIO_PIN_2, 0);
    }
    else
    {
        GPIOPinWrite(GPIO_PORTF_BASE, GPIO_PIN_2, 4);
    }
}
```

Chapter **9**

ADC控制實作

本章重點

9-1　實驗說明

類比數位轉換器(Analog to Digital Converter, ADC)為數位訊號處理系統的前端電路，負責將連續性的類比訊號轉換成數位訊號，再由處理器來進行數位處理工作。在嵌入式系統中常藉由各式各樣的感測器(Sensor)來收集各種資訊，如溫度、溼度、振度、甚至各方向的加速度。在本章實驗中，我們將練習如何設定ADC模組對各種類比信號源進行取樣並輸入給處理器，包含內部及外部溫度感測器。

9-2　工作原理

在電腦或嵌入式系統中，處理器處理的訊琥，皆為0與1的數位訊號，可是自然界中，我們接觸到的訊號大都為連續變化型態存在，這樣的型態我們稱為類比訊號，例如溫度或聲音。當我們想把這些連續型態的類比訊號輸入至嵌入式系統處理器運算時，就需要將訊號進行轉換，如圖9-1所示。比如說將溫度感測器量測到的連續變化經由類比數位轉換器(ADC)轉換為數位訊號再傳送給處理器進行運算、儲存…等處理工作，作為溫度控制應用的依據。相對的，如果要將這些數位訊號再轉成類比訊號傳出去時，就需要經由數位類比轉換器(Digital to Analog Converter, DAC)轉成類比訊號。

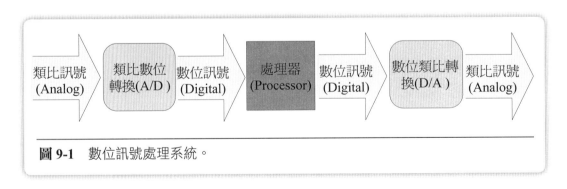

圖 9-1　數位訊號處理系統。

　　類比數位轉換(A/D)過程如圖9-2所示，主要包含兩個程序：取樣保存
(Sampling and holding)以及量化(Quantization)。

◐ 取樣保存(Sampling and holding)：將輸入的類比訊號V_{IN}進行等時間間隔取樣
(Sampling)，這些取樣值在時間上是離散的值，但在振幅上仍然是連續類比
數值。取樣的時間間隔愈小，亦即取樣率(Sample rate)越高則訊號越不易失
真。一般而言，取樣率必須至少為類比訊號頻率的兩倍，稱為Nyquest定理。

◐ 量化(Quantization)：將取樣的連續振幅值量化成數位訊號V_{OUT}表示，圖9-2例
子中最後將類比訊號量化3位元(Bit)的數位訊號表示。量化的位元數越高則
量化造成的量化誤差(Quantization error)愈小，亦即解析度(Resolution)越高。
例如以3位元來記錄5V的電壓範圍時，量化誤差為5V/8=0.625V，若改以8位
元來記錄5V的電壓範圍時，量化誤差則可以降低為5V/256=19.5mV，有效提
升其解析度(Resolution)。

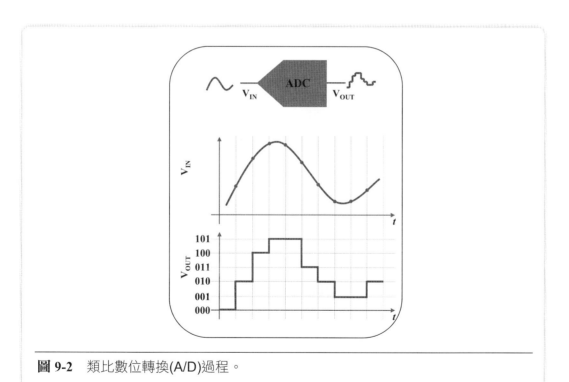

圖 9-2　類比數位轉換(A/D)過程。

9-2-1　ADC模組

在Tiva Cortex-M4F系列處理器中內建兩個獨立的類比數位轉換器(ADC)，可以支援24個輸入通道，如圖9-3所示。ADC模組的主要特性如下：

◑ 2個獨立的ADC模組

◑ 24個共同的類比輸入通道

◑ 12位元精準度

◑ 內建溫度感測器(Temperature sensor)

◑ 最高取樣率1MSPS(Million Samples per Second)

◑ 每個ADC模組都有4個可程式化取樣序列(Sample Sequencer, SS)

◑ 靈活的觸發方式(計時器、比較器、軟體控制、GPIO)

◑ 硬體平均(Hardware averaging)：最高64個取樣值平均

◑ 每個ADC模組都有8個數位比較器(Digital comparator)

◑ 2個類比比較器(Analog comparator)

◑ 可產生中斷(Interrupt)

圖9-4為ADC模組的方塊圖，類比輸入來源(AINX)經由取樣量化後的值會先經過硬體平均器(Hardware averager)平均後，再由取樣序列(Sample Sequencer, SS)來收集。每個ADC模組總共有四個獨立的取樣序列(Sample Sequencer)，每個取樣序列都是可程式設定的，透過設定ADC模組可以同時收集不同輸入來源的資訊。ADC模組的主要方塊功能簡介如下：

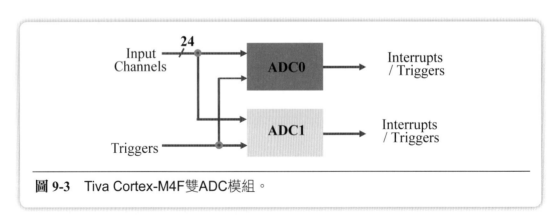

圖 9-3　Tiva Cortex-M4F雙ADC模組。

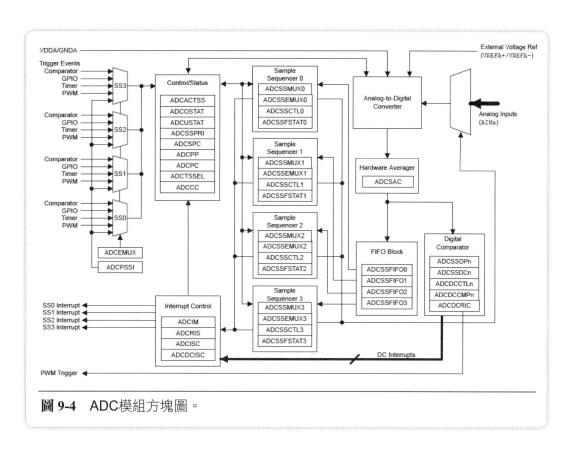

圖 9-4　ADC模組方塊圖。

◈ 類比數位轉換(Analog to Digital Converter)電路

　　ADC轉換電路輸出為12位元數位表示，12位元數位表示的數值介於0~4095之間，類比輸入的最低電壓轉換後數值為0，反之類比輸入的最高電壓轉換後數值為4095。Tiva Cortex-M4F系列處理器使用參考電壓VREFP表最高類比電壓值，而參考電壓VREFN表最低類比電壓值。配合12位元數位表示，輸入類比電壓V_{ADC}與輸出數位數值ADCCODE的關係可寫成下列公式：

$$ADCCODE = V_{ADC} \times 4095/(VREFP\text{-}VREFN)$$

　　兩者關係如圖9-5所示，當輸入類比電壓為VREFN時，輸出ADCCODE為0(0x000)，當輸入類比電壓為VREFP時，輸出ADCCODE為4095(0xFFF)，類比電壓值超過VREFP時，則飽和在4095(0xFFF)。

　　ADC模組使用內部參考電壓VREFP與VREFN來進行類比數位轉換工作，

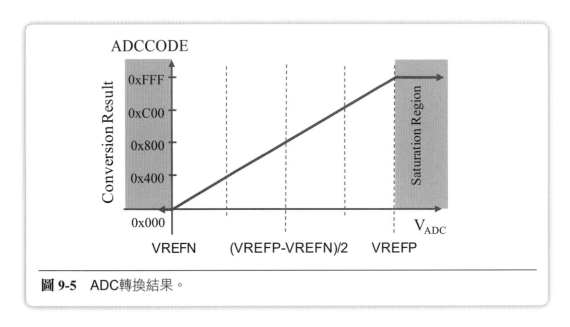

圖9-5 ADC轉換結果。

內部參考電壓VREFP可能連接到外部參考電源VREFA+或類比電源VDDA,而內部參考電壓VREFN則可能連接到外部參考電源VREFA-或類比電源GNDA,如圖9-6所示。至於如何連接則由ADC控制暫存器ADCCTL(ADC Control Register)內的VREF位元來決定。若VREF=0,則連接到類比電源VDDA與GNDA,若VREF=1、2、3,則連接到外部參考電源VREFA+與VREFA-。DK-TM4C123G開發板上使用的是外面參考電源VREFA+與VREFA-,VREFA+與VREFA-分別為3V與0V。類比電壓V_{ADC}與數位數值ADCCODE的關係可重新改寫成

$$ADCCODE = V_{ADC} \times 4095/3 = 1365 \times V_{ADC}$$

⊕ 硬體平均器(Hardware averager)

經由ADC轉換電路取樣量化後的值會先經過硬體平均器(Hardware averager)運算後才會送到取樣序列,透過硬體平均器可以得到較高精確度的取樣結果。圖9-7為一個4點取樣值平均的實例,當ADC模組開啟硬體平均(Hardware averaging)功能並設定為4點取樣平均時,硬體平均器會將4個取樣值A、B、C、D平均後再存到FIFO(First In First Out)緩衝區以供取樣序列讀取。雖然硬體平

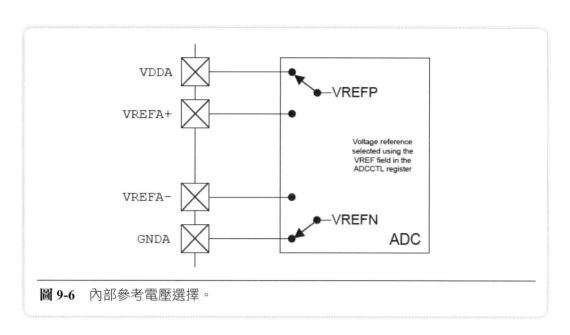

圖 9-6　內部參考電壓選擇。

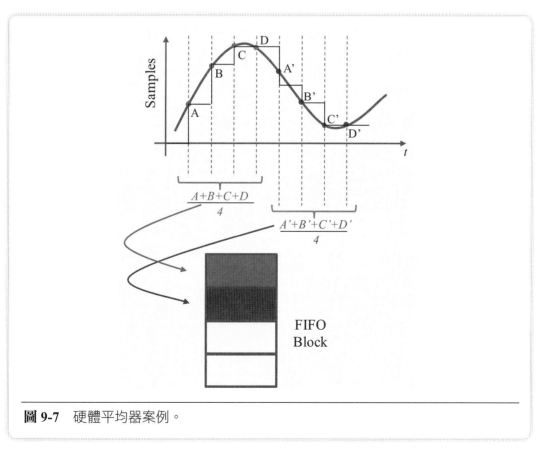

圖 9-7　硬體平均器案例。

均會減少轉換輸出速度,但可以有效的提升轉換精確度。在ADC模組預設狀態下,硬體平均器(Hardware averager)是被關掉的,使用者可以透過ADC取樣平均控制暫存器ADCSAC(ADC Sample Averaging Control)開啟這項功能並設定平均點數。

⊕ 取樣序列(Sample Sequencer, SS)

ADC模組取樣控制資料的收集都是經由4個可程式化的取樣序列(Sample Sequencer, SS)來處理,所有取樣序列(SS)的實現方式都一樣,不同的只有取樣點數以及FIFO緩衝區深度,表9-1列出每一個取樣序列可以收集的取樣點數以及相對的FIFO緩衝區深度。對於一個指定的取樣序列,收集到的取樣值可以選擇對映的輸入通道,或是內部溫度感測器傳來的值,並且可以設定中斷致能。使用取樣序列(SS)時,必須先設定下列資訊:

- ◖ 輸入來源
- ◖ 工作模式:單點輸入(Single-ended)或差分輸入(Differential)
- ◖ 取樣完成後產生中斷
- ◖ 指定取樣序列的最後取樣點

⊕ 內部溫度感測器(Internal temperature sensor)

Tiva系列的ADC模組還內建了一個溫度感測器(Temperature sensor),可以隨時檢測處理器的溫度,這個溫度感測器有下列用途:

- ◖ 測試用:單獨測試ADC模組的功能時,不必提供外部的信號源。
- ◖ 測量晶片本身溫度,防止可能出現的過熱狀況。
- ◖ 在休眠模式下提供溫度測量值進行RTC校準。

▌ **表 9-1** 取樣序列。

Sequencer	Number of Samples	Depth of FIFO
SS 3	1	1
SS 2	4	4
SS 1	4	4
SS 0	8	8

內部溫度感測器將溫度量測值轉換成電壓值V_{TSENS}，這個電壓值與溫度TEMP(°C)間的關係如下：

$$V_{TSENS} = 2.7 - ((TEMP + 55) / 75)$$

兩者關係如圖9-8所示，當內部溫度為25°C時，輸出電壓值會是1.633V。若結合前面類比電壓V_{ADC}與數位數值ADCCODE的公式，則我們可以直接推得溫度TEMP與數位數值ADCCODE的關係如下：

$$TEMP = 147.5 - ((225 \times ADCCODE) / 4095)$$

兩者關係如圖9-9所示

9-2-2　外部溫度感測器(Sensor)

除了ADC模組內建的內部溫度感測器外，DK-TM4C123G開發板上還裝了一個TMP20外部溫度感測器(External temperature sensor)。這個外部溫度感測器輸出直接連到ADC模組，接腳如表9-2所示 。外部溫度感測器將量測到的溫度電壓值V_{temp}由類比輸出AIN20接腳輸入給ADC模組，也就是ADC模組輸入電壓

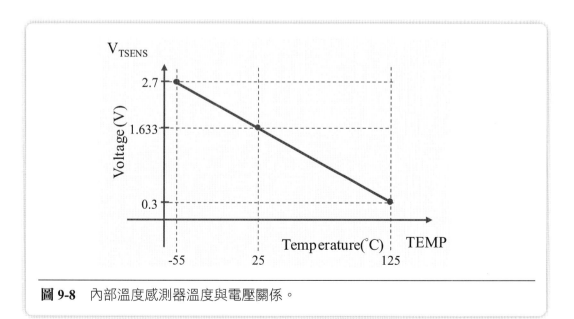

圖 9-8　內部溫度感測器溫度與電壓關係。

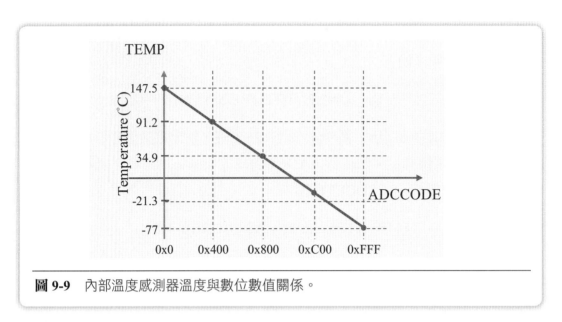

圖 9-9 內部溫度感測器溫度與數位數值關係。

表 9-2 外部溫度感測器接腳。

GPIO Pin	Pin function	Temperature Sensor
PE7	AIN20	V_{temp}

V_{ADC}，類比輸出AIN20接腳為GPIO PE7接腳的替代功能(Alternate function)。接著我們來看一下TMP20外部溫度感測器量測到的溫度T(°C)與輸出電壓V_{temp}間的關係。外部溫度感測器量測的溫度介於-55°C到+130°C之間，輸出電壓與溫度T關係如下公式所示：

$$V_{temp} = (-3.88 \times 10^{-6} \times T^2) + (-1.15 \times 10^{-2} \times T) + 1.8639V$$

解這個方程式後，可反推如何由輸出電壓VOUT來得到外部溫度的公式：

$$T = -1481.96 + \sqrt{\frac{2.19262 \times 10^6 + (1.8639 - V_{temp})}{3.88 \times 10^{-6}}}$$

在實際的應用中，外部溫度的範圍變化並不大，因此TMP20外部溫度感測器使用手冊中，進一步依不同溫度範圍簡化上面公式為簡單線性方程式，如表9-3所示，這樣一來可以有效減少運算複雜度。例如在一般室溫25°C左右的工作環境下，我們可以直接使用下面公式：

$$V_{temp} = -11.69mV/°C \times T + 1.8663$$

表 9-3　電壓與外部溫度的線性方程式。

Temperature Range		Linear Equation(V)
T_{MIN}(°C)	T_{MAX}(°C)	
-55	130	$V_{temp} = -11.79mV/°C \times T + 1.8528$
-40	110	$V_{temp} = -11.77mV/°C \times T + 1.8577$
-30	100	$V_{temp} = -11.77mV/°C \times T + 1.8605$
-40	85	$V_{temp} = -11.67mV/°C \times T + 1.8583$
-10	65	$V_{temp} = -11.71mV/°C \times T + 1.8641$
35	45	$V_{temp} = -11.81mV/°C \times T + 1.8701$
20	30	$V_{temp} = -11.69mV/°C \times T + 1.8663$

9-3　操作函式

　　ADC模組提供一組API函式來負責ADC運作處理，這組函式可用以配置取樣序列(Sample Sequencer, SS)、讀取取樣資料、註冊取樣序列的中斷服務程式以及中斷的致能與清除。ADC模組支援高達24個通道和一個內部溫度感測器，四個取樣序列都有獨立的觸發來源來擷取(Capture)資料，第一個取樣序列可以擷取高達8個取樣，而第二和第三個序列可以擷取4個取樣，而第四個序列只可擷取1個取樣值。每次的取樣值可以來自相同的通道，也可以是不同通道，或是任何順序的組合。取樣序列還可以設定優先等級，來決定多個觸發源同時出現在要以何種順序進行資料擷取。

　　ADC模組支援使用硬體超取樣(Hardware oversampling)方式來提高精確度，支援2X、4X、8X、16X和64X倍數的超取樣，但同時也會降低了ADC模組的轉換輸出。所有取樣序列會使用相同的超取樣倍率。除了硬體超取樣，ADC模組也支援軟體超取樣(Software Oversampling)，但是只支援2X、4X和8X倍數的超取樣。同樣的，軟體超取樣也會降低ADC模組的轉換輸出。例如：第一個取樣序列擷取8個取樣值，在4X超取樣工作模式下，實際它只會輸出2個取樣值，因為前4個取樣值用在第一個超取樣值上，而後面4個取樣值則用在第二個超取樣

值上。

　　ADC模組API依功能可分成3組函式，分別執行這些功能：處理取樣序列、處理觸發(Triger)和處理中斷(Interrupt)。

◐ 取樣序列：取樣序列的配置使用ADCSequenceConfigure()和ADCSequenceStepConfigure()來完成，取樣序列的致能與禁能則使用ADCSequenceEnable()和ADCSequenceDisable()來完成。擷取資料的工作由ADCSequenceDataGet()來取得。讀取序列FIFO空間溢出與未溢出則透過ADCSequenceOverflow()、ADCSequenceOverflowClear()、ADCSequenceUnderflow()和ADCSequenceUnderflowClear()來管理。

　　ADC模組的硬體超取樣由ADCHardwareOversampleConfigure()來控制，而軟體超取樣則由ADCSoftwareOversampleConfigure()、ADCSoftwareOversampleStepConfigure()和ADCSoftwareOversampleDataGet()來管理。

◐ 觸發(Trigger)：處理器的觸發工作由ADCProcessorTrigger()負責。

◐ 中斷(Interrupt)：ADC取樣序列中斷(Interrupt)的服務程式由ADCIntRegister()和ADCIntUnregister()來管理，而取樣序列中斷(Interrupt)的來源則由ADCIntDisable()、ADCIntEnable()、ADCIntStatus()和ADCIntClear()來管理。

　　ADC模組的API函式原始碼定義在下列檔案中：TivaWare/driverlib/adc.c，而adc.h為標頭檔，其中主要函式說明如下：

⊕ ADCSequenceConfigure ( )

功能：設定一個取樣序列的觸發來源和優先等級

語法：void ADCSequenceConfigure(uint32_t ui32Base,

　　　　　　　　　　　　uint32_t ui32SequenceNum,

　　　　　　　　　　　　uint32_t ui32Trigger,

　　　　　　　　　　　　uint32_t ui32Priority);

說明：這個函式用來設定一個取樣序列的初始狀態。第一個參數ui32Base為ADC模組的基址(Base address)，第二個參數ui32SequenceNum取樣序列編號，有效的取樣序列範圍從0到3。第三個參數ui32Trigger表觸發來源，下列舉例一些常見觸發來源：

◗ ADC_TRIGGER_PROCESSOR：由處理器透過ADCProcessorTrigger()函式來觸發。

◗ ADC_TRIGGER_EXTERNAL：由GPIO PB4接腳來觸發，有些處理器可以自已選擇觸發接腳。

◗ ADC_TRIGGER_TIMER：由計時器來觸發。

第四個參數ui32Priority設定優先等級，這個值介於0~3間，0表最高優先等級。

⊕ ADCSequenceStepConfigure ( )

功能：設定一個取樣序列的步階

語法：void ADCSequenceStepConfigure(uint32_t ui32Base,

　　　　　　　　　　　　　　　uint32_t ui32SequenceNum,

　　　　　　　　　　　　　　　uint32_t ui32Step,

　　　　　　　　　　　　　　　uint32_t ui32Config);

說明：這個函式用來設定取樣序列的步階。第一個參數ui32Base為ADC模組的基址(Base address)，第二個參數ui32SequenceNum取樣序列編號。第三個參數ui32Step決定在觸發發生時ADC擷取取樣點的次序，對於第一個取樣序列，這個值可以是0~7; 對於第二個和第三個取樣序列，這個值可以是0~3; 對於第四個取樣序列，這個值只能是0。第四個參數ui32Config，也是最重要的一個參數，用來設定這個取樣步階，它必須是ADC_CTL_TS、ADC_CTL_IE、ADC_CTL_END、ADC_CTL_D和一個輸入通道選擇(從ADC_CTL_CH0到ADC_CTL_CH23)以及一個數位比較器(從ADC_CTL_CMP0到ADC_CTL_CMP7)的邏輯或(Logical OR)組合而成。使用ADC_CTL_TS選擇內部溫度感測器；使用ADC_CTL_IE設定該步階取樣完成後產生中斷；使用ADC_CTL_END定義這個步階取樣為序列最後一個取樣；使用ADC_CTL_D設定為差分操作(Differential operation)。

⊕ ADCSequenceEnable( )

功能：致能一個取樣序列

語法：void ADCSequenceEnable(uint32_t ui32Base,

　　　　　　　　　　　　　uint32_t ui32SequenceNum);

說明：這個函式用來致能指定取樣序列，當偵測到觸發產生時，被致能的取樣序列才可以被擷取。取樣序列在被致能前，必須先被設定好。第一個參數ui32Base為ADC模組的基址(Base address)，第二個參數ui32SequenceNum為取樣序列編號。

ADCSequenceDisable( )

功能：禁止一個取樣序列

語法：void ADCSequenceDisable(uint32_t ui32Base,

　　　　　　　　　　　　　　　uint32_t ui32SequenceNum);

說明：這個函式用來禁止指定取樣序列，當偵測到觸發產生時，它不可以被擷取，取樣序列在被設定前，必須先被禁止。第一個參數ui32Base為ADC模組的基址(Base address)，第二個參數ui32SequenceNum為取樣序列編號。

ADCSequenceDataGet( )

功能：讀取一個取樣序列擷取的資料

語法：int32_t ADCSequenceDataGet(uint32_t ui32Base,

　　　　　　　　　　　　　　　uint32_t ui32SequenceNum,

　　　　　　　　　　　　　　　uint32_t * pui32Buffer);

說明：這個函式從取樣序列的FIFO空間複製資料到一個內部的緩衝區。第一個參數ui32Base為ADC模組的基址(Base address)，第二個參數ui32SequenceNum為取樣序列編號，第三個參數pui32Buffer為內部緩衝區的位址。而函式會回傳(Return)複製到內部緩衝區的取樣點數目。

ADCProcessorTrigger( )

功能：產生一個取樣序列的處理器觸發

語法：void ADCProcessorTrigger(uint32_t ui32Base,

　　　　　　　　　　　　　　　uint32_t ui32SequenceNum);

說明：如果取樣序列在函式ADCSequenceConfigure()中被設定成ADC_TRIGGER_PROCESSOR，則這個函式就是用來產生一個取樣序列的處理器觸發(Processor trigger)。第二個參數ui32SequenceNum為取樣序列編號。

⊕ ADCIntStatus( )

功能：讀取目前的ADC中斷狀態

語法：uint32_t ADCIntStatus(uint32_t ui32Base,

uint32_t ui32SequenceNum,

bool bMasked);

說明：這個函式用來讀取指定ADC取樣序列的中斷狀態。可以選擇讀取原始的中斷狀態或反映處理器內的中斷狀態。第一個參數ui32Base為ADC模組的基址(Base address)，第二個參數ui32SequenceNum為取樣序列編號，第三個參數bMasked設定為false時，則讀取原始的中斷狀態，若設定為true則回傳被遮罩中斷的狀態。回傳值為1時，表中斷啟動，而回傳0時，表中斷尚未啟動。

⊕ ADCIntClear( )

功能：清除ADC取樣序列中斷來源

語法：void ADCIntClear(uint32_t ui32Base,

uint32_t ui32SequenceNum);

說明：這個函式用來將指定取樣序列中斷清除，使它不再有效。第一個參數ui32Base為ADC模組的基址(Base address)，第二個參數ui32SequenceNum為取樣序列編號。

9-4 實驗步驟

⊕ 建立一新工作目錄Chap09

1. 在檔案總管中的C:\ti\Mylabs目錄中新增一子目錄Chap09。

⊕ 在CCS中建立一新專案Chap09

2. 在CCS選單中選擇File➜New➜CCS Project，並依圖9-10所示完成新專案Chap09下設定。

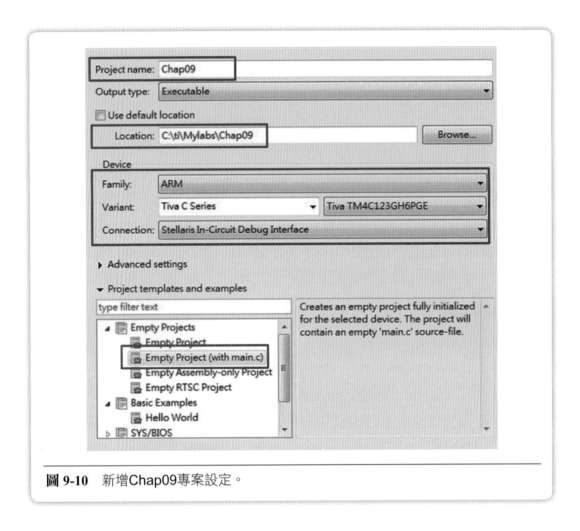

圖 9-10 新增Chap09專案設定。

⊙ 撰寫程式碼內容：**main.c**

3. 加入標頭檔(Header files)定義以便使用TivaWare API函式，程式碼如下所示：

```
#include <stdint.h>
#include <stdbool.h>
#include "inc/hw_memmap.h"
#include "inc/hw_types.h"
#include "driverlib/sysctl.h"
#include "driverlib/adc.h"
```

標頭檔說明如下：

◑ adc.h：ADC模組API函式的定義與巨集。

4. 加入主函式main()，程式碼如下所示：

```
int main(void)
{
}
```

接著在下面步驟中將程式碼加入主函式main()中。

5. 在主函式main()新增一個矩陣，用來存放從ADC FIFO讀取的資料。這個矩陣的大小要和使用取樣序列的FIFO深度相同。在本實驗中，我們使用取樣序列1(SS1)，它的FIFO深度為4。程式碼如下所示 ：

```
uint32_t ui32ADC0Value[4];
```

6. 再新增三個變數，用來計算內部溫度的數值，第一個變數用來存放平均溫度值，第二個變數用來存放以攝氏(°C)表示的溫度值，第三個變數用來存放以華氏(°F)表示的溫度值。這三個變數宣告需要加上「volatile」代表該儲存值會不定時間被改變，宣告「volatile」來告訴編譯器不要對該變數做任何最佳化的動作，程式碼如下所示 ：

```
volatile uint32_t ui32TempAvg;
volatile uint32_t ui32TempValueC;
volatile uint32_t ui32TempValueF;
```

7. 設定系統時脈(System clock)，產生40MHz的系統時脈，程式碼如下所示：

```
SysCtlClockSet(SYSCTL_SYSDIV_5|SYSCTL_USE_PLL|SYSCTL_
XTAL_16MHZ|SYSCTL_OSC_MAIN);
```

8. 致能ADC0模組，

```
SysCtlPeripheralEnable(SYSCTL_PERIPH_ADC0);
```

9. 設定取樣序列，本實驗使用ADC0模組的取樣序列1(SS1)，將它設定成由處理器來觸發的模式，並且設定最高的優先等級。程式碼如下所示：

ADCSequenceConfigure(ADC0_BASE, 1,
ADC_TRIGGER_PROCESSOR, 0);

10. 設定取樣序列1(SS1)的步階，本實驗會使用取樣序列1(SS1)全部4個步階，4個步階都用來取樣內部溫度感測器，然後再取其平均值來計算溫度值。首先設定前三個步階0~2，取樣內部溫度感測器(ADC_CTL_TS)。最後一個步階3，除了設定取樣內部溫度感測器(ADC_CTL_TS)外，還需要額外的設定。包含使用ADC_CTL_IE來產生中斷以及使用ADC_CTL_END告知ADC模組這個步階取樣為序列1(SS1)最後一個取樣。程式碼如下所示：

ADCSequenceStepConfigure(ADC0_BASE, 1, 0, ADC_CTL_TS);
ADCSequenceStepConfigure(ADC0_BASE, 1, 1, ADC_CTL_TS);
ADCSequenceStepConfigure(ADC0_BASE, 1, 2, ADC_CTL_TS);
ADCSequenceStepConfigure(ADC0_BASE,1,3,ADC_CTL_TS|ADC_CTL_
IE|ADC_CTL_END);

11. 致能取樣序列1(SS1)，程式碼如下所示：

ADCSequenceEnable(ADC0_BASE, 1);

12. 新增while迴圈，並設定成無窮迴圈，程式碼如下所示：

while(1)
{
}

接著在下面步驟中將程式碼加入while()迴圈中。

13. ADC模組工作是否完成可藉由ADC中斷狀態旗標來判斷。所以在ADC模組工作前，最好先進行ADC中斷狀態旗標清除動作，程式碼如下所示：

ADCIntClear(ADC0_BASE, 1);

14. 接下來就可以由軟體來觸發ADC模組工作，程式碼如下所示：

ADCProcessorTrigger(ADC0_BASE, 1);

15. 前面啟動ADC模組工作後，就開始等待ADC轉換工作完成。當ADC模組工作完成後，即會產生中斷，因此程式中可以透過中斷狀態旗標的偵測來判斷ADC轉換工作是否已完成。當中斷產生時，ADCIntStatus()會回傳1。程式碼如下所示：

```
while(!ADCIntStatus(ADC0_BASE, 1, false))
{
}
```

16. 當程式跳出while迴圈後，即表示完成ADC轉換工作，我們就可以到取樣序列1(SS1)的FIFO讀取轉換數值，然後將取樣資料儲存在前面新增的矩陣ui32ADC0Value中。程式碼如下所示：

ADCSequenceDataGet(ADC0_BASE, 1, ui32ADC0Value);

17. 完成讀取後，先將四個取樣數值進行平均，因為這些值都是整數表示，為避免除4後，小數部份被直接捨去，我們會先加上2再做平均，如此一下才會產生四捨五入的結果。因為2/4=0.5，若原數值為1.5，加入0.5後，則會得到2的結果。若原數值為1.0，加入0.5後，則還是得到1的結果。程式碼如下所示：

ui32TempAvg = (ui32ADC0Value[0] + ui32ADC0Value[1] + ui32ADC0Value[2] + ui32ADC0Value[3] + 2)/4;

18. 完成ADC數值讀取後，接下來就是將ADC數值與內部攝氏(°C)溫度關係做個轉換，參考9-2-1節中推得的公式，如下所示

TEMP = 147.5 - ((225 × ADCCODE) / 4095)

　　　為避免整數運算過程中，會將小數部份給捨去，我們會先將所有數字

乘上10倍，完成運算後，再除以10，程式碼如下所示：

ui32TempValueC = (1475 - ((2250 * ui32TempAvg)) / 4095)/10;

19. 當算得攝氏(°C)溫度後，我們可以依照華氏(°F)與攝氏(°C)溫度間的關係F = ((C * 9) + 160) / 5，來推得華氏(°F)溫度。程式碼如下所示：

ui32TempValueF = ((ui32TempValueC * 9) + 160) / 5;

到此已完成main.c程式撰寫工作。

⊕ 撰寫程式碼內容：**startup_ccs.c**

20. 本實驗的啟動程式startup_ccs.c可以直接複製blinky範例內的startup_ccs.c程式檔至本專案，不需要修改。(注意：若CCS已自動載入啟動程式，則省略本步驟)

⊕ 設定程式建立選項**(Build Options)**

21. 新增標頭檔搜尋路徑(Include Search Path)：因為程式中使用了TivaWare提供的各種API函式，為了讓編譯器(Compiler)找到這些API函式的標頭檔(Include file)，在對程式進行編譯前，需要先在程式建立選項(Build Options)中指定TivaWare目錄存放路徑。首先在專案Chap09上按右鍵並選擇「Properties」，由程式建立選項(Build Options)中ARM編譯器(ARM Compiler)➔標頭檔選項(Include Options)➔標頭檔搜尋路徑(Include Search Path)新增路徑C:/ti/TivaWare_C_Series-1.0。

22. 新增函式庫搜尋路徑(File Search Path)：除了標頭檔路徑外，使用TivaWare提供的各種API函式，還需要在程式建立選項(Build Options)中指定使用的函式庫，由程式建立選項(Build Options)中ARM連結器(ARM linker)➔函式庫搜尋路徑(File search path)➔加入函式庫檔案(Include library file)中新增"C:\ti\TivaWare_C_Series-1.0\driverlib\ccs\Debug\driverlib.lib"函式庫。

⊕ 編譯**(Compile)**、下載**(Download)**及執行**(Run)**程式

23. 建立(Build)及執行(Run)程式：按下Debug鍵 🔧 進行程式編譯，接著便自

動下載執行檔至DK-TM4C123G開發板的Flash記憶體中，並且自動執行至main()。

24. 設定中斷點來觀查內部溫度變化，因為溫度計算後，已經沒有程式碼可以用來設定中斷點，所以我們將中斷點設定在while迴圈的第一行，如下圖9-11所示：

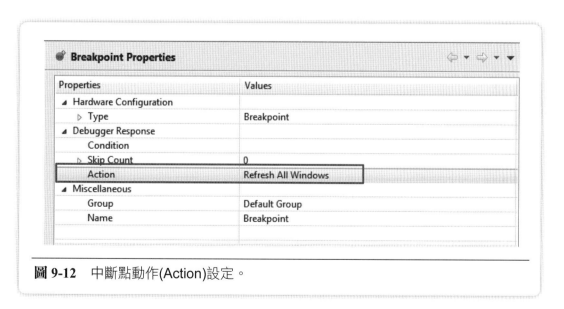

圖 9-11　中斷點設定。

25. 設定中斷點特性(Breakpoint properties)，在動作(Action)下拉選單中，選擇該中斷點要執行的工作為「Refresh All Windows」，如圖9-12所示。

圖 9-12　中斷點動作(Action)設定。

26. 在顯示視圖(Expression View)中加入欲觀察的溫度變數，在程式中點選變數反白後，按滑鼠右鍵選擇加入觀察顯示(Add watch expression)。然後按下繼續執行(Resume)圖示後，即可看到如圖9-13結果。

Expression	Type	Value	Address
▷ ui32ADC0Value	unsigned int[4]	0x200001E0	0x200001E0
(x)= ui32TempAvg	unsigned int	1958	0x200001F0
(x)= ui32TempValueC	unsigned int	29	0x200001F4
(x)= ui32TempValueF	unsigned int	84	0x200001F8

圖 9-13 Chap09實驗結果。

⊕ 啟動硬體平均器(Hardware average)

27. 重新修改程式碼，加入啟動硬體平均器的功能，在SysCtlPeripheralEnable()
後面加入，下列程式碼

ADCHardwareOversampleConfigure(ADC0_BASE, 64);

程式碼內容參照圖9-14所示。程式碼中，我們設定取樣64點來進行平均動
作，這個值可以是2 、4、8、16、32或64。若加上前面程式中取4點來進行
平均，則整個動作取了256點來進行平均運算。

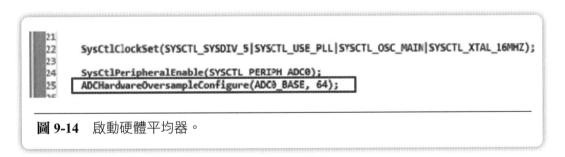

```
21
22    SysCtlClockSet(SYSCTL_SYSDIV_5|SYSCTL_USE_PLL|SYSCTL_OSC_MAIN|SYSCTL_XTAL_16MHZ);
23
24    SysCtlPeripheralEnable(SYSCTL_PERIPH_ADC0);
25    ADCHardwareOversampleConfigure(ADC0_BASE, 64);
26
```

圖 9-14 啟動硬體平均器。

28. 重新編譯及執行程式，觀查ui32TempAvg數值的變化範圍會較為平緩。

9-5　進階實驗

⊕ 直接從ROM呼叫API函式

很多Tiva 裝置都已預先將TivaWare內的週邊驅動程式函式庫(Peripheral driver library)燒錄在ROM中。直接使用ROM中函式庫，可以有效減少應用程式碼的大小，進而節省Flash的使用，有效保留多一些的Falsh空間給應用程式使用。

為了直接呼叫ROM內的API函式，程式中必須完成下列幾項工作：

1. 定義裝置名稱，程式碼如下：

   #define TARGET_IS_BLIZZARD_RB1

2. 加入標頭檔定義，程式碼如下：

   #include "driverlib/rom.h"

3. 修改main.c程式中所有驅動程式函式庫(driverlib)API函式名稱，在每個函式名稱中加入「ROM_」前綴字，程式碼如下：

   ROM_SysCtlClockSet(SYSCTL_SYSDIV_5|SYSCTL_USE_PLL|SYSCTL_OSC_MAIN|SYSCTL_XTAL_16MHZ);

   ROM_SysCtlPeripheralEnable(SYSCTL_PERIPH_ADC0);
   ROM_ADCHardwareOversampleConfigure(ADC0_BASE, 64);
   …

從Chap09.map檔觀察，使用ROM函式庫前後，程式段區text占用空間大小。例如圖9-15中text區段共占用1516(0x5ec)位元組。瞭解本實驗使用ROM函式庫後可以有效減少多少Flash的使用。

⊕ 外部溫度

關於DK-TM4C123G開發板上外部溫度感測器的介紹，可以參考9-2-2節。

```
SECTION ALLOCATION MAP

 output
section   page   origin       length
-------   ----   ----------   ----------
.intvecs    0    00000000     0000026c
                 00000000     0000026c


.init_array
*           0    00000000     00000000


.text       0    0000026c     000005ec
                 0000026c     00000104
                 00000370     000000dc
```

圖 9-15 text區段使用大小例子。

底下說明若想要測得外部溫度，原程式中主要需要修改的地方。

1. 致能連接外部溫度感測器的GPIO接腳PE7，程式碼如下：

   SysCtlPeripheralEnable(SYSCTL_PERIPH_GPIOE);
   GPIOPinTypeADC(GPIO_PORTE_BASE, GPIO_PIN_7);

2. 設定取樣序列步階來讀取外部溫度感測器，若一樣採用取樣序列1(SS1)，我們可以使用步階0來讀取外部溫度感測器的輸入通道CH20(AIN20)，程式可修改如下：

   ADCSequenceStepConfigure(ADC0_BASE, 1, 0, ADC_CTL_CH20);
   ADCSequenceStepConfigure(ADC0_BASE, 1, 1, ADC_CTL_TS);
   ADCSequenceStepConfigure(ADC0_BASE, 1, 2, ADC_CTL_TS);
   ADCSequenceStepConfigure(ADC0_BASE,1,3,ADC_CTL_TS|ADC_CTL_IE|ADC_CTL_END);

3. ADC數值與攝氏(°C)溫度關係的轉換工作包含兩個階段，首先要進行ADC數值與ADC電壓值的關係轉換，接著再進行ADC電壓值與溫度的轉換。

9-6　EK-TM4C123GXL開發板開發板實作

　　EK-TM4C123GXL開發板上並沒有外部溫度感測器，因此這部份我們使用內建的溫度感測器來進行實作。使用EK-TM4C123GXL開發板進行內部感測器溫度的計算要注意是內部參考電壓(VREFP – VREFN) = 3.3V，所以溫度TEMP與數位數值ADCCODE的關係需修改成：

$$TEMP = 147.5 - ((247.5 \times ADCCODE) / 4095)$$

Chapter **10**

冬眠模組(Hibernation module)

 本章重點

10-1 實驗說明

本實驗將介紹Tiva TM4C123G晶片內的冬眠模組(Hibernation module, HIB)與低耗電模式(Low power mode)，並且量測在冬眠模式下的耗電量。

10-2 工作原理

本實驗使用Cortex-M4F中一個重要模組：冬眠模組(Hibernation module, HIB)，我們先介紹冬眠模組的工作原理，再說明如何使用。

10-2-1 冬眠模組(Hibernation module, HIB)

TM4C123G晶片在不同模式下的耗電量如圖10-1所示，由圖中可以看出在工作模式(Run mode)下大約32mA，在睡眠模式(Sleep mode)下大約10mA，在深度睡眠模式(Deep sleep mode)下大約1.05mA，但是當使用者將ARM Cortex-M4核心與週邊電源關閉，只保留冬眠模組時工作電流可以降低到5μA以下，詳細的量測條件如表10-1所示

⊙ 冬眠模組的基本功能

TM4C123GH6PM的冬眠模組(HIB)系統如圖10-2所示，使用者可以將整個TM4C123G晶片的ARM Cortex-M4核心與週邊電源關閉，只保留冬眠模組以達到極度省電的狀態，冬眠模組的基本功能包括：

◐ 系統電源控制(System power control)：可以使用外部穩壓器(Regulator)供電。

◐ 晶片內電源控制(On-chip power control)：可以使用晶片內部的交換式電路經由暫存器的控制來供電。

◐ 支援32位元即時時脈(RTC)達到1/32768秒的解析度，可以喚醒微控制器，讓微控制器回到工作模式，也可以經由喚醒接腳(Wake up pin)喚醒微控制器。

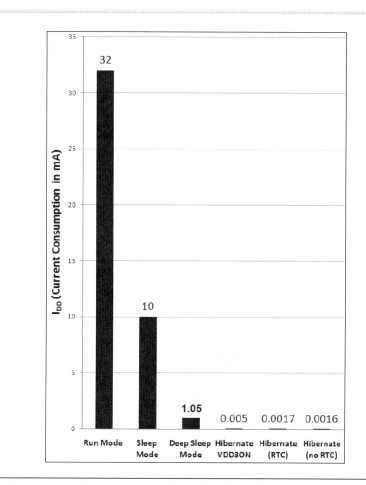

圖 10-1 TM4C123GH6PM晶片在不同模式下的耗電量。
資料來源：www.ti.com。

表 10-1 TM4C123GH6PM大在不同模式下的耗電量。

參數	工作模式	睡眠模式	深度睡眠模式	冬眠模式 VDD3ON	冬眠模式 RTC	冬眠模式 No RTC
IDD	32mA	10mA	1.05mA	5µA	1.7µA	1.6µA
VDD	3.3V	3.3V	3.3V	3.3V	0V	0V
VBAT	無	無	無	3V	3V	3V
時脈	40MHz	40MHz	30KHz	關閉	關閉	關閉
核心	開啟有時脈	開啟無時脈	開啟無時脈	關閉無時脈	關閉無時脈	關閉無時脈
週邊	全部開啟	全部關閉	全部關閉	全部關閉	全部關閉	全部關閉
程式	While(1)	無	無	無	無	無

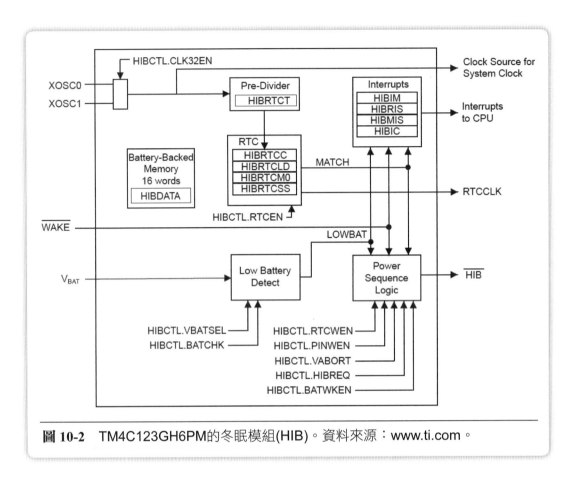

圖 10-2 TM4C123GH6PM的冬眠模組(HIB)。資料來源：www.ti.com。

◐ 冬眠模組可以經由外部電池供電，只要外部電源或電池電源正常則冬眠模組可以正常工作。

◐ 具有低電壓偵測的功能，當外部電源或電池電源過低時系統會自動產生中斷(Interrupt)喚醒微控制器進行必須的處理，以避免因為電池耗盡造成問題。

◐ 具有電池備份記憶體(Battery backed memory)可以在冬眠模式下儲存系統重要的狀態資料，以便微控制器在喚醒後恢復冬眠前的狀態。

10-3 操作函式

為了簡化使用者使用Tiva Cortex-M4F處理器內的冬眠模組(HIB)，德州儀器公司(TI)在TivaWare函式庫中提供了豐富的操作API函式，本節將會詳細介紹。TivaWare函式庫的使用說明書是我們在寫程式時必須常常查詢的文件，在以下檔案中可以看到，DRL代表「Driver Library」，UG代表「User Guide」：

C:\ti\TivaWare_C_Series-version\docs\SW-TM4C-DRL-UG- version.pdf

冬眠模組(HIB)的API函式主要作用是用來設定系統進入冬眠模式，在TivaWare函式庫中冬眠模組(HIB)的API函式的參數定義在下列定義檔中：

C:\ti\TivaWare_C_Series-version\driverlib\sysctl.h

HibernateEnableExpClk( )

功能：啟動冬眠模組運作

語法：void HibernateEnableExpClk(uint32_t ui32HibClk);

說明：這個函式可以啟動冬眠模組運作，必須在我們想要啟動任何冬眠模式相關的函式庫(API)之前啟動，ui32HibClk為提供給冬眠模組(HIB)的時脈(Clock)。

HibernateGPIORetentionEnable( )

功能：由冬眠模式喚醒後保持GPIO的狀態

語法：void HibernateGPIORetentionEnable(void);

說明：這個函式可以確保GPIO的狀態在進入冬眠模式與喚醒以後不會改變，為了保持喚醒以後GPIO的輸出準位必須呼叫HibernateGPIORetentionEnable()，接著再呼叫HibernateGPIORetentionDisable()將GPIO的控制權還給通用輸出入(GPIO)模組。

注意：並不是所有Tiva Cortex-M4F系列的微控制器都支援這個功能，請查詢規格書以確認您使用的晶片是否有這個功能。

261

⊕ HibernateWakeSet( )

功能：設定冬眠模式喚醒後的狀態

語法：void HibernateWakeSet(uint32_t ui32WakeFlags);

說明：ui32WakeFlags為冬眠模式喚醒後的狀態，ui32WakeFlags參數的數值可以使用邏輯OR來設定許多不同的數值：

HIBERNATE_WAKE_PIN：設定喚醒條件由喚醒接腳(Wake up pin)達成。

HIBERNATE_WAKE_RTC：設定喚醒條件由即時時脈(RTC)達成。

HIBERNATE_WAKE_LOW_BAT：設定喚醒條件因為電池電源不足產生。

HIBERNATE_WAKE_GPIO：設定喚醒條件由GPIO達成，當HIBERNATE_WAKE_GPIO旗標被設定時，必須同時設定GPIOPinTypeWakeHigh()或GPIOPinTypeWakeLow()來啟動GPIO成為喚醒的來源。

HIBERNATE_WAKE_RESET：設定喚醒條件由重置(Reset)產生。

注意：並不是所有Tiva Cortex-M4F系列的微控制器都支援這個功能，請查詢規格書以確認您使用的晶片是否有這個功能。

⊕ HibernateRequest( )

功能：要求進入冬眠模式

語法：void HibernateRequest(void);

說明：這個函式要求進入冬眠模式，微控制器的處理器核心與週邊都會被關閉，而冬眠模組則由電池或輔助電源供電。

10-4　實驗步驟

💿 建立一新工作目錄Chap10

1. 在檔案總管中的C:\ti\Mylabs目錄中新增一子目錄Chap10。

💿 在CCS中建立一新專案Chap10

2. 在CCS選單中選擇File➔New➔CCS Project，並依圖10-3所示完成新專案
   Chap10下設定。

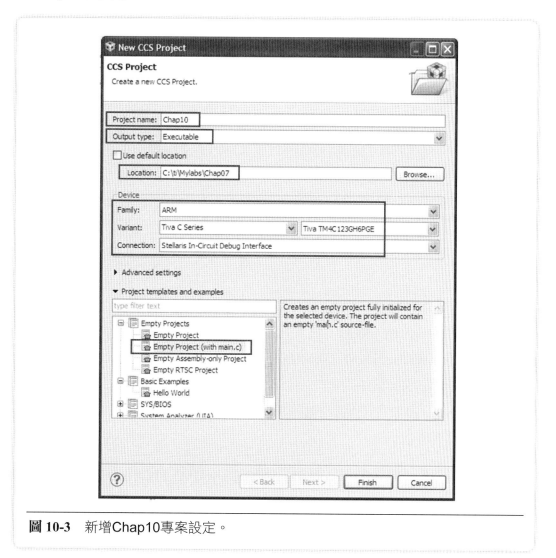

圖 10-3　新增Chap10專案設定。

⊕ 撰寫程式碼內容：main.c

3. 加入標頭檔(Header files)定義以便使用TivaWare API函式，程式碼如下所示：

```
#include <stdint.h>
#include <stdbool.h>
#include "utils/ustdlib.h"
#include "inc/hw_types.h"
#include "inc/hw_memmap.h"
#include "driverlib/sysctl.h"
#include "driverlib/pin_map.h"
#include "driverlib/debug.h"
#include "driverlib/hibernate.h"
#include "driverlib/gpio.h"
```

各個標頭檔說明如下：

◑ hibernate.h：定義Tiva TM4C123GH6PGE處理器的冬眠模組(HIB)。

4. 加入主函式Main()，程式碼如下所示：

```
int main(void)
{


}
```

5. 設定系統時脈(System clock)，依下列設定來產生40MHz的系統時脈，

◑ 主要振盪器(main oscillator)：16MHz

◑ 鎖相迴路(PLL)：400MHz

◑ 除頻器 (Divider)：5(加上原有2倍除頻，可達10倍除頻)

程式碼如下所示：

```
SysCtlClockSet(SYSCTL_SYSDIV_5|SYSCTL_USE_PLL|SYSCTL_
XTAL_16MHZ|SYSCTL_OSC_MAIN);
```

6. 設定GPIO來設定連接至USER LED的接腳(PIN)，我們將使用綠色的發光二極體做為指示燈號，其中2=red=pin1, 4=blue=pin2 and 8=green=pin3)，燈號關閉代表進入冬眠模式，燈號開啟代表進入工作模式。

```
SysCtlPeripheralEnable(SYSCTL_PERIPH_GPIOF);
GPIOPinTypeGPIOOutput(GPIO_PORTF_BASE, GPIO_PIN_1|GPIO_
PIN_2|GPIO_PIN_3);
GPIOPinWrite(GPIO_PORTF_BASE,GPIO_PIN_1|GPIO_PIN_2|GPIO_PIN_3,
0x08);
```

7. 接下來我們要設定系統喚醒的條件，由開發板的線路圖可以看出喚醒接腳(Wake up pin)是連接到開關二(SW2)，因此我們必須設定以下的程式：

```
SysCtlPeripheralEnable(SYSCTL_PERIPH_HIBERNATE);
//開啟冬眠模式
HibernateEnableExpClk(SysCtlClockGet());
//設定冬眠模式下的時脈
HibernateGPIORetentionEnable();
//設定GPIO的狀態在冬眠模式下仍然保持固定
SysCtlDelay(64000000);
//延遲4秒讓使用者能看出發光二極體的閃爍
HibernateWakeSet(HIBERNATE_WAKE_PIN);
//設定喚醒條件是由喚醒接腳(Wake up pin)達成
GPIOPinWrite(GPIO_PORTF_BASE,GPIO_PIN_3, 0x00);
//在微控制器進入冬眠模式之前關閉綠色發光二極體
```

8. 接下來我們使用HibernateRequest()函式讓微控制器進入冬眠模式，同時關閉處理器核心與週邊，而冬眠模組由電池供電，同時設定一個While(1)無限迴圈讓程式持續執行。

```
HibernateRequest();
while(1)
{
}
```

⊕ 設定程式建立選項(Build Options)

9. 新增標頭檔搜尋路徑(Include search path)：因為程式中使用了TivaWare提供的各種API函式，為了讓編譯器(Compiler)找到這些API函式的標頭檔(Include file)，在對程式進行編譯前，需要先在程式建立選項(Build Options)中指定TivaWare目錄存放路徑。首先在專案Chap10上按右鍵並選擇「Properties」，由程式建立選項(Build Options)中ARM編譯器(ARM Compiler)➔標頭檔選項(Include Options)➔標頭檔搜尋路徑(Include Search Path)新增路徑C:/ti/TivaWare_C_Series-version，新增流程如圖10-4所示。

10. 新增函式庫搜尋路徑(File Search Path)：除了標頭檔路徑外，使用TivaWare提供的各種API函式，還需要在程式建立選項(Build Options)中指定使用的函式庫，由程式建立選項(Build Options)中ARM連結器(ARM linker)➔函式庫搜尋路徑(File search path)➔加入函式庫檔案(Include library file)中新增"C:\ti\TivaWare_C_Series-version\driverlib\ccs\Debug\driverlib.lib"函式庫，完成後如圖10-5所示：

⊕ 編譯(Compile)、下載(Download)及執行(Run)程式

11. 建立(Build)及執行(Run)程式：按下Debug鍵 ✱ 進行程式編譯，接著便自動下載執行檔至DK-TM4C123G開發板的Flash記憶體中，並且自動執行至main()。接著由Degug透視圖(Perpective)中按下Resume鍵 ▮▶，大約4秒鐘後綠色的發光二極體會熄滅，表示微控制器進入冬眠模式；接下來按下開關二(SW2)則微控制器被喚醒回到工作模式，同時綠色的發光二極體會亮起來，代表微控制器真的有回到工作模式。

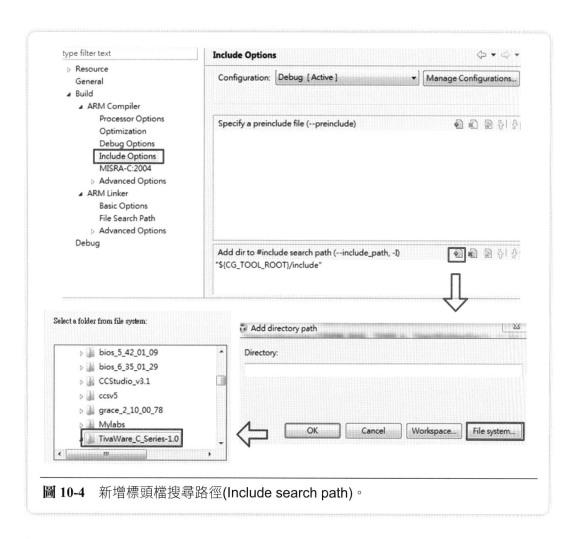

圖 10-4　新增標頭檔搜尋路徑(Include search path)。

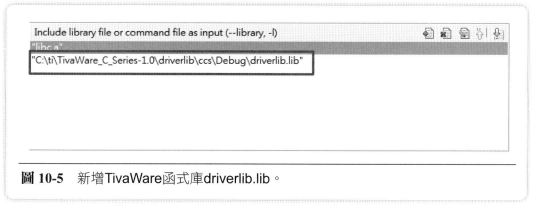

圖 10-5　新增TivaWare函式庫driverlib.lib。

12. 此時如果直接按下終止(Terminate)按鍵 ■ 離開CCS Debug模式，由於微控制器已經在冬眠模式，代表它與CCS之間的通訊已經中斷，因此會出差錯誤訊息「Error connecting to the target」。

⊕ **耗電測量**

13. 經過前面的測試我們已經確定程式執行無誤，接下來我們將綠色的發光二極體點亮的那行程式註解掉，如圖10-6 所示，這樣才不會讓綠色的發光二極體耗電影響我們的量測數值。

```
16    SysCtlPeripheralEnable(SYSCTL_PERIPH_GPIOF);
17    GPIOPinTypeGPIOOutput(GPIO_PORTF_BASE, GPIO_PIN_1|GPIO_PIN_2|GPIO_PIN_3);
18 //  GPIOPinWrite(GPIO_PORTF_BASE,GPIO_PIN_1|GPIO_PIN_2|GPIO_PIN_3, 0x08);
```

圖 10-6 將綠色的發光二極體點亮的那行程式註解掉。

14. 再一次建立(Build)及執行(Run)程式：按下Debug鍵 ✸ 進行程式編譯，接著便自動下載執行檔至DK-TM4C123G開發板的Flash記憶體中，並且自動執行至main()，在這個過程中記得要一直按住開關二(SW2)，以確保微控制器一直保持在工作模式，不然程式下載執行可能會錯誤。

15. 按下終止(Terminate)按鍵 ■ 離開CCS Debug模式，回到CCS Edit模式，此時CCS會送出重置(Reset)訊號，讓微控制器重新執行快閃記憶體(Flash)內燒錄的程式。

16. 按下開發板上的電源選擇開關(PWR select)，從原本由USB插座(JTAG/UART介面)供電，改由USB插座(USB介面)供電，如圖10-7所示。

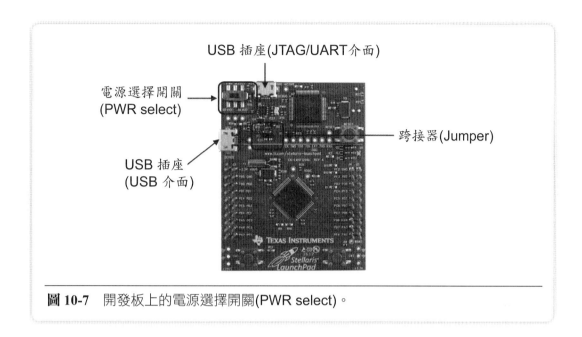

圖 10-7　開發板上的電源選擇開關(PWR select)。

17. 將USB插座(USB介面)旁的跨接器(Jumper)移除，再連接到數位電錶上就可以量測微控制器在工作模式的耗電量大約20mA，別忘了發光二極體被我們關閉所以已經沒有作用；大約4秒鐘後微控制器進入冬眠模式下的耗電量大約10μA。

Chapter **11**

UART通訊實作

 本章重點

嵌入式微控制器開發─ARM Cortex-M4F架構及實作演練

11-1 實驗說明

UART(Universal Asynchronous Receiver Transmitter)是微處理器用來與外部週邊裝置進行串列通訊常用的方式之一。本章以Tiva系列晶片的UART模組為例，介紹如何使用TivaWare週邊驅動函式庫開發UART傳輸程式以進行字元傳送與接收的工作。

TM4C123G處理器有8個UART模組，這些UART模組所對應的連接埠編號為UART0~7，其中只有UART1埠提供完整的9-Pin功能接腳(可參考RS232的9-Pin介面信號)，其餘UART埠都只有RX和TX接腳。

在DK-TM4C123G開發板上，處理器的UART0與JTAG埠透過ICDI晶片被轉換成USB埠。讀者若要利用UART0與PC端做串列通訊時，可透過前面安裝驅動程式時所產生的Stellaris Virtual Serial Port 進行，這個虛擬串列介面的名稱 (COMn , n為某數字)可以在PC端的Windows 裝置管理員找到它。至於其他的UART埠目前板子上只預留輸出接腳，詳細配置圖請參考Tiva TM4C123G Development Board User's Guide (spmu357A).pdf。

11-2 工作原理

11-2-1 串列與並列通訊

「串列(Serial)」和「並列(Parallel)」是目前電腦或微處理器與外部設備之間最常用的二種資料通訊模式，其中串列通訊應用更為廣泛。「並列通訊」每次傳輸多個位元(一般是8 bit=1Byte)，所傳輸的資料量大，時間短，但須要多條的傳輸線；「串列通訊」資料以一次一個位元依序傳送，雖然速度比並行通訊慢，但最簡單的串列通訊只需要接地，發送與接收三條線即可實現雙向通訊，

且因為線路簡單，容易防止雜訊干擾，適合於長距離的通訊。ASCII碼字元的傳輸是典型的串列通訊應用之一。

　　串列通訊的資料因為是一位元一位元的傳送，為了讓接收端能夠將位元重新組合成為有意義的資訊，串列通訊依據資料傳輸方式又分為「同步(Synchronous)」與「非同步(Asynchronous)」兩種。其中「非同步」串列通訊是利用起始位元(Start bit)及停止位元(Stop bit)幫助接收者判斷字元資料已經開始或已經結束的傳輸技術；「非同步」串列通訊的每個字元封包格式如圖11-1所示，包含起始位元(Start)、5~8個資料位元(Data)、同位元(Parity)、1或1.5或2個停止位元(Stop)四個部份。傳輸一個字元的位元數最多為1+ 8+1+2=12 bit。

　　非同步方式在資料尚未傳輸時，信號線維持在1狀態，稱為「MARK」，當開始傳送字元封包時，第一個起始位元(Start)必須是0狀態，接下來是字元實際的資料位元，接著再傳送一個同位元(Parity)用於檢查資料傳送時是否錯誤，此同位元也可以省略不用，最後以1狀態的停止位元(Stop)結束。當信號線恢復至MARK狀態，又可以準備傳送下一筆資料。

　　由於在電腦或嵌入式系統中的微處理器，它內部的各單元是以匯流排(Bus)傳輸資料，即資料是以Byte(8bit)、Word (16bit)、Double(32bit)並行方式為傳輸單位。所以當微處理器與外部週邊裝置之間要以串列方式進行通訊時，就需要有一個將資料做「串列並列轉換」的電路。其中UART是最常被用於「非同步」串列通訊中的轉換電路，另外還有一種USART (Universal Synchronous

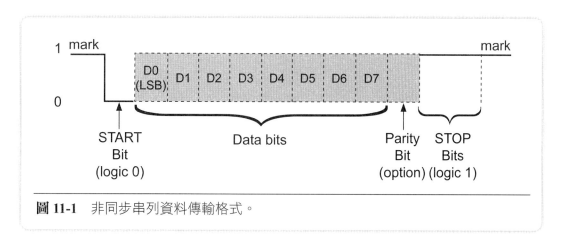

圖 11-1　非同步串列資料傳輸格式。

Asynchronous Receiver Transmitter)電路,它是在UART上追加同步方式的產品,可用於「同步/非同步」串列通訊。

11-2-2 UART簡介

　　UART全名是Universal Asynchronous Receiver/Transmitter即通用非同步收發器,它是一種硬體電路,一般被實作成為一個獨立的晶片或者整合到微處理器中當作功能模組,常見的UART晶片有Intel 8250/8251、16550等。UART主要的工作是負責串列通訊控制工作,例如:資料傳送、接收、位元分解與組合、傳輸參數設定等等。重要特性如下所示:

◗ 將資料在串列傳輸與平行傳輸之間作轉換。

◗ 可程式化串列通訊參數,包含資料傳輸格式、傳輸速率及流量控制的設定。

◗ 採用非同步串列通訊方式,通訊雙方各自有獨立的時脈,只要約定採用相同的串列通訊參數,就能只用兩根信號線(Rx和Tx)完成通訊過程。

◗ 資料收發完畢後,可透過中斷或設置旗標位元的方式通知微處理器進行處理,大大提高微處理器的工作效率。

　　一個UART模組的基本結構,主要由串列傳輸速率產生器、接收器、發送器和一些暫存器構成。圖11-2是實驗所使用的TM4C系列處理器的UART模組方塊圖,除了具有完全可程式設計的串列埠參數特性,還有FIFO、DMA通道、IrDA 輸出、中斷控制等功能。UART的結構與使用方法可參考各晶片的規格書,其中還定義了I/O信號、字元封包格式、各種暫存器名稱和傳輸參數、封包發送/接收等機制說明。

　　UART的介面(通稱為UART埠)支援RS232、RS485等標準規範,它的I/O信號如表11-1所示。其中TXD是UART的發送端,RXD是UART的接收端,而其他訊號一般只有當使用硬體流量控制時才考慮。因此要完成基本的雙向通訊功能,通常只需要RXD,TXD即可,所以很多UART模組的介面只提供TX和RX接腳。

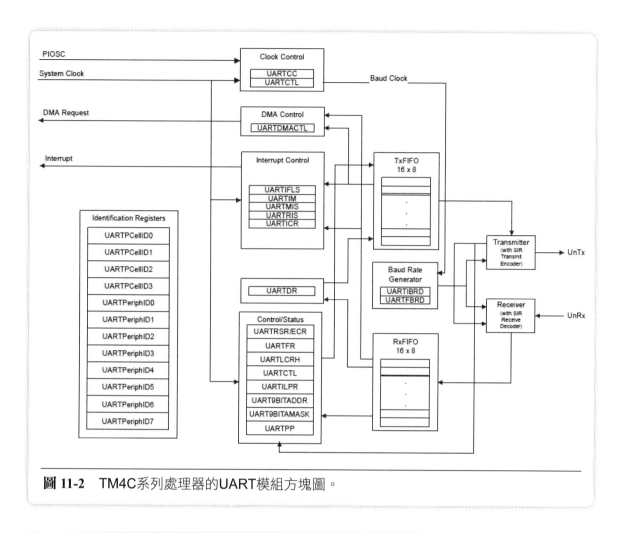

圖 11-2　TM4C系列處理器的UART模組方塊圖。

表 11-1　UART訊號說明。

名稱	種類	說明
RXD	IN	接收字元(Receive Data)
TXD	OUT	傳送字元(Transmit Data)
CTS	IN	清除以傳送(Clear To Send)
DSR	IN	資料設備就緒(Data Set Ready)
DCD/CD	IN	載波偵測(Carrier Detect)
RI	IN	響鈴偵測(Ring Indicator)
DTR	OUT	資料終端就緒(Data terminal Ready)
RTS	OUT	請求傳送(Request to Send)

11-2-3 TM4C系列UART功能概述

本節UART模組的工作原理說明以TM4C123GH6PGE處理器為主，TM4C系列晶片的UART模組功能類似Intel 16C550晶片，但是兩者的暫存器並不相容。每個UART模組基本特性如下所示：

◑ 一個接收(Rx) FIFO和一個發送(Tx) FIFO緩衝記憶體

1.FIFO的長度和中斷觸發深度皆可被設定。

2.收發字元時都會透過FIFO，當FIFO機制被禁用，FIFO可用長度為1。

◑ 可編程的串列傳輸速率產生器(Baud rate generator)

◑ 標準的非同步通訊：起始位元、停止位元和同位元檢查

◑ 線路斷開(Line-break)的產生和檢測

◑ 可編程的串列介面參數：

1.第5、6、7 或 8 個資料位元。

2.偶數、奇數、stick和無同位元的產生／檢測。

3.可設定1或 2個停止位元的產生。

◑ IrDA serial-IR(SIR)編碼器／解碼器(某些型號)

◑ DMA介面

⊕ 傳送/接收邏輯

傳送時Transmitter會從TxFIFO讀取資料並執行「並列➔串列」轉換，當字元訊框開始傳送時，TX接腳會由高電位轉為低電位代表起始位元，並且根據事先設定的傳輸參數，緊跟著輸出資料位元(注意：最低位LSB先輸出)、同位元檢查和邏輯為1的停止位元。對於同位元的值，如果是設定使用偶同位且資料位元有奇數個1，或是設定使用奇同位且資料位元有偶數個1，則同位元值就會設為1。

當在RX接腳檢測到一個有效的起始位元脈衝後，Receiver對接收到的字元訊框流執行「串列➔並列」轉換。此外還會對溢出錯誤、同位錯誤、幀錯誤和線中止(Line-break)錯誤進行檢測，並將檢測到的狀態與字元資料寫入RxFIFO中。

UART採用非同步串列通訊方式，它的字元訊框格式也包含有起始位元、

資料位元、同位元、停止位元。每個字元訊框長度都介於7位元到12位元之間。圖11-3是以「無」同位元，「8」個資料位元，「1」個停止位元的訊框格式，又稱為N/8/1的設定，傳輸ASCII的「A」字元的範例。

在《TivaWare週邊驅動函式庫》中要傳送／接收一字元，可參考以UARTCharPut與UARTCharGet為前置名稱的函式。

⊕ FIFO機制

有些UART模組會使用FIFO緩衝記憶體取代單一字元長度的接收／傳送暫存器。FIFO (First-In First-Out) 是一種常見的「先進先出」佇列架構，主要是為了解決UART每次收發一個字元資料就要通知CPU處理的次數過於頻繁而造成工作效率不高，以及週邊設備速度太慢可能引起連續收發資料遺失的問題。一般UART模組都可選擇在FIFO或非FIFO模式運作，在非FIFO模式下，FIFO使用長度為1，不具備緩衝功能；在FIFO模式下，只要FIFO有空位，就可以把要傳送或者已接收的字元資料先儲存在FIFO中，因此使用者可以設定在連續接收或傳送若干個字元資料後才產生一次中斷通知CPU一併處理或者在較緩慢的傳輸過程(每次一位元)同時向FIFO填入資料，如此就可以提高收發效率。

TM4C系列的UART模組包含有2個16×8的FIFO，一個用於發送，另一個用於接收。它們的啟用和中斷觸發深度皆可被設定。中斷觸發深度可供選擇的值包括：1/8、1/4、1/2、3/4和7/8深度。例如，如果 RxFIFO選擇1/4，則表示在UART接收到4個字元(16*1/4=4)資料時產生接收中斷。FIFO機制預設是被禁用，此時FIFO長度為1Byte就沒有緩衝的功能。要啟用FIFO機制，將

圖 11-3　「A」字元的N/8/1字元訊框格式。

UARTLCRH暫存器的FEN位元設為1即可。在《TivaWare週邊驅動函式庫》中對於FIFO的使用，可參考以UARTFIFO 為前置名稱的函式。

⊕ 中斷機制

對於接收傳送過程中可能存在的問題，UART提供了中斷機制讓使用者可透過查詢中斷狀態旗標得知那種中斷發生並呼叫中斷服務程式來處理。TM4C系列的UART模組支援的中斷事件包含有：FIFO溢出錯誤(Overrun error)、線中止錯誤(Line-break error)、同位錯誤(Parity error)、幀錯誤(Framing error)、接收超時 (Receive timeout)、傳送(Transmit)和接收(Receive)，使用者可以針對各個UART模組設定想要偵測的中斷事件。

在《TivaWare週邊驅動函式庫》中對於UART中斷的使用，可參考IntEnable與以UARTInt 為前置名稱的函式。

⊕ 串列傳輸速率的產生

每個UART都有一個可程式化的串列傳輸速率產生器(Baud rate generator)，它是利用串列傳輸速率除數(Baud-Rate Divisor, BRD)值產生出使用者所想要的串列傳輸速率。串列傳輸速率除數是一個22bit的數字，它由16位元整數和6位元小數組成，計算公式如下：

$$BRD = BRDI.BRDF = UARTSysClk / (ClkDiv * BaudRate)$$

其中：

BRD是22位元的串列傳輸速率除數

BRDI是BRD的整數部分

BRDF是BRD的小數部分

UARTSysClk是UART clock (一般直接來自System Clock)

ClkDiv是時脈除數(一般使用16)

BaudRate是串列傳輸速率(9600、38400、115200等)

例如：使用20 MHz的UART clock，想將串列傳輸速率設定為115200。則BRD=20000000/(16*115200)=10.8507。在啟用UART之前，必須將BRD的整

數和小數值填入相關的暫存器，才能讓串列傳輸速率產生器輸出串列傳輸速率。《TivaWare週邊驅動函式庫》的UARTConfigSetExpClk( )函式等可讓使用者在配置UART組態時也設定BRD值。

11-2-4　設定串列傳輸參數與啟用UART

當UART埠要進行通訊之前，也要像RS-232埠一樣設定傳輸參數。重要的傳輸參數如下，兩個要進行通訊的串列埠，這些參數值必須相同。圖11-4 以PC上超級終端機的設定畫面為範例說明。

◑ 串列傳輸速率(Bits per second，或稱Baud rate)：每秒鐘傳送的位元數(bit)。

◑ 資料位元(Data bit)：字元實際資料所佔的位元數，選擇值有5/6/7/8 bit。

◑ 同位元(Parity)：一種簡單的封包錯誤檢查方式，選擇值有偶數／奇數／無。

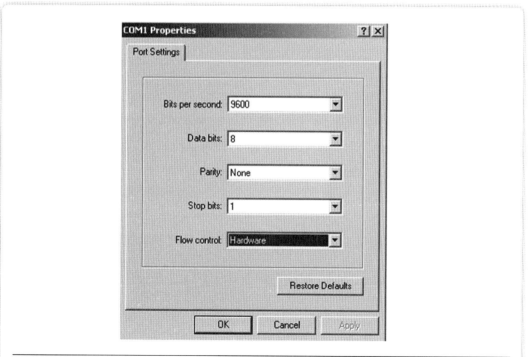

圖 11-4　超級終端機軟體的串列傳輸參數設定畫面。

◑ 停止位元(Stop bit)：一個字元封包所使用的結束位元數，選擇值有1/1.5/2 bit。

◑ 流量控制(Flow control)：用來解決丟失資料的問題，選擇值有硬體控制／軟體控制／不使用，一般大多選不使用。

　　在《TivaWare週邊驅動函式庫》中提供UARTConfigSetExpClk( )函式來配置UART組態，組態項目包含有UART Clock、字元訊框格式、串列傳輸速率等。在UARTConfigSetExpClk( )中已呼叫UARTEnable ( )來啟用UART功能，因此程式中就可以不需要再呼叫UARTEnable( )，除非中途有被UARTDisable( )。UARTEnable( )和UARTDisable( )兩函式是用來致能或禁止UART埠的通訊功能。

11-2-5　硬體考量

　　UART埠是微處理器最常見的串列埠，以TM4C系列晶片來說就有八個UART埠可提供與外部週邊設備進行通訊。當通訊兩端是以UART埠進行通訊時只要將雙方的TX與RX端如圖11-5對接即可。但是如果UART埠要與其他類型的

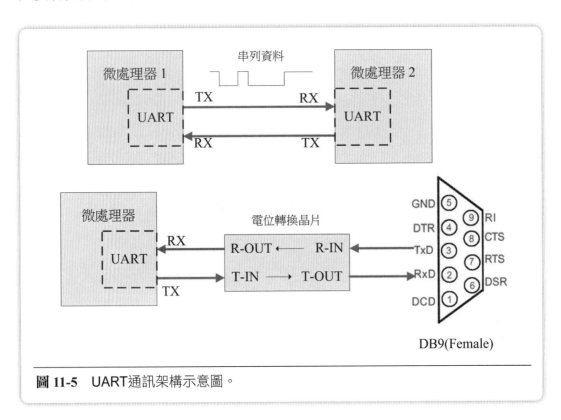

圖 11-5　UART通訊架構示意圖。

埠(如RS-232、USB埠)等連接，因為接腳特性的不同因此要考慮匹配的問題，現在市面上針對不同埠之間的連接已有專屬的介面轉換晶片，讀者只要依據所需使用即可。

　　由於UART埠一般是TTL介面，電壓信號一般是0V(代表0)、5V(代表1)，當要與電腦的COM(RS-232)埠連接時，電壓信號是+3V~+15V(代表0)、 -3V~-15V(代表1)，由於兩者電位的差異，UART必須透過一個電位轉換電路，如SP3232E、SP3485晶片才可以與RS-232埠通訊連接，如11-5圖所示。

　　若UART埠要與USB埠連接，則可透過USB-UART介面轉換晶片，例如：CP2102、PL2303等。在DK-TM4C123G開發板上，UART 0與JTAG埠則是使用LM3S3601 ICDI晶片轉換成USB埠。

11-3　操作函式

　　對於TM4C系列晶片的UART模組，《TivaWare週邊驅動函式庫》提供了一組操作函式，這裡簡稱為UART API。這些函式主要用來配置和控制UART模組的傳送和接收資料及管理UART模組的中斷等。UART API程式原始碼定義在driverlib/ uart.c 檔案中，而uart.h為其標頭檔。常用的函式介紹說明如下：

⊕ UARTConfigSetExpClk ( )

功能：設定一個 UART 組態，要求提供明確的時脈速率

語法：void UARTConfigSetExpClk (uint32_t ui32Base, uint32_t ui32UARTClk, uint32_t ui32Baud, uint32_t ui32Config)

說明：UART的組態包含有UART的工作時脈、串列傳輸參數。ui32Base用來指定所使用的UART模組Base Address代號(UARTn_BASE，n = 0~7)，可參考inc\hw_memmap.h 檔；ui32UARTClk用來設定UART模組的工作頻率，此值一般會設定與系統時脈相同，故可利用SysCtlClockGet( )取得；ui32Baud用來設定串列傳輸速率(Baud rate)；ui32Config則用來設定資料位元、停止位元與同位元，它們必須以「OR」組合形式給值。當執行UARTConfigSetExpClk( )之後，會啟動

UART的傳輸功能，因此不需要另外呼叫UARTEnable( )了。要查詢UART目前的組態，則使用UARTConfigGetExpClk( )。

UARTEnable ( )

功能：致能一個UART的傳輸功能

語法：void UARTEnable(uint32_t ui32Base)

說明：若你已經使用UARTConfigSetExpClk( )配置了UART組態，一般是不需要再呼叫此函式，因為UARTConfigSetExpClk( )程式內部已經呼叫了。

UARTDisable ( )

功能：禁止一個UART的傳輸功能

語法：UARTDisable(uint32_t ui32Base)

說明：無。

UARTCharPut ( )

功能：發送一個字元到指定的UART埠(等待)

語法：void UARTCharPut (uint32_t ui32Base, unsigned char ucData)

說明：執行發送，即是將字元填入所指定UART模組的TxFIFO中，此函式會以輪詢的方式來查看TxFIFO是否有空位可填入資料，如果沒有空位就會一直等待，在未發送完畢之前會一直等待，不會返回。

UARTCharGet ( )

功能：從指定的UART埠接收一個字元(等待)

語法：int32_t UARTCharGet (uint32_t ui32Base)

說明：此函式是以輪詢的方式來查看所指定的UART模組的RxFIFO中是否有資料，如果有資料則讀出資料並返回，如果沒有資料則一直等待。

UARTCharPutNonBlocking ( )

功能：發送一個字元到指定的UART埠(不等待)

語法：bool UARTCharPutNonBlocking (uint32_t ui32Base, unsigned char ucData)

說明：此函式不會先檢查TxFIFO是否有空位。如果有空位則放入資料並返回true(發送成功)，否則返回false表示沒有空位(發送失敗)。因此呼叫此函式不會出現任何等待。

⊕ UARTCharGetNonBlocking ( )

功能：從指定的UART埠接收1個字元(不等待)

語法：int32_t UARTCharGetNonBlocking (uint32_t ui32Base)

說明：此函式不會先檢查RxFIFO是否有接收到的資料。如果有資料則返回接收到的字元，否則返回-1表示接收失敗。因此呼叫此函式不會出現任何等待。

⊕ UARTSpaceAvail ( )

功能：檢查UART模組的TxFIFO是否有可用的空間

語法：bool UARTSpaceAvail (uint32_t ui32Base)

說明：當TxFIFO有可用空間時返回true，否則返回false表示FIFO已滿。此函式通常與UARTCharPutNonBlocking( )或UARTCharPut( )配合使用，常用在發送函式之前，可以避免長時間的等待。

⊕ UARTCharsAvail ( )

功能：檢查UART模組的RxFIFO是否有字元

語法：bool UARTCharsAvail (uint32_t ui32Base)

說明：當RxFIFO有資料時返回true，否則返回false表示FIFO為空的。此函式通常與UARTCharGetNonBlocking ( )或UARTCharGet ()配合使用，常用在接收函式之前，可避免長時間的等待。

⊕ UARTIntEnable ( )

◑ 功能：致能UART模組的一個或多個中斷來源

◑ 語法：void UARTIntEnable (uint32_t ui32Base, uint32_t ui32IntFlags)

◑ 說明：設定所指定的UART模組要偵測哪些中斷事件。每種中斷事件都對應一個代號，這些中斷代號是以「OR」組合形式指定給ulIntFlags參數。接收中斷和接收超時中斷通常要配合使用，即UART_INT_RX | UART_INT_RT 要

同時設定。使用此函式之前要確保處理器的中斷控制器和所使用的UART模組兩者的中斷功能已啟用，它們分別使用IntMasterEnable()與IntEnable()函式完成。

⊕ UARTIntDisable ( )

功能：禁用UART模組的一個或多個中斷來源

語法：void UARTIntDisable(uint32_t ui32Base,uint32_t ui32IntFlags)

說明：取消所指定的UART模組那些中斷事件的偵測，中斷代號也是以「OR」組合形式指定給ulIntFlags參數。

⊕ UARTIntStatus ( )

功能：查詢指定的UART埠目前的中斷狀態

語法：uint32_t UARTIntStatus(uint32_t ui32Base,bool bMasked)

說明：在TivaWare處理器的UART模組有兩個中斷狀態暫存器(UARTMIS和UARTRIS)，bMasked參數用來設定要讀取那個狀態暫存器的值，設為true會返回遮罩中斷狀態暫存器(UARTMIS)的值；設為false則返回原始中斷狀態暫存器(UARTRIS)的值。當發生中斷時，中斷事件在狀態暫存器中所對應的旗標位元會被設為1。

⊕ UARTIntClear ( )

功能：清除UART模組的中斷來源

語法：UARTIntClear(uint32_t ui32Base,uint32_t ui32IntFlags)

說明：當中斷發生時，必須呼叫這個函式來清除中斷事件所對應的旗標位元值，如此才能再次對此中斷事件進行偵測。ui32IntFlags用來設定要清除的中斷事件代號，你也可以將此參數值直接設為UARTIntStatus ( )的返回值，如此就可得知發生那些中斷再進行清除，這必須在中斷服務程式處理。

11-4　實驗步驟

　　本實驗使用TM4C123GH6PGE處理器的UART 0與PC進行字元傳送與接收的工作。首先是簡單收發字元的功能，再來是改以中斷方式處理收到字元後的回應工作。對於撰寫UART串列通訊程式基本步驟如下：

1. 致能處理器所要使用的週邊模組：UART與GPIO模組
2. 配置GPIO腳為UART接腳
3. 配置UART埠的組態
4. 致能UART埠傳輸功能

⊕ 建立一新工作目錄Chap11

1. 在檔案總管中的C:\TI\ Mylabs目錄中新增一子目錄Chap11。

⊕ 在CCS中建立一新專案Chap11

2. 在CCS選單中選擇File➡New➡CCS Project，並依據圖11-6所示建立一個內含main.c的Chap11專案目錄。

⊕ 加入 startup_ccs.c 檔

3. startup_ccs.c檔主要用來定義中斷向量表。它可以新建或者由舊有的檔案複製／連結過來，在CCS選單中可以由如下方式產生：

◗ 選擇File➡New Source File新增一個名為startup_ccs.c的檔案到專案目錄中，內容可參考前面章節。

◗ 點選專案名稱，選擇Project➡Add Files⋯尋找已存在的startup_ccs.c，然後以複製／連結方式加入到目錄中。

⊕ 撰寫程式碼內容：main.c

4. 加入標頭檔定義以便使用TivaWare API函式，程式碼如下所示：

```
#include <stdint.h>
#include <stdbool.h>
```

```
#include "inc/hw_memmap.h"
#include "inc/hw_types.h"
#include "driverlib/gpio.h"
#include "driverlib/pin_map.h"
#include "driverlib/sysctl.h"
#include "driverlib/uart.h"
```

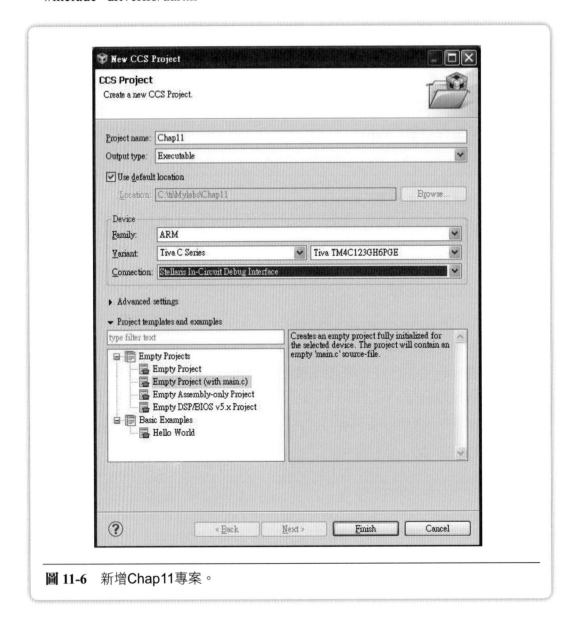

圖 11-6　新增Chap11專案。

◑ hw_memmap.h：定義處理器各個週邊模組的暫存器群之起始位址(Base Address)，可當作週邊模組的名稱代號。

◑ pin_map.h：定義處理器GPIO接腳當作其他週邊模組的功能接腳之名稱代號。

◑ uart.h：定義了UART模組的操作函式。

5. 編輯主函式main()的內容，原始程式碼如下所示：

```
int main(void)
{
    //return 0;
}
```

　　將return 0; 此行先拿掉，後面會用While迴圈取代。

6. 設定系統時脈(System clock)，依下列設定來產生50MHz的系統時脈：

◑ 主要振盪器(Main oscillator)：16MHz

◑ 使用鎖相迴路(PLL)：400MHz

◑ 除頻值(Divider)：4(加上PLL原有的2倍除頻，共可達8倍除頻)

由於使用PLL電路，則不管外部主要振盪頻率是多少，PLL輸出一律是400MHz，故CPU的工作頻率計算如下：

System clock = 400MHz / 2 / 4 = 50MHz

程式碼如下所示：

SysCtlClockSet(SYSCTL_SYSDIV_4 | SYSCTL_USE_PLL | SYSCTL_OSC_MAIN | SYSCTL_XTAL_16MHZ);

7. 由於實驗是藉由UART 0進行通訊工作，UART 0的接腳是在GPIO A。使用下列程式碼致能相關的GPIO和UART模組並且配置GPIO接腳為UART接腳。

SysCtlPeripheralEnable(SYSCTL_PERIPH_UART0);
SysCtlPeripheralEnable(SYSCTL_PERIPH_GPIOA);

設定GPIO A的PA0/PA1接腳為UART0的RX/TX腳，並屬於UART類型。

```
GPIOPinConfigure(GPIO_PA0_U0RX);
GPIOPinConfigure(GPIO_PA1_U0TX);
GPIOPinTypeUART(GPIO_PORTA_BASE, GPIO_PIN_0 | GPIO_PIN_1);
```

8. 配置UART埠組態，包含UART時脈速率和串列傳輸參數為115200, 8-1-N。

```
UARTConfigSetExpClk(UART0_BASE, SysCtlClockGet(), 115200, (UART_
CONFIG_WLEN_8 | UART_CONFIG_STOP_ONE | UART_CONFIG_PAR_
NONE));
```

UART的時脈速率是利用SysCtlClockGet()得到，即是等於系統工作頻率。傳輸資料格式(8-1-N)是以「OR」組合方式給值。

9. 利用UARTCharPut()依序傳送「Enter Text:」字元。這只是當作一個提示號字串，讀者可以自由改變。程式碼如下所示：

```
UARTCharPut(UART0_BASE, 'E');
UARTCharPut(UART0_BASE, 'n');
UARTCharPut(UART0_BASE, 't');
UARTCharPut(UART0_BASE, 'e');
UARTCharPut(UART0_BASE, 'r');
UARTCharPut(UART0_BASE, ' ');
UARTCharPut(UART0_BASE, 'T');
UARTCharPut(UART0_BASE, 'e');
UARTCharPut(UART0_BASE, 'x');
UARTCharPut(UART0_BASE, 't');
UARTCharPut(UART0_BASE, ':');
UARTCharPut(UART0_BASE, ' ');
```

10. 加入一個while迴圈，使當UART收到一個字元會回傳所收到的字元。程式碼如下所示：

```
while (1)
  {
     if (UARTCharsAvail(UART0_BASE))
          UARTCharPut(UART0_BASE, UARTCharGet(UART0_BASE));
  }
```

　　這裡呼叫UARTCharsAvail()來檢查是否有收到字元，如果有的話，則利用UARTCharGet()讀取字元並放入UARTCharPut()中傳回發送端。當UART0是與PC進行通訊時，即是在PC的串列傳輸軟體視窗會看到所輸入的字元。

⊕ 加入TivaWare API 所在的標頭檔與函式庫路徑

11. 在專案中加入TivaWare API的標頭檔(header file)路徑。

12. 在專案中加入TivaWare週邊驅動函式庫(driverlib.lib)的連結。

⊕ 編譯程式

13. 編譯成功之後會在專案目錄/Debug 產生名為Chap11.out 執行檔。

◑ 出現 identifier "GPIO_PA0_U0RX" is undefined 等的錯誤這是指某個符號(Symbol)名稱未被以#define定義。對於Tiva系列處理器的GPIO接腳符號名是被定義在driverlib/pin_map.h中，為了讓符號名稱在各個處理器共用，檔案中利用了「#ifdef **PART_<處理器名稱>** #endif 」前處理指令來分隔，以免造成名稱重複的錯誤。由於在建立專案時是選擇TM4C123GH6PGE晶片，因此要使用定義在#ifdef PART_TM4C123GH6PGE #endif 之間的符號名，則必須在編譯環境中加入**PART_TM4C123GH6PGE**這個預定義符號名。添加方法如下所示：

右擊專案名稱，選擇Properties➜Build➜ARM Compiler➜Advanced Options➜Predefined Symbols，在視窗的Pre-defined NAME欄位，按「＋」 輸入PART_TM4C123GH6PGE再重新編譯即可。

⊕ 程式測試

目前開發板的UART 0是透過UART轉USB晶片以USB傳輸線與PC端進行串列通訊，在PC端需要透過所安裝的Stellaris Virtual Serial Port作為串列埠，步驟如下：

14. 打開Windows的裝置管理員，查詢Stellaris Virtual Serial Port的COM編號

15. 設定PC端的串列埠：

❶ 打開PC端的串列傳輸軟體，例如：Hyper Terminal、Putty等。

❶ 選擇PC端的串列埠為Stellaris Virtual Serial Port的COM編號並設定串列傳輸參數，它務必與你所設定UART 0的值相同(115200, 8-1-N)。

16. 在CCS選單中點選專案名稱➜點選「Debug」圖示，它就會載入執行檔到開發板晶片中，然後就可開始執行程式，執行結果如圖11-7所示。

⊕ 以中斷方式處理接收／傳送字元工作

　　下面我們將while迴圈中原來的程式碼改以中斷方式進行，並且設定只有當UART接收到字元或者發生接收超時的狀況才會呼叫中斷服務程式。另外在中斷服務程式中增加了USER LED的ON/OFF來指示中斷處理完畢的功能。

17. 加入與中斷有關的標頭檔

```
#include "inc/hw_ints.h"
#include "driverlib/interrupt.h"
```

18. 在UARTConfigSetExpClk ()此行的下方加入下列的程式碼，它們用來致能處理器中斷與UART0模組的中斷機制，並且啟用UART0的接收(Receive)和接收超時(Receiver Timeout)的中斷事件偵測。

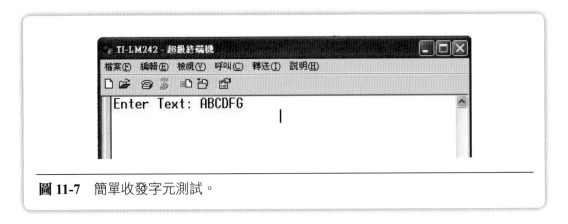

圖 11-7 簡單收發字元測試。

```
IntMasterEnable();
IntEnable(INT_UART0);
UARTIntEnable(UART0_BASE, UART_INT_RX | UART_INT_RT);
```

19. 由於我們會利用USER LED的ON/OFF來顯示收到的字元是否處理完畢。因此要致能連接此USER LED的接腳所在的GPIO模組及設定此接腳為輸出類型。程式碼如下所示：

```
SysCtlPeripheralEnable(SYSCTL_PERIPH_GPIOG);
GPIOPinTypeGPIOOutput(GPIO_PORTG_BASE, GPIO_PIN_2);
```

註：DK-TM4C123G開發板的USER LED是使用PG2(port G pin2)。

20. 移除while迴圈中原來的程式碼。

```
while (1)
{
  // if (UARTCharsAvail(UART0_BASE))
  //  UARTCharPut(UART0_BASE, UARTCharGet(UART0_BASE));
}
```

21. 撰寫一個UART中斷服務程式(ISR)，它被命名為「UARTIntHandler」，主要包含：讀取UART中斷狀態暫存器以得知那個中斷發生，然後清除中斷所對應的中斷狀態位元，接著讀取已收到的字元並回傳此字元給發送端，最後將開發板上的USER LED點亮1ms用以告知字元已經處理完畢。相關的程式碼如下所示，並將此UARTIntHandler( )放在main()上方。

```
void UARTIntHandler(void)
{

    uint32_t ui32Status;
    ui32Status = UARTIntStatus(UART0_BASE, true);
    UARTIntClear(UART0_BASE, ui32Status);
    while(UARTCharsAvail(UART0_BASE)) //loop while there are chars
    {
        //echo character
        UARTCharPutNonBlocking(UART0_BASE,
            UARTCharGetNonBlocking(UART0_BASE));
        //blink LED then turn off
        GPIOPinWrite(GPIO_PORTG_BASE, GPIO_PIN_2, 4);
        SysCtlDelay(SysCtlClockGet() / (1000 * 3)); //delay 1 ms
        GPIOPinWrite(GPIO_PORTG_BASE, GPIO_PIN_2, 0); //turn off

    }

}
```

22. 將UART 0的中斷服務程式加入中斷向量表。打開startup_ccs.c，首先在extern void _c_int00(void); 此行下增加UARTIntHandler()函式原型宣告。

    extern void UARTIntHandler(void);

    接著找到中斷向量表中的UART0 Rx and Tx標記，將UARTIntHandler函式名稱取代原本預設的ISR函式名稱IntDefaultHandler。

    UARTIntHandler,   // UART0 Rx and Tx

23. 編譯與測試程式
    讀者可以由PC端看到開發板回傳的字元和USER LED點亮1ms。

11-5　進階實驗

◉ 改用FIFO中斷方式傳輸

◑ 使用UARTFIFOLevelSet( )和UARTFIFOLevelGet( )設置和獲取發送和接收
FIFO深度(觸發中斷時的深度級別)，例如：FIFO為1/8深度，表示可收發2字
元才觸發中斷通知CPU處理。

◉ 使用UART 6做自我RX/TX傳輸

◑ 可將兩接腳直接用銅線短路，或者與另一塊板子的RX/TX交叉連接做測試。

12

PWM控制實作

 本章重點

12-1　實驗說明

　　脈寬調變(Pulse Width Modualtion, PWM)是一種利用數位訊號控制類比輸出的技術。由於數位訊號比較穩定、功耗小且不容易受到雜訊干擾，在嵌入式系統中常常使用PWM訊號取代類比訊號控制電子電路。目前許多微處理器都整合了PWM功能，這使得數位控制的實現變得更加容易，因此PWM技術廣泛地應用在交換式電源(Switching power)、馬達轉速、燈泡亮度、伺服定位、功率控制甚至通訊等領域中。

　　本章將以TM4C123G處理器為例說明，介紹如何使用TivaWare週邊驅動函式庫讓PWM模組輸出PWM訊號。TM4C123G處理器有2個PWM模組，每個模組有8個PWM輸出接腳。在DK-TM4C123G開發板上，讀者可利用PWM波形驅動USER LED以觀察LED閃爍狀態。目前USER LED使用GPIO G模組的Pin 2 (PG2)，使用時必須配置成PWM模式才能輸出PWM訊號，要使用其他的PWM輸出可參考處理器的規格書。

12-2　工作原理

　　對於類比裝置的控制，例如圖12-1改變燈泡亮度能以兩種方式進行：類比調光和數位調光。類比調光最簡單的方式是利用可變電阻來調整送到燈泡的電壓(V=9-VR)；數位調光則以斷電和通電的方式供給燈泡電壓，使其電壓呈現只有ON(9V)和OFF(0V)兩種狀態的脈波形式，將脈波的面積平均化即是實際得到的電壓值。假如我們進一步控制數位調光通電的時間比例，就能讓輸出產生變化。舉例來說，輸入電壓9V的燈泡如果通電5秒、斷電5秒，如此重複動作，燈泡將會像連接到4.5V(9V的1/2)的電池一樣發光。而這種依據導通時間的長度(脈波的寬度)及週期性來控制輸出的方法就是PWM(脈寬調變)技術。

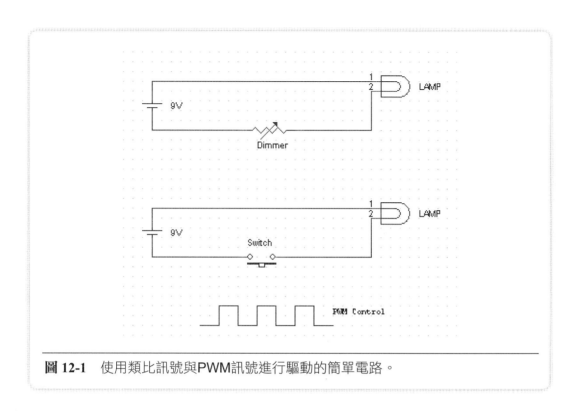

圖 12-1　使用類比訊號與PWM訊號進行驅動的簡單電路。

12-2-1　PWM簡介

　　PWM是一種將類比訊號轉成脈波形式輸出的技術。 它透過對一連串脈波的寬度調制，來等效地獲得所需要訊號，包括直流和交流訊號。也就是說，PWM訊號為頻率固定、脈波寬度可調整的數位訊號，我們可以改變脈波寬度來控制輸出電壓，改變脈波週期來控制輸出頻率。

　　以產生直流電壓為例， PWM訊號的波形與三種不同脈寬所對應的電壓值如圖12-2所示。其中T：表示在每個週期(Period)的時間，即每送一個脈波的秒數(PWM頻率的倒數)，t_H：表示在每個週期內有電壓(高電位)的秒數。

　　在PWM訊號中，對於「一個週期的高電位時間所佔的比例」被稱之為「工作週期(Duty cycle)」。Duty cycle的公式是$D = t_H / T$，它的變化可以從0% 到100%。利用Duty cycle值可讓我們計算出所對應的電壓，公式是$Vo = Vin * Duty\ cycle$。例如：供電電源為5V，若想要輸出振幅(平均電壓)為1V的直流

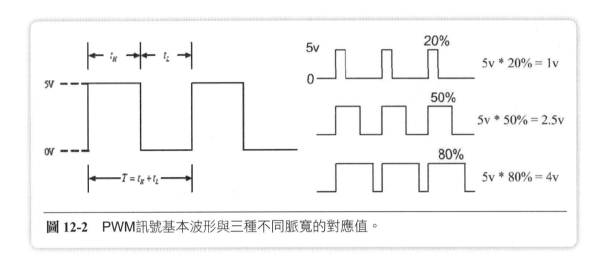

圖 12-2 PWM訊號基本波形與三種不同脈寬的對應值。

電，此時Duty cycle需為20%，也就是說如果PWM的頻率是1000Hz，那麼它的週期時間就是1ms(=1000us)，則高電位出現的時間要200us，才能讓Duty cycle = 200/1000=1/5 (20%)，因此要改變電壓的輸出振幅(平均電壓)，只要按同一比例改變各脈波寬度即可。

如何產生PWM訊號？圖12-3是一個最簡單的電路，它包含電壓比較器、載波產生器(鋸齒波／三角波振盪器…)和類比輸入訊號源。當載波(Carrier)電壓(V+)＞輸入直流電壓(V-)時，比較器輸出Vout = +Vcc，反之Vout = 0，如此不斷地進行比較就可以產生脈波。轉換後輸出脈波的週期與載波的頻率有關，而脈波寬度會依輸入訊號的大小而改變。如果將輸出脈波的面積平均化，該值與輸入訊號的振幅會呈一定的比例。

類比訊號能否使用PWM進行調制，主要是由頻率決定，這意味著只要有足夠的頻率，任何類比訊號值均可以採用PWM技術完成。大多數負載(無論是電感性負載還是電容性負載)需要的調變頻率高於10Hz，例如：燈泡先點亮5秒鐘，然後在下一個5秒鐘內將熄滅。若要讓燈泡取得4.5V電壓的供電效果，則通電／斷電循環周期(工作週期)與負載對開關狀態變化的響應時間相比必須足夠短。因此要取得燈泡保持點亮的效果(不能有閃爍現象)，必須提高調變頻率，在其他PWM應用場合也有同樣的要求。在實際應用中，調變頻率一般為1kHz到200kHz之間。

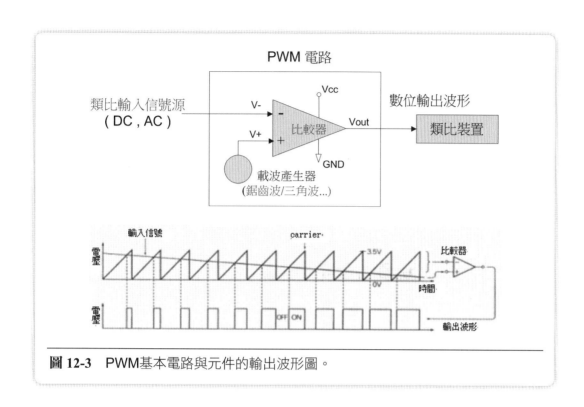

圖 12-3　PWM基本電路與元件的輸出波形圖。

　　目前市面上提供許多專用的PWM晶片讓使用者運用，而在微處理器中則最常使用高解析度計數器(Timer)來模擬方波的工作週期，從而實現對一個類比訊號的電壓進行編碼，基本原理是當計數器向上／向下計數到所設定的匹配值(Match value)就改變輸出電位，所以只要調整匹配值就可得到不同脈寬的波形，圖12-4 是向下計數的兩種輸出範例。這種計數方式其最大的優點是從微處理器到被控對象之間的所有訊號都是數位形式的，無需再進行D/A轉換過程；而且抗干擾能力也大大增強(雜訊只有在強到足以將邏輯值改變時，才能對數位訊號產生實際的影響)。對於以計數器來產生PWM脈波可參考各微處理器的Timer 說明。

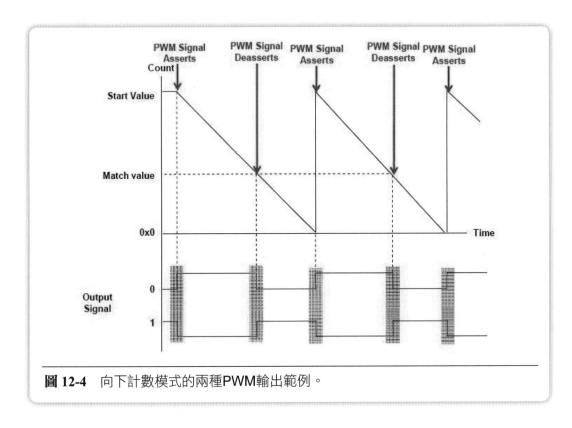

圖 12-4 向下計數模式的兩種PWM輸出範例。

12-2-2　TM4C系列PWM 模組功能概述

在TM4C系列處理器中可以利用Timer模組產生PWM訊號，或是使用獨立的PWM模組產生PWM訊號，本節說明以TM4C123G處理器的PWM模組為主。

TM4C123G處理器有2個PWM模組，每個PWM模組由4個PWM產生器(Generator)和1個輸出控制單元(Output control logic)組成。PWM產生器如圖12-5所示用來產生PWM訊號，它由計時器(Timer)、比較器(Comparator)、訊號產生器(Signal generator)、死區產生器(Dead-dand generator)和中斷／觸發選擇器(Interrupt and trigger generator)等組成。輸出控制單元則用來決定PWM訊號最後的輸出極性，以及訊號是否可以傳遞到接腳。

每個PWM產生器可以產生兩個PWM訊號，這兩個PWM訊號可以是頻率相同的獨立訊號(pwmA和pwmB)，也可以是一對帶有死區延遲(Dead-band delays)

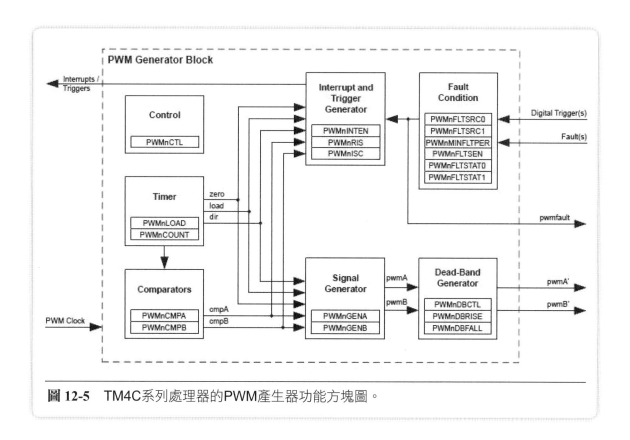

圖 12-5 TM4C系列處理器的PWM產生器功能方塊圖。

的訊號(pwmA'和pwmB')。因此一個PWM模組共有8個輸出接腳(編號PWM 0~7)可以對應PWM產生器的輸出訊號,它們的關係分別是PWM0和PWM1對應 Generator 0、PWM2和PWM3對應Generator 1,以此類推。

⊕ PWM訊號的產生原理 (計時器、比較器、訊號產生器)

PWM訊號是由PWM產生器的計時器和比較器的輸出結果決定。當PWM產生器運行時,計時器開始計數,比較器則會監控計數值。一旦計數值和比較器的設定值相等,或是計數值為零或裝載值(LOAD)時,計時器和比較器的輸出波形會對PWM訊號產生影響。

計時器有兩種工作模式:遞減計數模式(Count-down mode)和先遞增後遞減計數模式(Count-up/down mode)。依據所選的工作模式產生的PWM訊號不同。在這裡我們以遞減計數模式來說明PWM產生的原理,遞減計數模式一般是用來產生左對齊或右對齊的PWM訊號。

如圖12-6所示，在遞減計數模式下計時器從裝載值(LOAD)開始遞減計數，當計數到0時又返回到裝載值並繼續計數。計時器有3個輸出訊號：方向訊號(dir)、零脈衝訊號(zero)、載入脈衝訊號(load)。在遞減計數時，dir訊號始終為零，當計數值等於0或裝載值時，zero和load訊號分別會輸出一個寬度等於PWM時鐘週期的高電位脈衝。兩個比較器則會在比較值(CMP-A/B)等於計數值時，在Cmp-A和Cmp-B訊號輸出一個高電位脈衝。PWM訊號產生器捕獲這些脈衝訊號結合方向訊號最後產生PWMA和PWMB兩個訊號。總而言之，當計數值大於比較值時PWM訊號為高電位，一旦計數值遞減到等於比較值時，PWM訊號變為低電位。對於PWM訊號的波形，計時器的裝載值決定PWM訊號週期(Period)，兩個比較器的值則決定PWM工作週期(Duty cycle)的寬度。

對於先遞增後遞減計數模式，PWM產生器會先從零遞增計數到比較值，再遞減計數回到零，然後重複這個過程，這個會產生中心對齊的PWM訊號。使用者可自行參考晶片PWM模組的說明。

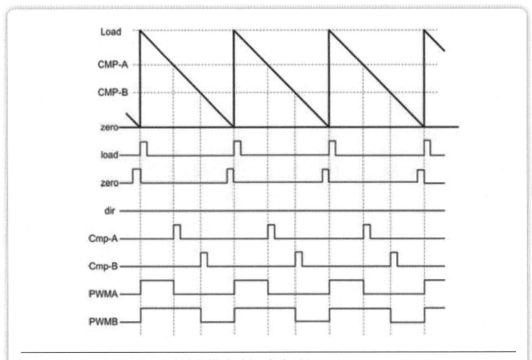

圖 12-6 PWM產生器遞減計數模式的訊號波形圖。

死區產生器(Dead-band generator)

　　用在原始的PWM訊號中插入可程式規劃的死區延遲時間，如果死區產生器禁止(Disable)，則PWM產生器只輸出原始的PWM訊號；如果死區產生器致能(Enable)，則會丟棄第二個PWM訊號(pwmB)，並以第一個PWM訊號(pwmA)為基礎產生兩個如圖12-7所示帶有Dead-band delays的訊號。pwmA'為帶有上升邊緣延遲的pwmA訊號；pwmB'為帶有下降邊緣延遲的pwmA反相訊號。這兩個訊號適合電機控制應用，例如：驅動half-H bridge電路。

中斷和觸發機制

　　每個PWM產生器可以支援內部的zero、load、dir、cmpA、cmpB五種訊號產生時觸發中斷，或者觸發ADC轉換。

故障檢測

　　由於PWM功能常用於電機系統的大功率裝置的控制，大功率裝置往往具有較高的危險性，如電梯系統。因此當系統發生故障時，應當立即讓裝置停止運作(即禁止PWM輸出)，以避免處於危險的運作狀態。

　　對於來自外部系統故障事件，PWM產生器提供了一個故障檢測輸入接腳Fault。Fault的訊號可以來自監測運作系統狀態的感測器。從Fault接腳輸入的訊號不會經過處理器內核處理，而是直接送到PWM模組的輸出控制單元以停止PWM輸出。因此即使處理器內核因忙碌甚至當機，Fault訊號照樣可以關閉PWM訊號輸出，故增強了系統的安全性。

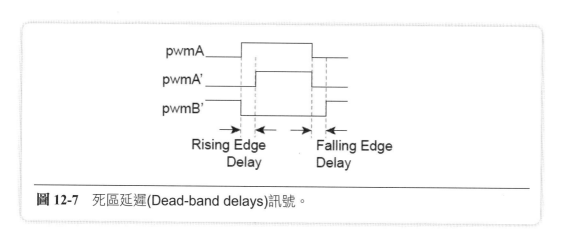

圖 12-7　死區延遲(Dead-band delays)訊號。

◉ 輸出控制

輸出控制單元用來在PWM訊號進入處理器接腳之前對其最後的狀態進行控制，輸出控制單元主要有3項功能：

❶ 輸出致能，只有被致能的PWM接腳才能輸出PWM訊號。

❶ 輸出反相控制，如果致能，則PWM訊號輸出到接腳時會180°反相。

❶ 故障控制，當外部感測器檢測到系統故障時能夠直接禁止PWM輸出。

12-3 操作函式

對於Tiva系列晶片的PWM模組，TivaWare週邊驅動函式庫提供了一組操作函式，這裡簡稱為PWM API。PWM API程式原始碼定義在driverlib/pwm.c檔案中，而pwm.h為其標頭檔。常用的函式介紹說明如下：

◉ PWMGenConfigure ( )

功能： 配置一個PWM產生器的組態

語法： void PWMGenConfigure (uint32_t ui32Base, uint32_t ui32Gen, uint32_t ui32Config)

說明： 組態項目包含計時器的計數模式、參數同步模式、Debug模式中的行為，以及故障的設置等。ui32Base用來指定PWM模組Base Address代號(PWM0 _BASE、PWM1 _BASE)，可參考inc\hw_memmap.h 檔；ui32Gen用來指定PWM產生器編號(PWM_GEN_0~3)；ui32Config用來設定組態值，組態項目可以「OR」運算組合。值得注意的是，呼叫該函式之後，PWM產生器尚未運行。只要呼叫這個函式改變了計時器的計數模式，都必須重新呼叫PWMGenPeriodSet( )和PWMPulseWidthSet( )，對PWM訊號的週期和Duty cycle值進行設置。

◉ PWMGenPeriodSet ( )

功能： 設定一個PWM產生器輸出訊號的週期。

語法：void PWMGenPeriodSet (uint32_t ui32Base, uint32_t ui32Gen, uint32_t ui32Period)

說明：ui32Period用來設定週期值，它是PWM計時器的計時時鐘數(PWM clock ticks)，此值也是PWM計時器的裝載值(LOAD)，要得知目前的週期值可用PWMGenPeriodGet ( )。

PWMPulseWidthSet ( )

功能：設定PWM輸出訊號的脈寬。

語法：void PWMPulseWidthSet (uint32_t ui32Base, uint32_t ui32PWMOut, uint32_t ui32Width)

說明：脈寬即是指PWM訊號的高電位寬度，也就是Duty cycle值。PWMOut用來指定PWM輸出接腳編號(PWM_OUT_0~7)；ui32Width用來指定寬度值，也是PWM計時器的計時時鐘數。寬度值不可以大於PWMGenPeriodSet( )函式設置的週期值，也就是Duty cycle不能大於100%。以50% Duty cycle而言，ui32Width = ui32Period /2。要得知目前的寬度值可用PWMPulseWidthGet ( )。

PWMOutputState ( )

功能：致能或禁止PWM訊號的輸出。

語法：void PWMOutputState (uint32_t ui32Base, uint32_t ui32PWMOutBits, bool bEnable)

說明：Tiva系列晶片的一個PWM模組有8個PWM接腳，此函式可用來指定某PWM接腳是否可輸出PWM訊號。ui32PWMOutBits是PWM輸出接腳所對應的BIT編號(PWM_OUT_x_BIT，x is 0~7)；bEnable值為ture代表允許輸出，為false代表禁止輸出。

PWMOutputInvert ( )

功能：設置PWM是否反相輸出。

語法：void PWMOutputInvert (uint32_t ui32Base, uint32_t ui32PWMOutBits, bool bInvert)

說明：用來決定輸出到接腳的PWM訊號是否要反相輸出，bInvert值為ture代表輸出反相，為false代表直接輸出。

PWMGenEnable ( )

功能：致能PWM產生器的計時器。

語法：void PWMGenEnable (uint32_t ui32Base, uint32_t ui32Gen)

說明：用來啟動PWM產生器的計數功能，當呼叫此函式即會開始輸出PWM波形，若要禁止產生PWM訊號則使用PWMGenDisable( )。

PWMDeadBandEnable ( )

功能：設定死區延遲並致能死區控制器輸出。

語法：void PWMDeadBandEnable (uint32_t ui32Base, uint32_t ui32Gen, uint16_t ui16Rise, uint16_t ui16Fall)

說明：設置PWM產生器的死區延遲時間，並開啟死區功能。ui16Rise和ui16Fall參數分別為是上升／下降邊緣的延遲寬度，他們都是PWM計時器的計時時鐘數。若要禁用死區控制器則使用PWMDeadBandDisable( )。

PWMIntEnable ( )

功能：致能PWM發生器的中斷功能。

語法：void PWMIntEnable (uint32_t ui32Base, uint32_t ui32GenFault)

說明：PWM模組總中斷控制，中斷種類有產生器中斷和故障中斷(Generator and fault interrupts)兩種。ui32GenFault指定PWM模組要啟用那些PWM產生器的中斷和故障機制，產生器中斷是由內部訊號線引起的，選擇值是 PWM_INT_GEN_0~3；故障中斷是由外部系統引起的，選擇值是PWM_INT_FAULT0~3，這些值可以使用「OR」組合形式給值。例如：PWM_INT_GEN_0 | PWM_INT_FAULT0表示致能PWM模組的產生器0之內部訊號線中斷與外部故障中斷功能。若要禁用PWM產生器的中斷功能則使用PWMIntDisable ( )。

PWMIntStatus ( )

功能：取得目前PWM模組所設定的中斷機制狀態。

語法：uint32_t PWMIntStatus (uint32_t ui32Base, bool bMasked)

說明：bMasked設為true，返回被遮罩中斷狀態；設為false，則返回原始的中斷狀態。返回值包含有PWM_INT_GEN_0~3和 PWM_INT_FAULT0~3。

⊕ PWMGenIntTrigEnable ( )

功能：致能PWM產生器的中斷和觸發ADC的事件。

語法：void PWMGenIntTrigEnable (uint32_t ui32Base, uint32_t ui32Gen, uint32_t ui32IntTrig)

說明：透過PWM產生器的中斷／觸發致能暫存器的位元，設定要偵測那些產生器中斷事件，可偵測的事件包括有計時器為0、為裝載值及兩個比較器遞增、遞減匹配共6種。當事件發生時可選擇產生中斷或觸發ADC轉換。ui32IntTrig用來指定中斷事件及處理方式，選擇值有12個，其中6個是觸發中斷，6個是觸發ADC，可以使用「OR」組合形式給值。例如：PWM_INT_CNT_ZERO(計時器為0時，觸發中斷)、PWM_TR_CNT_ZERO(計時器為0時，觸發ADC)。若要對偵測的事件進行禁止(Disable)則使用PWMGenIntTrigDisable ( )。

⊕ PWMGenIntClear ( )

功能：清除指定PWM產生器的中斷狀態。

語法：void PWMGenIntClear (uint32_t ui32Base, uint32_t ui32Gen, uint32_t ui32Ints)

說明：當中斷發生後，必須呼叫此函式來清除此中斷來源(被遮罩的旗標值)，使其不再有效。這必須在中斷處理程式中處理，如此才能再次對此中斷事件進行偵測。ui32Ints用來設定要清除的中斷事件代號，你也可以將此參數值直接設為PWMGenIntStatus( )的返回值，如此就可得知發生那些中斷再進行清除。這個函式只能清除「觸發中斷」的事件，即 PWM_INT_CNT_ZERO、PWM_INT_CNT_LOAD、PWM_INT_CNT_AU、PWM_INT_CNT_AD、PWM_INT_CNT_BU、PWM_INT_CNT_BD。

⊕ PWMGenIntStatus ( )

功能：獲取指定PWM產生器的中斷狀態。

語法：uint32_t PWMGenIntStatus (uint32_t ui32Base, uint32_t ui32Gen, bool bMasked)

說明：bMasked設為true，表示查詢遮罩的中斷狀態(已發生的中斷事件)；

設為false，表示查詢原始的中斷狀態。與故障管理有關的工作可參考以
PWMGenFault為字首的函式。

12-4　實驗步驟

　　本實驗將TM4C123G處理器的GPIO G模組接腳2(PG2)配置成PWM模式，
並輸出PWM訊號來驅動DK-TM4C123G開發板上USER LED燈。這裡PG2被組
態為PWM模組1的PWM 0接腳。

　　在致能PWM產生器之前，必須先配置好計時器的計數速度、計數方式、裝
載值(決定PWM週期)、兩個比較器的值(決定PWM duty cycle)等。以下是撰寫
產生PWM波形程式的基本步驟：

1. 致能處理器所要使用的週邊模組：PWM & GPIO模組。
2. 配置GPIO接腳為 PWM接腳。
3. 配置PWM產生器的組態。
4. 設定PWM訊號輸出模式(PWM波形的週期和脈衝寬度)。
5. 配置PWM接腳輸出狀態。
6. 致能PWM產生器計數功能(開始輸出PWM波形)。

⊕ 建立一新工作目錄Chap12

1. 在檔案總管中的C:\TI\ Mylabs目錄中新增一子目錄Chap12

⊕ 在CCS中建立一新專案Chap12

2. 在CCS選單中選擇File➔New➔CCS Project建立一個內含main.c的Chap12專案
　 目錄。

⊕ 加入startup_ccs.c檔

3. startup_ccs.c檔主要用來定義中斷向量表，它可以新建或者由舊有的檔案複製
　 ／連結過來，在CCS選單中可以由如下方式之一產生：

◗ 選擇File→New Source File，新增一個名為startup_ccs.c到專案目錄中，內容可參考前面章節。

◗ 點選專案名稱，選擇Project→Add Files…，找尋已存在的startup_ccs.c然後以複製／連結方式加入到目錄中。

⊕ 撰寫程式碼內容：main.c

4. 加入標頭檔定義以便使用TivaWare API函式，程式碼如下所示：

```
#include <stdint.h>
#include <stdbool.h>
#include "inc/hw_memmap.h"
#include "inc/hw_types.h"
#include "driverlib/sysctl.h"
#include "driverlib/gpio.h"
#include "driverlib/debug.h"
#include "driverlib/pwm.h"
#include "driverlib/pin_map.h"
```

◗ hw_memmap.h：定義處理器各個週邊模組的暫存器群之起始位址(Base address)，可當作週邊模組的名稱代號。

◗ pin_map.h：定義處理器GPIO接腳當作其他週邊模組的功能腳之名稱代號。

◗ pwm.h：定義了PWM模組的操作函式。

5. 定義一個表示LED閃爍頻率值的常數代號

```
#define PWM_FREQUENCY 1  // 1 Hz
```

6. 加入一個使用在Debug模式下的錯誤處理函式

```
#ifdef DEBUG
    void __error__(char *pcFilename, unsigned long ulLine) { }
#endif
```

7. 編輯主函式main()的內容,原始程式碼如下所示:

```
int main(void)
{
    //return 0;
}
```

將return 0; 此行先拿掉,後面會用 while 迴圈取代。

8. 定義下列兩個變數,分別用於PWM計時器的裝載值與PWM工作頻率

```
volatile unsigned int ulLoad;
volatile unsigned long ulPWMClock;
```

9. 為了讓讀者可看到LED的閃爍狀態,我們先將之前使用的50MHz系統時脈依下列設定降至1MHz,以用於後面的PWM模組的工作頻率。

◑ 主要振盪器(Main oscillator):16MHz

◑ 不使用鎖相迴路(PLL)

◑ 除頻值(Divider):16

表示頻率來源直接為16MHz外部的主振盪器,CPU的工作頻率計算如下:

System Clock = 16 MHz/16 = 1 MHz

程式碼如下所示:

```
SysCtlClockSet(SYSCTL_SYSDIV_16 | SYSCTL_USE_OSC | SYSCTL_
XTAL_16 MHZ | SYSCTL_OSC_MAIN);
```

10. 設定PWM模組的工作頻率(PWM clock)為62.5KHz,除頻值使用16。程式碼如下所示:

```
SysCtlPWMClockSet(SYSCTL_PWMDIV_16);
```

PWM clock = 系統時脈／除頻值 = 1 MHz/16 = 62.5KHz。

11. 由於開發板上USER LED是使用GPIO G模組接腳2(PG2),為了讓PG2輸出

PWM波形驅動LED，使用下列程式碼致能相關的GPIO和PWM模組並且配置GPIO接腳為PWM接腳。

❶ 致能PG2接腳所在GPIO模組和所屬的PWM模組。

SysCtlPeripheralEnable(SYSCTL_PERIPH_PWM1);
SysCtlPeripheralEnable(SYSCTL_PERIPH_GPIOG);

❶ 設定PG2為PWM類型，且為PWM模組1的PWM 0接腳。

GPIOPinTypePWM(GPIO_PORTG_BASE, GPIO_PIN_2);
GPIOPinConfigure(GPIO_PG2_M1PWM0);

12. 設定ulPWMClock和ulLoad變數值，以提供配置PWM模組組態使用。

ulPWMClock = SysCtlClockGet() / 16; // 等於1 MHz/16 = 62.5 KHz
ulLoad = (ulPWMClock / PWM_FREQUENCY) - 1;

ulLoad為PWM計時器的裝載值，用於PWM輸出波形的週期。

13. 由於PWM模組1的PWM 0接腳是屬於PWM產生器0，下列將配置PWM產生器0為向下計數模式，其餘選項讀者可自行斟酌改變。

PWMGenConfigure(PWM1_BASE, PWM_GEN_0,
PWM_GEN_MODE_DOWN);

14. 設置PWM0輸出波形的週期和脈衝寬度。

PWMGenPeriodSet(PWM1_BASE, PWM_GEN_0, ulLoad);

ulLoad參數是PWM計時器的裝載值，它會被載入週期暫存器，若為向下計數模式時，當它遞減至0會重新被載入再繼續計數。注意：週期暫存器只有16-bit，ulLoad值不可以大於2^{16}(65536)。

15. 設置PWM輸出波形的脈衝寬度為50% duty cycle，故寬度值為ulLoad / 2。

PWMPulseWidthSet(PWM1_BASE, PWM_OUT_0, ulLoad / 2);

16. 為了讓PWM產生器0的PWM波形由PWM0接腳輸出，利用下列函式啟用 PWM0接腳輸出功能。

    PWMOutputState(PWM1_BASE, PWM_OUT_0_BIT, true);

17. 致能PWM產生器0的計數功能使之開始產生PWM波形。

    PWMGenEnable(PWM1_BASE, PWM_GEN_0);

18. 加入一個while(1)迴圈，使應用程式持續執行。

    while (1)
    {

    }

⊕ 加入TivaWare API所在的標頭檔與函式庫路徑

19. 在專案中加入TivaWare API 的標頭檔(header file)路徑。
20. 在專案中加入TivaWare 週邊驅動函式庫(driverlib.lib)的連結。

⊕ 編譯程式

21. 編譯成功之後會在專案目錄/Debug 產生名為Chap12.out 執行檔。

◑ 出現identifier"GPIO_PG2_M1PWM0"is undefined等的錯誤，請參考前面章節 的實驗說明，加入**PART_TM4C123GH6PGE**預定義符號名。

⊕ 執行程式

讀者可以看到開發板的USER LED閃爍，也可利用示波器觀察USER LED 接腳的波形。

12-5　進階實驗

⊕ 改變LED閃爍速度及明暗狀態

1. 使用調整計時器的週期或者脈波寬度(Duty cycle值)。

⊕ 讓PWM產生器的計時器到零時產生中斷,並在中斷服務程式中改變其 Duty cycle值。

1. 使用PWMIntEnable(),PWMGenIntTrigEnable() 致能PWM產生器中斷及設定 歸零時觸發中斷。

2. 使用IntEnable(),IntMasterEnable() 致能PWM模組中斷及處理器中斷控制器。

3. 撰寫中斷服務程式,然後加入startup_ccs.c檔中。

嵌入式微控制器開發—ARM Cortex-M4F架構及實作演練

Chapter 13

浮點運算單元(FPU)實作

 本章重點

13-1　實驗說明

Cortex-M4與M3最大的差異在於擴充了DSP單元與浮點運算單元(Floaing Point Unit, FPU)來增加運算速度，因此如何善用這些硬體運算單元，也是軟體開發上很重要的議題。本實驗中將學習如何啟動浮點運算單元，並使用浮點指令來加快浮點運算的速度。。

13-2　工作原理

Cortex-M4F微控制器內建DSP及浮點運算單元(FPU)，以硬體來支援各種DSP演算法，相較於Cortex-M3，Cortex-M4F微控制器應用效能已經大幅提升。

表13-1整理了各種ARM控制器功能上的差異比較。表中可看出藉由這兩種運算單元的加入，讓Cortex-M4F的運算能力大增，不再只是傳統控制器角色，更可進一步應用到電力、通訊以及音訊處理的領域上。

13-2-1　浮點運算單元(FPU)

認識浮點運算單元前，先來瞭解浮點表示法。在計算機系統中，需要使用二進制來表示各種數值，一般而言使用二進制來表示數值的方式又有兩種：定點(Fixed point)表示法與浮點(Floating point)表示法。

⊕ 定點(Fixed point)表示法

所謂定點表示法是指小數點在數的位置是固定不變的，通常固定在數值的最右邊，也就是說不帶小數或分數，只有正負之分。一般而言，定點表示法就是計算機系統中用來儲存整數的方式。

表 13-1 ARM控制器功能差異比較。

	ARM7TDMI	Cortex-M0	Cortex-M3	cortex-M4F
Architecture Version	v4T	V6M	v7M	v7ME
Instruction set architecture	ARM, Thumb	Thumb, Thumb-2 system Instruction	Thumb + thumb-2	Thumb + thumb-2 DSP, SIMD, FP
DMIPS/MHz	0.72 (Thumb), 0.95 (ARM)	0.9	1.25	1.25
Bus interfaces	None	1	3	3
Integrated NVIC	No	Yes	Yes	Yes
Number interrupts	2 (IRQ and FIQ)	1-32 + NMI	1-240 + NMI	1-240 + NMI
Interrupt prioritles	None	4	8-256	8-256
Breakpoints, Watchpoints	2 Watchpoint Unifs	4/2/0.2/1/0	8/4/0.2/1/0	8/4/0.2/1/0
Memory Protection Unit (MPU)	No	No	Yes (Option)	Yes (Option)
Integrated trace option (ETM)	yes (Option)	No	Yes (Option)	Yes (Option)
fauit robust Interface	No	No	Yes (Option)	No
Single Cycte Muitiply	No	Yes (Option)	Yes	Yes
Hardware Divide	No	No	Yes	Yes
WIC Support	No	Yes	Yes	Yes
bit banding support	No	No	Yes	Yes
Single cycle DSP/SIMD	No	No	No	Yes
Floating point hardware	No	No	No	Yes
Bus protocol	Use AHB bus srapper	AHB Lite	AHB Life, APB	AHB Life, APB
CMSIS Support	No	Yes	Yes	Yes

浮點(Floating point)表示法

所謂浮點表示法，就是小數點在數中的位置是浮動的。IEEE二進位浮點數算術標準(IEEE 754)是常見的浮點數表示方式。IEEE 754浮點數表示又可依使用位元數而有不同的精確度，如圖13-1，其中包含使用16位元的半精度浮點數(Half-precision floating-point)、使用32位元的單精度浮點數(Single-precision

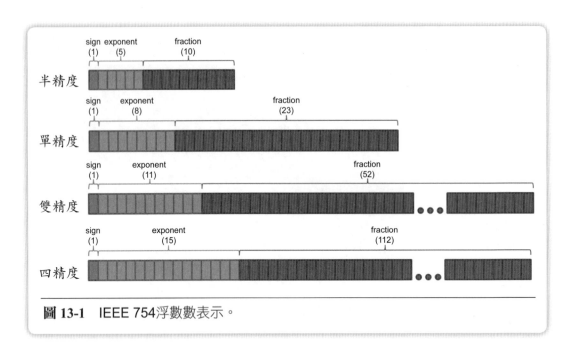

圖 13-1 IEEE 754浮數數表示。

floating-point)、使用64位元的雙精度浮點數(Double-precision floating-point)以及使用128位元的四精度浮點數(Quadruple-precision floating-point)。IEEE 754浮點數的表示包含有三個欄位,分別是符號(Sign)、指數(Exponent)、小數(Fraction)。指數部分採用所謂的偏移值(Bias)形式表示。以32位元單精度表示為例,符號(s)佔1個位元,0表正而1表負,指數(e)佔8個位元,使用偏移值(Bias)127,小數(f)使用23個位元。以圖13-2中單精度浮點表示為例,該32位元的二進制表示所存放的實際數值為232.249,換算公式如下:

$$數值 = (-1)^s \times (1+f) \times 2^{e\text{-bias}}$$
$$= [1]_{10} \times ([1]_{10} + [0.814453]_{10}) \times [2^{134\text{-}127}]_{10}$$
$$= [1.814453]_{10} \times 128$$
$$= [232.249]_{10}$$

為了加速浮點表示數值的運算速度,Cortex-M4F核心中內建了單精度浮點運算單元(FPU),支援所有ARM單精度數值運算指令及格式,能夠有效的降低傳統微控制器處理浮點運算時所需耗時的運算時間。表13-2為Cortex-M4F支援

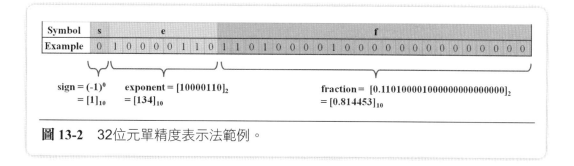

圖 **13-2**　32位元單精度表示法範例。

表 13-2　Cortex-M4F浮點運算指令以及工作時脈。

Operation	Description	Assembler	Cycles
Absolut Value	of float	VABS.F32	1
Addition	floating point	VADD.F32	1
Compare	float with register or zero	VCMP.F32	1
Convert	between integer, fixed-point, half precision and float	VCVT.F32	1
Divide	floating-point	VDIV.F32	14
Move	immedlate/float to float-register	VMOV	1
Muitiply	float	VMUL.32	1
Negate	float	VNEG.F32	1
Pop	float registers from stack	VPOP.32	1+N
Push	float registers to stack	VPUSH.32	1+N
Square-root	of float	VSQRT.F32	14
Store	float	VSTR.32	2
Subtract	float	VSUB.F32	1

的浮點運算指令以及所需耗費的工作時脈(Cycle)，其中大部份的浮點運算使用浮點運算單元(FPU)只需花費一個時脈即可完成，其中Pop及Push所花費時脈會與暫存器數目(N)有關。以圖13-3浮點數值加法及減法運算為例，若不使用浮點運算單元(FPU)，則浮點數值的加法需使用51個指令才可完成，而浮點數值的減法則需使用68個指令才可完成。不過，若使用浮點運算單元(FPU)則只需一個指令即可完成。

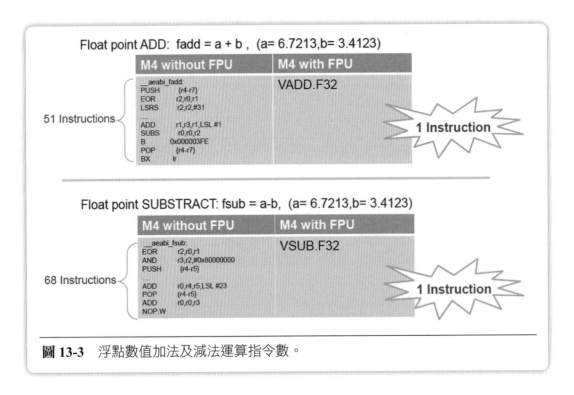

圖 13-3 浮點數值加法及減法運算指令數。

13-3 操作函式

　　在TivaWare中提供一組API函式來管理FPU單元的工作。需要注意的是在預設條件下，FPU單元是被關掉的，因此在使用FPU單元函式前，必須先開啟FPU，否則會產生NOCP(NoCo-Processor)使用錯誤。FPU單元函式中主要提供FPUEnable()及FPUDisable()來開啟及關閉FPU單元。此外，為了控制FPU單元狀態如何儲存至堆疊中，FPU單元函式還提供了FPUStackingEnable()、FPULazyStackingEnable()以及 FPUStackingDisable()。而關於FPU單元的中斷控制則可使用FPUIntRegister()、FPUIntUnregister()、FPUIntEnable()、FPUIntDisable()、FPUIntStatus()以及 FPUIntClear()。FPU模組的API函式原始碼定義在下列檔案中：TivaWare/driverlib/fpu.c，而fpu.h為標頭檔，其中主要函式說明如下：

⊕ FPUEnable ()

功能：啟用FPU單元

語法：void FPUEnable(void);

說明：這個函式用來致能FPU單元以使用浮點運算指令。這個函式需要在使用硬體浮點運算前被呼叫，否則會產生NOCP(NoCo-Processor)錯誤。

⊕ FPUDisable ()

功能：禁止FPU單元

語法：void FPUDisable(void);

說明：這個函式用來禁止FPU單元，來避免因使用浮點運算指令而產生NOCP (No Co-Processor)錯誤。

⊕ FPUStackingEnable ()

功能：啟用FPU暫存器堆疊(Stacking)功能

語法：void FPUStackingEnable(void);

說明：這個函式用以在中斷發生時啟動FPU暫存器堆疊(Stacking)功能。當這個功能啟動後，處理器就會保留空間在堆疊中給浮點運算執行環境(Context)及浮點暫存器狀態，並在中斷發生時，將浮點執行環境(Context)及浮點暫存器狀態存入堆疊中。

⊕ FPULazyStackingEnable ()

功能：啟用FPU暫存器滯留堆疊(Lazy Stacking)功能

語法：void FPULazyStackingEnable(void);

說明：這個函式用以在中斷發生時啟動FPU暫存器滯留堆疊(Lazy Stacking)功能。當這個功能啟動後，處理器就會保留空間在堆疊中給浮點運算執行環境(Context)，而浮點暫存器狀態則不會被儲存。Cortex-M4F核心中支援滯留堆疊(Lazy Stacking)功能，用以減少浮點暫存器推入(PUSH)與取出(POP)所花費的時間。

13-4 實驗步驟

⊕ 建立一新工作目錄Chap13

1. 在檔案總管中的C:\ti\Mylabs目錄中新增一子目錄Chap13。

⊕ 在CCS中建立一新專案Chap13

2. 在CCS選單中選擇File➔New➔CCS Project，並完成新專案Chap13設定。

⊕ 撰寫程式碼內容：main.c

3. 加入標頭檔(Header files)定義以便使用TivaWare API函式，程式碼如下所示：

```
#include <stdint.h>
#include <stdbool.h>
#include <math.h>
#include "inc/hw_memmap.h"
#include "inc/hw_types.h"
#include "driverlib/fpu.h"
#include "driverlib/sysctl.h"
#include "driverlib/rom.h"
```

標頭檔說明如下：

❶ math.h：使用sinf()函式所需載入的標頭檔。

❶ fpu.h：FPU單元 API函式的定義與巨集

4. 使用ifndef結構來確保M_PI常數會被定義

```
#ifndef M_PI
#define M_PI 3.14159265358979323846
#endif
```

5. 定義一個浮點型態的矩陣gSeriesData，其中SERIES_LENGTH用來定義矩陣長度。定義變數dataCount來記錄運算迴圈，並設定初始值為0。

```
#define SERIES_LENGTH 100

float gSeriesData[SERIES_LENGTH];
int dataCount = 0;
```

6. 加入主函式main()，程式碼如下所示：

```
int main(void)
{

}
```

接著在下面步驟中將程式碼加入主函式main()中。

7. 主函式main()中新增一浮點型態變數來計算弦波值，程式碼如下所示：

```
float fRadians;
```

8. 開啟滯留堆疊(Lazy Stacking)功能及FPU單元。 本實驗採用的TivaWare函式直接由ROM呼叫，所以函式字首加上ROM字串而且需要加入TARGET_IS_BLIZZARD_RB1的預定義符號。程式碼如下所示：

```
ROM_FPULazyStackingEnable();
ROM_FPUEnable();
```

9. 設定系統時脈(System clock)，產生50MHz系統時脈，程式碼如下所示：

```
ROM_SysCtlClockSet(SYSCTL_SYSDIV_4|SYSCTL_USE_PLL|SYSCTL_
XTAL_16MHZ|SYSCTL_OSC_MAIN);
```

10. 設定弦波取樣點強度，因一個完整弦波強度為2π，所以每一取樣間隔強度為2π除以矩陣長度，程式碼如下所示：

```
fRadians = ((2 * M_PI) / SERIES_LENGTH);
```

11. 新增一個while()迴圈來計算每一點的弦波值，並將這100個值存放在矩陣gSeriesData中。程式碼如下所示：

```
while(dataCount < SERIES_LENGTH)
{
        gSeriesData[dataCount] = sinf(fRadians * dataCount);
        dataCount++;
}
```

12. 最後再加入另一個無窮迴圈，程式碼如下所示:

```
while(1)
{
}
```

如此便完成了main.c程式碼的撰寫工作。

⊕ 撰寫程式碼內容：**startup_ccs.c**

13. 本實驗的啟動程式startup_ccs.c可以直接複制blinky範例內的startup_ccs.c程式檔至本專案，不需要修改。(注意：若CCS已自動載入啟動程式，則省略本步驟)

⊕ 設定程式建立選項(**Build Options**)

14. 新增標頭檔搜尋路徑(Include Search Path)：首先在專案Chap13上按右鍵並選擇「Properties」，由程式建立選項(Build Options)中ARM編譯器(ARM Compiler)➔標頭檔選項(Include Options)➔標頭檔搜尋路徑(Include Search Path)新增路徑C:/ti/TivaWare_C_Series-1.0。

15. 新增函式庫搜尋路徑(File Search Path)：由程式建立選項(Build Options)中ARM連結器(ARM linker)➔函式庫搜尋路徑(File search path)➔加入函式庫檔案(Include library file)中新增"C:\ti\TivaWare_C_Series-1.0\driverlib\ccs\Debug\driverlib.lib"函式庫。

⊕ 編譯(**Compile**)、下載(**Download**)及執行(**Run**)程式

16. 建立(Build)及執行(Run)程式：按下Debug鍵進行程式編譯，並且自動執行至main()，接著按下Resume鍵來執行程式。

17. 接著由Debug透視圖(Perpective)中按下Suspend鍵來暫停程式執行，此時可發現程式指標會停在while(1)的位置，如圖13-4所示：

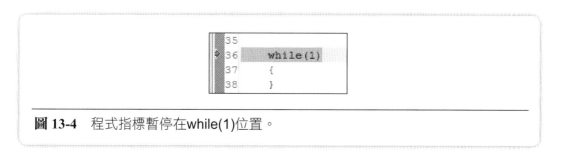

圖 **13-4** 程式指標暫停在while(1)位置。

18. 由視圖(View)➔記憶體瀏覽器(Memory Browser)來開啟記憶體瀏覽器，並在位址(Address)欄位中輸入矩陣名稱gSeriesData，接著選擇資料型態為「32 Bit Float」，如此就可以在記憶體瀏覽器中觀察到弦波數值，如圖13-5所示：

圖 **13-5** 弦波浮點數值。

19. 由記憶體瀏覽器觀察的數值或許還看不出弦波的形態，接著我們可以利用繪圖工具來畫出矩陣gSeriesData，選定工具(Tools)➔繪圖(Graph)➔單時間(Single Time)，然後依圖13-6參數來設定繪圖特性(Graph Properties)。接著就

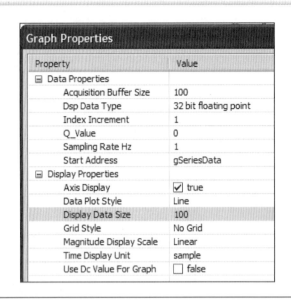

圖 13-6 設定繪圖特性(Graph Properties)。

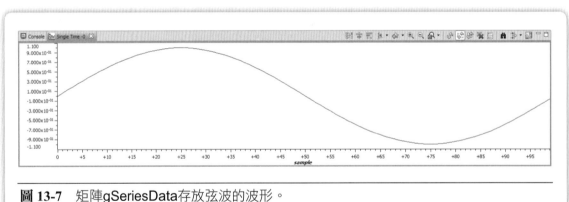

圖 13-7 矩陣gSeriesData存放弦波的波形。

可以看到弦波的波形如圖13-7所示。

⊕ 程式效能分析(Profiling the code)

20. 本實驗中,另一個重點就是要觀察使用FPU單元計算100個弦波數值總共花費多少時間。首先在下列程式位置設定一中斷點(Breakpoint),如圖13-8所示。

fRadians = ((2 * M_PI) / SERIES_LENGTH);

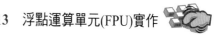

```
26
27    fRadians = ((2 * M_PI) / SERIES_LENGTH);
28
29    while(dataCount < SERIES_LENGTH)
30    {
31        gSeriesData[dataCount] = sinf(fRadians * dataCount);
32
33        dataCount++;
34    }
35
```

圖 13-8 中斷點設定。

21. 從偵錯視圖(Debug view)中按下從新開始(Restart)圖示 ，然後按下Resume鍵
執行程式到目前設定的中斷點位置。

22. 在中斷點窗格(Breakpoints Pane)中按滑鼠右鍵，選定Breakpoint (Code
Composer Studio)➔Count event，如圖13-9所示，然後設定要計數的event為
工作時脈(Clock Cycles)，如圖13-10。

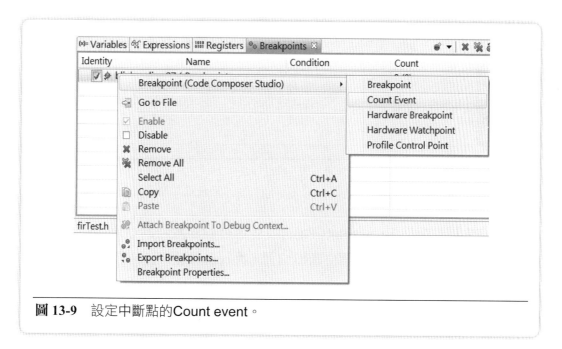

圖 13-9 設定中斷點的Count event。

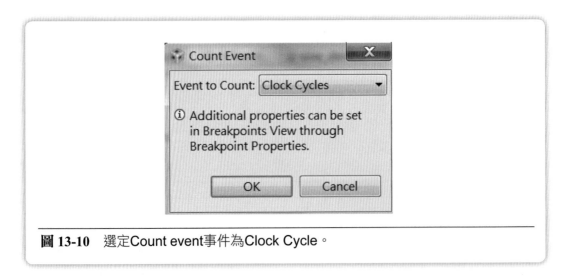

圖 13-10 選定Count event事件為Clock Cycle。

23. 新增另一個中斷點在while(1)的位置，如圖13-11所示。

```
26
27    fRadians = ((2 * M_PI) / SERIES_LENGTH);
28
29    while(dataCount < SERIES_LENGTH)
30    {
31        gSeriesData[dataCount] = sinf(fRadians * dataCount);
32
33        dataCount++;
34    }
35
36    while(1)
37    {
38    }
```

圖 13-11 新增中斷點。

24. 目前在中斷點窗格(Breakpoints Pane)觀察到的count數為0，然後按下Resume鍵執行程式到設定的第二個中斷點位置，而count數目就會更新，如圖13-12所示。

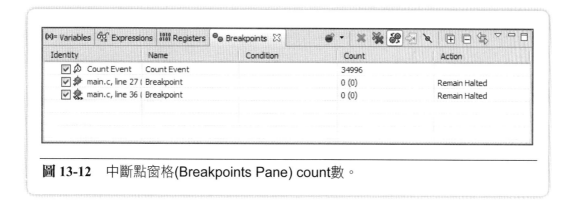

圖 13-12 中斷點窗格(Breakpoints Pane) count數。

25. 由圖13-12觀察到的 count數目為34996，也就是說平均計算一個弦波數值大約需要350個工作時脈。依目前系統工作頻率50MHz，可估出計算一個弦波數值約7μS，而計算100個弦波數值共需要700μS。

Chapter **14**

圖形顯示(Graphic)實作

 本章重點

14-1 實驗說明

　　LCD、LED與OLED模組等是微處理器常用來顯示圖形或文字的周邊裝置。由於Tiva系列晶片本身並沒有提供任何顯示(Display)模組的專用介面，若要連接 顯示裝置目前只能透過串列埠(Serial port)或外部週邊介面(External Peripheral Interface, EPI)，所以在選擇顯示模組時要考慮是否支援這兩種介面之一才行。

　　本章主要以TM4C123G處理器驅動OLED(Organic Light Emitting Display)模組為例，並介紹如何使用TivaWare圖形函式庫(Grlib)實現基礎的圖形、文字繪製的工作。

　　在DK-TM4C123G開發板上，處理器是利用同步串列介面(Synchronous Serial Interface, SSI)與OLED模組連接，如圖14-1所示。詳細配置圖請參考Tiva TM4C123G Development Board User's Guide.pdf (spmu357A)，而TM4C123G處理器提供給OLED模組介面信號如表14-1所示。

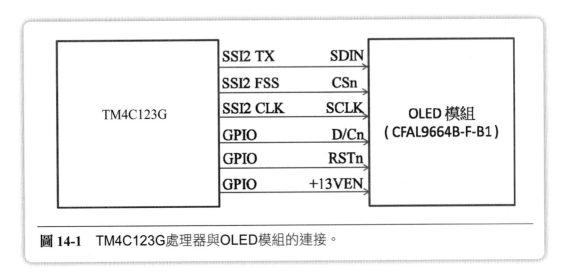

圖 14-1　TM4C123G處理器與OLED模組的連接。

表 14-1 TM4C123G處理器提供給OLED模組介面信號。

GPIO Pin	Pin Function	OLED Function
PH7	SS12TX	SDIN
PH5	SS12FSS	CSn
PH4	SS12CLK	SCLK
PH6	GPIO	D/Cn
PG1	GPIO	RSTn
PG0	GPIO	+13VEN

14-2 工作原理

在嵌入式系統開發中，常用的顯示面板(Display panel)主要為液晶顯示器(LCD)與有機發光二極體(OLED)等，有時可以使用發光二極體(LED)來排列出我們需要的文字或圖形。

液晶顯示器(Liquid Crystal Display, LCD)

LCD是由液晶分子組成的顯示屏，液晶的圖元(Pixel)單元是整合在同一塊液晶板當中分隔出來的小方格。透過數位控制這些極小的方格進行顯像。LCD包括了TFT、UFB、TFD、STN等類型的液晶顯示屏。LCD本身不發光故常使用LED等當背光源。目前多使用在電腦、家電螢幕。

LED(Light Emitting Diode) 發光二極體

LED應用可分為兩大類：一是LED單管應用，包括背光源LED，紅外線LED等；另外就是LED顯示屏。LED顯示屏是由發光二極體排列組成的一顯示元件，每一個圖元單元就是一個發光二極體，如果是單色，一般是紅色發光二極體。如果是彩色，一般是三個三原色小二極體組成的一個大二極體。這些二極體組成的矩陣由數位控制實現顯示文字或者圖像，LED造價較便宜，組成的顯像面積大。

◎ OLED(Organic LightEmitting Diode) 有機發光二極體

◗ 有機發光二極體基本結構是由一薄而透明具半導體特性之銦錫氧化物(ITO)，與電力之正極相連，再加上另一個金屬陰極，包成如三明治的結構。整個結構層中包括了：電洞傳輸層(HTL)、發光層(EL)與電子傳輸層(ETL)。當電力供應至適當電壓時，正極電洞與陰極電子便會在發光層中結合，產生光子，依其材料特性不同，產生紅、綠和藍三原色，構成基本色彩。OLED的特性是自發光，不像薄膜電晶體液晶顯示器需要背光，因此可視度和亮度均高，且無視角問題，其次是驅動電壓低且省電效率高，加上反應快、重量輕、厚度薄，構造簡單，成本低等，被視為21世紀最具前途的產品之一。

有機發光二極體又稱有機電激發光顯示(Organic Electroluminesence Display)，有機發光二極體顯示器可分單色、多彩及全彩等種類，而其中以全彩製作技術最為困難。

有機發光二極體也與 LCD 一樣其驅動方式也分為主動和被動式兩種。被動式下依照定位發光點亮，類似郵差寄信，主動式則和薄膜電晶體液晶顯示器相同在每一個有機發光二極體單元背增加一個薄膜電晶體，發光單元依照電晶體接到的指令點亮。簡言之，主動／被動矩陣分法，主要指的是在顯示器內打開或關閉像素的電子開關型式。

相比於液晶顯示器(LCD)，OLED能夠自主發光，具有高亮度、高對比、寬視角、回應速度快、功耗低、溫度範圍寬等特點，更適合應用於現場環境中。

OLED顯示技術與傳統的LCD顯示方式不同，無需背光燈，採用非常薄的有機材料塗層和玻璃基板，當有電流通過時，這些有機材料就會發光。螢幕上面的RGB三原色是由三種材料直接發光調色，不像LCD內部複雜的光學路徑，LCD必須透過背光模組發光，再由液晶灰階透過彩色濾光片調色，所以OLED螢幕不論是對比、省電、亮度、顏色、輕薄度都優於LCD。不過目前OLED顯示技術還存在使用壽命短、螢幕大型化難、價格高等缺陷。目前常用於手機螢幕。

另外一個攸關OLED顯示器效果的重要關鍵，就是顯示器的驅動方式。就目前來說，OLED的驅動方式可分為被動式矩陣(Passive Matrix，即PM-OLED)與主動式矩陣(Active Matrix，即AM-OLED)兩類，其中被動式矩陣架構較簡

單，成本也較低，但必需在高脈衝電流下操作，才能達到適合人眼觀賞的亮度，因OLED的亮度與所通過的電流密度成正比，太高的操作電流不但會使電路效率及壽命降低，因為掃瞄的關係使其解析度也受限制，因此PM-OLED比較適合於小尺寸的產品。相反的，AM-OLED雖然成本較昂貴、製程較複雜(仍比TFT-LCD容易)，但其每一個畫素(Pixel)皆可記憶驅動信號並可獨立與連續驅動，且效率較高，適用於大尺寸與高解析度之高資訊容量的顯示產品。

　　要讓面板顯示圖形需要外加控制訊號，這些控制訊號的來源可來自專用控制IC或者一般的微處理器。目前有很多將控制晶片與面板整合在一起的產品，它們被稱之為顯示模組(Display module)，例如：LCDM、OLEDM，模組的功能完全由控制晶片決定。

⊕ OLED模組(CFAL9664B-F-B1)概述

　　DK-TM4C123G開發板使用的是型號CFAL9664B-F-B1的OLED模組，使用Solomon SSD1332 Controller，支援8-bit parallel interface or SPI Interface(SSI)，解析度為96×64，支援全彩(Full color)RGB16位元(16bit)。

　　SSD1332 是Solomon公司推出的OLED驅動晶片，最大可支援96RGB×64×16點陣的65K彩色OLED螢幕，內嵌有DC/DC電壓轉換器，以產生OLED所需的高電壓。SSD1332內建容量為96×64×16位元的圖像資料記憶體(GDDRAM)和命令暫存器，根據寫入命令暫存器的命令自動產生OLED所需的時序，將GDDRAM中暫存的圖像顯示出來。

　　GDDRAM和命令暫存器可以經由8位元平行介面和SPI介面存取，平行介面同時支持8080/6800系列控制器。SPI介面模式下只能向GDDRAM和命令暫存器中寫入資料而不能讀出。

嵌入式微控制器開發—ARM Cortex-M4F架構及實作演練

14-3 操作函式

對於Tiva系列晶片驅動顯示模組，德州儀器公司提供了TivaWare圖形函式庫(TivaWare Graphics library)，它的函式分成如圖14-2的三層。

◑ Widget控制層：只用於有觸控功能的螢幕，提供設計GUI視窗介面的小工具，例如：button、listbox、checkbox等元件的自動繪製、事件回應，使用戶無需花費時間在重複繁瑣的用戶輸入處理工作上，為應用帶來方便。

◑ 基本圖形層：主要實現基礎形狀、文字以及點陣圖(Bitmap)圖片等的繪製功能。

◑ 顯示驅動層：直接和硬體通訊，驅動程式設計者必須根據實際所使用的硬體編寫此層的操作函式，即它們的動作會與所用的顯示模組控制晶片有關。

TivaWare 顯示模組驅動程式所提供的函式，主要包含有模組初始化函式與各種在顯示器上繪圖的操作函式，例如：畫點，畫線，畫實心矩形等。為了統一底層驅動程式的結構，TI提供了tDisplay這個資料結構來描述顯示模組的基本

控制層 (Widget Layer)	<< 硬體無關
基本圖形層 (Graphics Primitives Layer)	<< 硬體無關
顯示驅動層 (Display Driver Layer)	<< 底層+硬體相關

圖 14-2　TivaWare圖形函式庫分成三層。

336

資訊，例如：模組操作函式。在模組驅動程式中需要實作這些操作函式，並且填充tDisplay結構，如此就可以讓「基本圖形層」的函式調用「顯示驅動層」的操作函式。以DK-TM4C123G開發板的CFAL9664B-F-B1 OLED模組為例，模組的驅動程式可參考以下程式：

C:\ti\TivaWare_C_Series-version\examples\boards\dk-tm4c123g\drivers\cfal96x64x16.c檔。

CFAL9664B-F-B1 OLED模組的基本資訊如圖14-3所示，操作函式以「CFAL」為字首名稱，面板尺寸是96×64。

　　另外圖14-4說明了「基本圖形層」函式與OLED模組操作函式之關係圖。對顯示模組的控制實際是由CFAL96x64x16WriteCommand()和CFAL96x64x16WriteData()負責。

　　本節主要說明「基本圖形層」部分，相關函式的原始碼位於grlib目錄中，grlib.h為其標頭檔。常用的函式介紹說明如下：

```
const tDisplay g_sCFAL96x64x16 =
{
    sizeof(tDisplay),
    0,
    96,
    64,
    CFAL96x64x16PixelDraw,
    CFAL96x64x16PixelDrawMultiple,
    CFAL96x64x16LineDrawH,
    CFAL96x64x16LineDrawV,
    CFAL96x64x16RectFill,
    CFAL96x64x16ColorTranslate,
    CFAL96x64x16Flush
};
```

圖 14-3　CFAL9664B-F-B1 OLED模組的基本資訊。

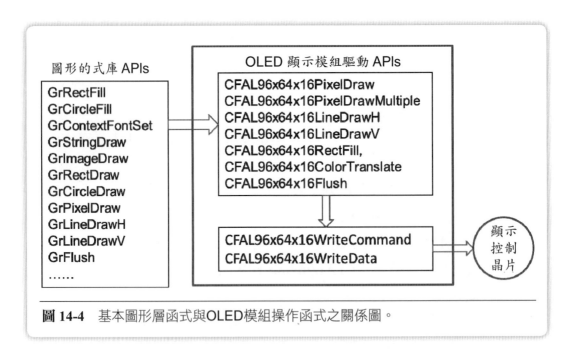

圖 14-4 基本圖形層函式與OLED模組操作函式之關係圖。

⊕ GrContextInit ( )

功能：初始化圖形環境。

語法：void GrContextInit (tContext *psContext, const tDisplay *psDisplay);

說明：初始化一個螢幕上的繪圖文本(Drawing context)，即繪圖環境，多個繪圖文本可以同時存在。*psContext參數為tContext結構指標，tContext結構用來描述一個繪圖文本，包含有所使用的顯示模組、繪製在螢幕的顏色(背景／前景顏色)、裁剪區域、字型等資訊。*psDisplay參數為tDisplay結構指標，tDisplay結構用來定義一個顯示模組(Display driver)的功能，包含螢幕尺寸與所使用的控制函式，此結構值在顯示模組驅動程式中被初始化。此函式會建立圖形函式庫的函式與顯示模組的控制函式之關聯性。

⊕ GrContextForegroundSet ( )

功能：設置前景顏色(畫筆顏色)。

語法：#define GrContextForegroundSet(psContext, ui32Value);

說明：前景顏色，指的是繪製的圖形或文字的顏色。也就是說，當你想要改變畫筆的顏色就要呼叫此函式來變換。pContext參數用來指定一個繪圖文本。

Value參數用來指定顏色，此值雖然是32位元，但是TivaWare圖形函式庫實際是以24位元RGB表示顏色值(R、G、B每種顏色佔8位元)，其最高的8位元是無效的，如0x00FF0000代表純紅色。目前在TivaWare圖形函式庫中約定義了150個常用的顏色代碼，如ClrRed，ClrYellow，這些代碼名稱可在圖形函式庫說明手冊的附錄中找到，或者也可以在grlib.h檔中找到這些定義。

⊕ GrContextBackgroundSet ( )

功能：設置背景顏色。

語法：#define GrContextBackgroundSet(psContext, ui32Value);

說明：背景顏色，不是指螢幕背景的顏色，而是繪製時可能會用到的顏色設置，如文字的底色等。參數說明同GrContextForegroundSet ( )。

⊕ GrRectFill ( )

功能：繪製一個實心的矩形。

語法：void GrRectFill(const tContext *pContext, const tRectangle *pRect);

說明：*pContext參數用來指定一個繪圖文本，*pRect參數用來指定矩形範圍。pRect參數是個tRectangle資料結構，用來設定矩形的(X,Y)座標的最小與最大值。

⊕ GrRectDraw ( )

功能：繪製一個空心的矩形(只有外框)。

語法：void GrRectDraw (const tContext *psContext, const tRectangle *psRect);

說明：參數說明同GrRectFill ( )。

⊕ GrCircleFill ( )

功能：繪製一個實心圓。

語法：void GrCircleFill (const tContext *pContext, int32_t i32X, int32_t i32Y, int32_t i32Radius);

說明：*pContext參數用來指定一個繪圖文本，i32X與i32Y參數用來指定圓中心點繪製的起始座標值，Radius參數則是半徑值。

⊕ GrCircleDraw ( )

功能：繪製一個空心圓。

語法：void GrCircleDraw (const tContext *pContext, int32_t i32X, int32_t i32Y, int32_t i32Radius);

說明：參數說明同GrCircleFill ( )。

⊕ GrPixelDraw ( )

功能：繪製一點。

語法：#define GrPixelDraw(psContext, i32X, i32Y);

說明：pContext參數用來指定一個繪圖文本，i32X與i32Y參數用來指定繪製的座標值。

⊕ GrLineDraw ( )

功能：繪製一條線。

語法：void GrLineDraw(const tContext *pContext, int32_t i32X1, int32_t i32Y1, int32_t i32X2, int32_t i32Y2);

說明：*pContext參數用來指定一個繪圖文本，i32X1與i32Y1參數用來指定起始座標值。i32X2與i32Y2參數用來指定結束座標值。

⊕ GrLineDrawH ( )

功能：繪製一條水平線。

語法：void GrLineDrawH(const tContext *pContext,int32_t i32X1,int32_t i32X2, int32_t i32Y);

說明：*pContext參數用來指定一個繪圖文本，i32X1與i32X2參數用來指定起始與結束的X座標值。Y參數用來指定Y座標值。例如：想由座標(10,55)到(90,55)畫一條水平線則函式寫法為GrLineDrawH(10,90,55)，Y值固定。

⊕ GrLineDrawV ( )

功能：繪製一條垂直線。

語法：void GrLineDrawV(const tContext *pContext,int32_t i32X,int32_t i32Y1, int32_t i32Y2);

說明：*pContext參數用來指定一個繪圖文本，i32X參數用來指定X座標值。i32Y1與i32Y2參數為起始與結束的Y座標值，其中X值固定。

🎯 GrStringDraw ( )

功能：繪製文字。

語法：void GrStringDraw(const tContext *pContext,const char *pcString,int32_t i32Length,int32_t i32X,int32_t i32Y,uint32_t bOpaque);

說明：此功能用來繪製一個單字或者一行字。*pContext參數用來指定一個繪圖文本；*pcString參數指向文字的陣列指標，若是直接設定文字需要用「" "」刮起來；i32Length參數用來設定字串長度，若設為-1表示整個字串；i32X與i32Y參數為繪製的起始座標值。bOpaque參數設定文字是否要透明，若為「true」表示字的顏色為背景底色。另外有個GrStringDrawCentered()是在螢幕中心顯示文字。

🎯 GrContextFontSet ( )

功能：設定字型。

語法：void GrContextFontSet (tContext *psContext, const tFont *pFnt);

說明：當要在螢幕上繪製文字時，可先用此函式設定字型。*pContext參數用來指定一個繪圖文本；*pFnt參數是tFont結構指標。目前在TivaWare圖形函式庫中約定義了153個常用的字型代碼，例如：g_sFontCm18b 表示字型為Cm，18號，粗體；g_psFontFixed6x8為6 pixel width、8pixel height的固定字型。這些代碼名稱可在圖形函式庫說明手冊的附錄中找到。或者在grlib.h檔中找到這些定義。

🎯 GrImageDraw ( )

功能：繪製一張圖片。

語法：void GrImageDraw(const tContext *pContext,const uint8_t *pui8Image,int32_t i32X,int32_t i32Y);

說明：*pContext參數用來指定一個繪圖文本；*pui8Image參數為圖檔的陣列指標。i32X與i32Y參數設定繪製的起始座標值。

⊕ GrFlush ( )

功能：更新緩衝區資料到顯示器。

語法：#define GrFlush(psContext);

說明：此函數將進行模組控制晶片緩衝區(Cache)更新，以確保真正的顯示資料被繪製在螢幕上。它實際是調用tDisplay結構中pfnFlush成員所指的顯示模組操作函式，不過此操作函式內容大多未被實作。

⊕ GrContextDpyWidthGet ( ) & GrContextDpyHeightGet ( )

功能：獲取目前使用顯示螢幕的寬度／高度。

語法：#define GrContextDpyWidthGet(psContext)

　　　#define GrContextDpyHeightGet (psContext);

說明：返回螢幕寬度／高度的畫素(Pixel)值。

14-4 實驗步驟

　　本實驗以TI的DK-TM4C123G開發板為平台，在開發板上的OLED模組上進行圖形顯示工作。首先是顯示一張圖片，再來顯示一些基本圖形與文字。撰寫繪圖程式的基本步驟如下所示：

1. 設定系統工作頻率
2. 初始化所使用的顯示模組
3. 初始化圖形環境
4. 執行各種繪圖工作

⊕ 建立一新工作目錄Chap14

1. 在檔案總管中的C:\TI\ Mylabs目錄中新增一子目錄Chap14

⊕ 在CCS中建立一新專案Chap14

2. 在CCS選單中選擇File➜New➜CCS Project，建立一個內含main.c的Chap14專案目錄。

❂ 加入startup_ccs.c檔

3. startup_ccs.c檔主要用來定義中斷向量表。它可以新建或者由舊有的檔案複製
　/連結過來，在CCS選單中可以由如下方式之一產生：

◗ 選擇File➜New Source File新增一個名為startup_ccs.c到專案目錄中，內容可
　參考前面章節。

◗ 點選專案名稱➜選擇Project➜Add Files…找尋已存在的startup_ccs.c然後以複
　製(Copy)/連結(Link)方式加入到目錄中。

❂ 將圖檔轉成C程式碼(顯示圖片時需要)

　　實驗首要工作是顯示一張圖片，所以我們必須建立一個TivaWare圖形函式
庫可以了解的圖檔格式。在利用TivaWare圖形函式庫開發應用程式時，「圖
片」是以C語言的uint8_t資料型態陣列表示，因此圖檔必須先轉成C程式碼才
能讓應用程式讀取。TivaWare套件提供了一個名為pnmtoc的工具讓使用者將圖
檔轉換成C程式碼，此工具目前可在TivaWare安裝目錄\tools\bin下找到。不過
pnmtoc只能轉換pnm圖檔，若要產生pnm格式的圖片可透過Photoshop等繪圖軟
體直接生成，或者利用NetPBM、GIMP等圖形編輯軟體將bmp、jpeg等常見格
式轉換為pnm檔。下面將說明如何利用GIMP軟體產生一個pic.pnm並將它轉成
pic.c的過程：

4. 利用鍵盤上的「Print Scrn」鍵將整個電腦螢幕畫面抓下來，開啟GIMP軟
　體，按Edit➜Paste貼上畫面，由Tool box視窗中點取「Rectangle Select tool」
　在所貼的畫面中隨意框出你要的圖檔範圍，然後點選Image➜Crop確保你所
　選的範圍，接著點選Image➜Scale來調整想要的圖片尺寸，這個尺寸最好與
　所用的顯示模組的面板大小一致，這裡將Scale Image對話盒的width與height
　欄位分別填入96、64(這是OLED模組的面板尺寸)，注意將欄位旁邊的鎖鏈斷
　開，輸入值才不會彼此關聯，最後按「Scale」。

5. 點選Image➜Mode➜Indexed將該圖片轉為索引模式(Indexed mode)，出現
　Indexed Color Conversion對話盒，藉由控制Generate optimum palette的顏色數
　可改變影像解析度的品質與檔案大小。這裡將Maximum number of colors欄位
　填入16 (這是OLED模組的color depth值)，最後按「Convert」。

6. 點選File➔Export儲存檔案,出現Export Image對話盒之後,設定檔名為pic; 檔案類型為PNM image;儲存路徑為TivaWare安裝目錄\tools\bin,然後按 「Export」並選擇Raw資料格式再按「Export」最後關閉GIMP。這裡會在C:\ ti\TivaWare_C_Series-version\tools\bin產生pic.pnm檔。

7. 當得到pnm格式圖片後可以使用pnmtoc來轉換,在PC的Windows作業系統 下,利用「開始」➔「附屬應用程式」➔「命令提示字元」打開DOS命令視 窗,然後切換到pnmtoc工具所在位置(目前為c:\ti\TivaWare_C_Series-version\ tools\bin),接著輸入「pnmtoc −c pic.pnm > pic.c」這行命令之後會將pic.pnm 轉換輸出為pic.c檔。「-c」表示啟用圖片壓縮,如果壓縮後體積大於不壓縮 時,壓縮會自動關閉。在pic.c檔中會產生g_pui8Image陣列變數可直接作為 GrImageDraw( )中pui8Image的參數。

8. 最後將pic.c檔複製到Chap14專案目錄中。

◉ 修改pic.c程式碼內容

9. 打開pic.c,加入下列三行標頭檔定義。

```
#include <stdint.h>
#include <stdbool.h>
#include "grlib/grlib.h"
```

◉ 撰寫程式碼內容:main.c

10. 加入標頭檔以便使用TivaWare API函式,程式碼如下所示:

```
#include <stdint.h>
#include <stdbool.h>
#include "inc/hw_memmap.h"
#include "inc/hw_types.h"
#include "driverlib/sysctl.h"
#include "driverlib/debug.h"
#include "grlib/grlib.h"
#include "cfal96x64x16.h"
```

◑ hw_memmap.h：定義處理器各個週邊模組的暫存器群之起始位址(Base Address)，可當作週邊模組的名稱代號。

◑ grlib.h：TivaWare圖形函式庫標頭檔。

◑ cfal96x64x16.h：CFAL9664B-F-B1 OLED模組驅動程式標頭檔。

11. 定義下列三個變數，分別用於繪圖本文環境、矩形與圖片繪製函式。

```
extern const uint8_t g_pui8Image[];
tContext sContext;
tRectangle sRect;
```

tContext結構變數宣告是必要的，TivaWare基本圖形層的函式需要利用此變數來辨認所指的繪圖設備。tRectangle結構變數則是繪製矩形才需要。g_pui8Image[]是圖檔陣列(Image array)變數，它在pic.c中已經被宣告，因為main.c中想要讀取這個圖檔資料，所以必須利用extern關鍵字來引用這個外部變數。

12. 加入一個使用在Debug模式下的錯誤處理函式

```
#ifdef DEBUG
void__error__(char *pcFilename, uint32_t ulLine)
{
}
#endif
```

13. 編輯主函式main()的內容，原始程式碼如下所示：

```
int main(void)
{
    //return 0;
}
```

將return 0; 此行先拿掉，後面會用while迴圈取代。

14. 設定產生50MHz的系統時脈(System clock)，這裡使用PLL電路及除頻電路(Divider)為4的組態進行。由於PLL輸出頻率一律是400MHz，且本身具有2

嵌入式微控制器開發—ARM Cortex-M4F架構及實作演練

倍除頻,故可得的系統頻率 = 400MHz/2/4 = 50MHz。程式碼如下:

SysCtlClockSet(SYSCTL_SYSDIV_4 | SYSCTL_USE_PLL |
SYSCTL_OSC_MAIN | SYSCTL_XTAL_16MHZ);

15. 初始化顯示模組。這裡是使用CFAL9664B-F-B1的OLED模組,它的初始化函式如下:

CFAL96x64x16Init();

以目前的TivaWare套件而言,可以在以下目錄找到:

C:\ti\TivaWare_C_Series-version\examples\boards\dk-tm4c123g\drivers\cfal96x64x16.c

16. 初始化TivaWare圖形函式庫之繪圖上下文。程式碼如下:

GrContextInit(&sContext, &g_sCFAL96x64x16);

sContext是前面所宣告的tContext結構變數;g_sCFAL96x64x16為tDisplay結構指標,它被宣告及初始化在cfal96x64x16.c檔中。

17. 呼叫清除螢幕程式(ClrScreen)來清除整個螢幕畫面,ClrScreen()是我們自寫的副程式,請參考後面的說明。

ClrScreen();

⊕ **在螢幕上顯示一張圖片**

18. 這裡設定由螢幕的左上角(0,0)開始繪製圖片,圖檔資料來自於pic.c的圖檔陣列g_pui8Image[],因此必須把g_pui8Image指標傳給GrImageDraw()。程式碼如下:

GrImageDraw(&sContext, g_pui8Image, 0, 0);

19. 呼叫GrFlush()以確保圖形正常顯示在螢幕上。

GrFlush(&sContext);

346

20. 加入一段延遲時間讓圖片有足夠的時間顯示在螢幕上。

SysCtlDelay(SysCtlClockGet());

21. 由於OLED顯示器很容易老化，因此在顯示程序完成後最好清除整個螢幕。

ClrScreen();

22. 加入一個while(1)迴圈，使應用程式持續執行。

while (1)
{

}

撰寫清除螢幕程式(ClrScreen)

　　這程式是利用GrRectFill()建立一個同螢幕大小的黑色實心矩形來覆蓋整個螢幕畫面。GrRectFill()是以sRect結構描述矩形範圍，目前OLED面板尺寸為96×64，其(X,Y)座標的最小／最大值分別為左上角(0,0) 右下角(95,63)。

23. 撰寫清除螢幕程式碼如下所示。

```
void ClrScreen()
{
    sRect. i16XMin = 0;
    sRect. i16YMin = 0;
    sRect. i16XMax = 95;
    sRect. i16YMax = 63;
    GrContextForegroundSet(&sContext, ClrBlack);
    GrRectFill(&sContext, &sRect); GrFlush(&sContext);
}
```

撰寫完成要宣告此函式原型在main.c，將下列程式碼放在變數宣告之後。

void ClrScreen(void);

⊕ 加入顯示模組驅動程式

　　由於DK-TM4C123G開發板使用型號為CFAL9664B-F-B1的OLED模組，它的驅動程式目前位於下列目錄中：

C:\ti\TivaWare_C_Series-version\examples\boards\dk-tm4c123g\drivers \cfal96x64x16.c，這裡利用「Add Files⋯」將模組驅動程式以連結方式加入專案目錄中。

24. 點選專案名稱，選擇Project➜Add Files⋯找到cfal96x64x16.c，然後點選「Link to files」並勾選「create your link relative to PROJECT_LOC」按OK。

⊕ 加入TivaWare API 及模組驅動函式所在的標頭檔與函式庫路徑

25. 在專案中加入TivaWare API的標頭檔(Header file)路徑。

26. 在專案中加入模組驅動程式函式的標頭檔(Header file)路徑。目前它位於C:\ti\TivaWare_C_Series-version\examples\boards\dk-tm4c123g\drivers

27. 在專案中加入TivaWare週邊驅動函式庫(driverlib.lib)的連結。

28. 在專案中加入TivaWare圖形函式庫(grlib.lib)的連結，值得注意的是，這裡必須另外加入TivaWare圖形函式庫的路徑和所使用的顯示模組驅動函式所在標頭檔(Header file)路徑。

⊕ 加入預定義符號名

29. 這裡要加入PART_TM4C123GH6PGE和TARGET_IS_BLIZZARD_RA1兩個預定義符號名。

　　TARGET_IS_BLIZZARD_RA1主要是因為顯示模組驅動程式(cfal96x64x16.c)中呼叫了以「ROM_」為開頭的函式所需要的。這些「ROM_」函式被定義在driverlib\ rom.h，可參考TivaWare週邊裝置函式庫Using the ROM的說明。

⊕ 編譯程式

30. 編譯成功之後會在專案目錄/Debug產生名為Chap14.out執行檔。

⊕ 程式測試

31. 執行程式，讀者可以看到所擷取的pic.pnm圖檔顯示在OLED模組上面一段時間後清除，若執行時發生無法跳出CFAL96x64x16Init( )這段程式碼，有可

能是內部的ROM_SSIConfigSetExpClk()函式的ui32BitRate參數值設定太大
，它會影響資料的傳輸速率，但值太大也許會讓SSI裝置來不及反應，讀
者可適當的調整。

⊕ 在螢幕上顯示文字

32. 這裡顯示一些藍色文字，並且用一個白色外框的空心矩形框起來。在while
迴圈之前加入下列程式碼：

首先以sRect結構變數設定一個矩形範圍。注意：最好不要超過螢幕尺寸。

sRect. i16XMin = 1;

sRect. i16YMin = 1;

sRect. i16XMax = 95;

sRect. i16YMax = 63;

接者設定畫筆為藍色，字型為FontFixed6x8，顯示如" "中的文字。

GrContextForegroundSet(&sContext, ClrBlue);

GrContextFontSet(&sContext, &g_sFontFixed6x8);

GrStringDraw(&sContext, **"Texas"**, -1, 32, 10, 0);

GrStringDraw(&sContext, **"Instruments"**, -1, 16, 20, 0);

GrStringDraw(&sContext, **"Graphics"**, -1, 27, 40, 0);

GrStringDraw(&sContext, **"Lab"**, -1, 40, 50, 0);

最後設定畫筆為白色，依據sRect結構的設定值畫出一個空心矩形。

GrContextForegroundSet(&sContext, ClrWhite);

GrRectDraw(&sContext, &sRect); GrFlush(&sContext);

加入延遲時間，然後清除螢幕。

SysCtlDelay(SysCtlClockGet());

ClrScreen();

33. 儲存後，編譯和執行程式，顯示結果如圖14-5 所示。

圖 14-5 實驗Chap14的顯示器輸出文字。

⊕ 在螢幕上顯示圓形、矩形、點、直線

34. 在while迴圈之前加入下列程式碼：畫一個黃色空心圓，中心點座標(30,30)，半徑為20。

```
GrContextForegroundSet(&sContext, ClrYellow);
GrCircleDraw(&sContext, 30, 30, 20);
```

35. 畫出一個綠色空心矩形，大小依據sRect結構的設定值。

```
sRect.i16XMin = 55;
sRect. i16YMin = 10;
sRect. i16XMax = 90;
sRect. i16YMax = 50;
GrContextForegroundSet(&sContext, ClrGreen);
GrRectDraw(&sContext, &sRect);
```

36. 畫一個綠色的點在上面所繪製的黃色空心圓之中心點(30,30)上，若想要其他顏色，必須先呼叫GrContextForegroundSet()重設顏色。

```
GrPixelDraw(&sContext, 30, 30);
```

37. 畫出一條綠色的水平線，位置由座標(10,55)到(90,55)。

```
GrLineDrawH(&sContext, 10, 90, 55);
```

38. 畫出一條綠色的垂直線，位置由座標(80,60)到(80,80)。

GrLineDrawV(&sContext, 53, 10, 50);

39. 呼叫GrFlush()以確保圖形正常顯示在螢幕上。

GrFlush(&sContext);

40. 加入一段延遲時間讓圖案有足夠的時間顯示在螢幕上。

SysCtlDelay(SysCtlClockGet());

41. 儲存後，編譯和執行程式，顯示結果如圖14-6(a) 所示。

42. 利用GrCircleFill(...)和GrRectFill(...)繪製一個黃色實心圓與綠色實心矩形。

GrContextForegroundSet(&sContext, ClrYellow);
GrCircleFill(&sContext, 30, 30, 20);
GrContextForegroundSet(&sContext, ClrGreen);
GrRectFill(&sContext, &sRect);
GrFlush(&sContext);
SysCtlDelay(SysCtlClockGet());
ClrScreen();

43. 儲存後，編譯和執行程式，顯示結果如圖14-6(b) 所示。

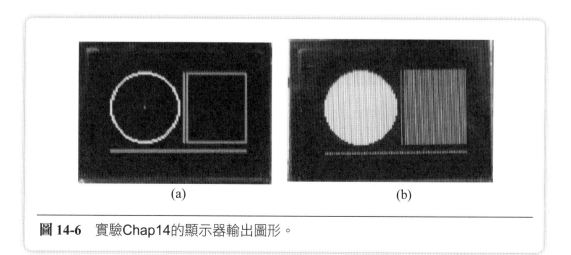

(a)　　　　　　　　　　　(b)

圖 14-6　實驗Chap14的顯示器輸出圖形。

國家圖書館出版品預行編目資料

嵌入式微控制器開發：ARM Cortex-M4F 架構及實作,
　　演練 / 郭宗勝, 謝瑛之, 曲建仲編著. -- 初版
　　-- 新北市：全華圖書, 2015.06
　　面；公分
　　ISBN 978-957-21-9951-0(平裝)
　　1.微處理機　2.電腦結構
312.116　　　　　　　　　　　　　　104011363

嵌入式微控制器開發 — ARM Cortex-M4F 架構及實作演練

作者 / 郭宗勝、謝瑛之、曲建仲

發行人 / 陳本源

執行編輯 / 陳璟瑜

出版者 / 全華圖書股份有限公司

郵政帳號 / 0100836-1 號

印刷者 / 源順印刷有限公司

圖書編號 / 10443

初版一刷 / 2015 年 7 月

定價 / 新台幣 360 元

ISBN / 978-957-21-9951-0

全華圖書 / www.chwa.com.tw

全華網路書店 Open Tech / www.opentech.com.tw

若您對書籍內容、排版印刷有任何問題，歡迎來信指導 book@chwa.com.tw

臺北總公司(北區營業處)
地址：23671 新北市土城區忠義路 21 號
電話：(02) 2262-5666
傳真：(02) 6637-3695、6637-3696

南區營業處
地址：80769 高雄市三民區應安街 12 號
電話：(07) 381-1377
傳真：(07) 862-5562

中區營業處
地址：40256 臺中市南區樹義一巷 26 號
電話：(04) 2261-8485
傳真：(04) 3600-9806

範例實驗程式下載連結
http://www.hightech.tw/download/arm-cortex-m4.rar